口虾蛄生物学

刘海映　秦玉雪　主编

中国农业出版社
北　京

图书在版编目（CIP）数据

口虾蛄生物学 / 刘海映，秦玉雪主编 .—北京：中国农业出版社，2023.8
ISBN 978-7-109-31053-7

Ⅰ. ①口… Ⅱ. ①刘… ②秦… Ⅲ. ①口足目—水生生物学 Ⅳ. ①Q959.223

中国版本图书馆 CIP 数据核字（2023）第 157322 号

口虾蛄生物学
KOUXIAGU SHENGWUXUE

中国农业出版社出版
地址：北京市朝阳区麦子店街 18 号楼
邮编：100125
责任编辑：肖 邦
版式设计：杨 婧 责任校对：吴丽婷
印刷：北京通州皇家印刷厂
版次：2023 年 8 月第 1 版
印次：2023 年 8 月北京第 1 次印刷
发行：新华书店北京发行所
开本：700mm×1000mm 1/16
印张：12.75 插页：8
字数：245 千字
定价：80.00 元

本书编写人员

主　编　刘海映　秦玉雪

副主编　姜玉声　邢　坤

参　编　徐海龙　陈　雷　谷德贤　刘　奇

前言

口虾蛄 *Oratosqilla oratoria* 隶属于节肢动物门、甲壳纲、口足目、虾蛄科、口虾蛄属，俗称虾爬子、螳螂虾、皮皮虾等，是我国常见的海洋经济生物，我国沿海从南到北都有分布，广泛生存于水深60m以内近海水域。20世纪，由于经济价值不高，口虾蛄一直没有得到人们的广泛重视。进入21世纪后，我国近海渔业资源由于受长期高强度捕捞的影响，资源结构发生了较大变化，小型化、低龄化、低值化成为新的主要特征，许多过去不受重视的低值水产品也开始受到市场的青睐。其中，口虾蛄由于肉质鲜美，易于保活、保鲜而大受欢迎。口虾蛄从海洋捕捞的副产品一跃成为餐桌上的美味佳肴，市场价格也越来越高，业已成为我国近海重要的渔业资源生物。

我们开始重视口虾蛄，源于2000年前后辽宁省海洋与渔业厅组织的对辽东湾和黄海北部近海渔业资源的系列调查。调查结果显示，低值水生动物成为近海渔业资源的优势种类，口虾蛄排在优势种的3或4位，取代主要传统经济鱼类成为新的重要渔业生物。据了解，黄渤海区情况基本相同。与此同时，水产品市场上，口虾蛄也开始扮演重要角色，市场价格逐年攀升，身价很快与野生中国明对虾、三疣梭子蟹等处于同等水平，口虾蛄的捕捞压力也随之急剧增加。从短期看，口虾蛄作为新晋优质渔业资源，及时缓解了近海传统经济鱼类资源减少对渔业和市场的冲击，对沿海渔民和广大消费者来说，无疑是好事。但从长远看，口虾蛄资源到底能够利用多久？是不是会像带鱼、小黄鱼、鲅、中国明对虾等传统经济鱼虾类一样，盛极一时又快速衰败？如何避免重蹈覆辙，让口虾蛄资源及早得到有效保护，使之能够长期可持续利用，让沿海渔民的生计得到稳定保障，是渔业科技工作者和管理者的责任和紧迫任务。

基于这种认识，我们从2004年起，以资源保护为出发点，开始了相关的口虾蛄生物学研究。综合多年的研究结果，我们发现，穴居特性是口虾蛄优于其他许多海洋生物的自我保护特性，特别是在繁殖期，口虾蛄从产卵、抱卵到幼体孵化，直至发育到假溞状幼体Ⅲ期，都是在洞穴中完成的。游出洞穴的口虾蛄幼体已经度过了最初的脆弱、危险阶段，经过短暂生长，达到仔虾蛄阶段的幼体就具备了潜泥打洞的自我保护能力。这种特性为准确把握口虾蛄资源保护的关键点和核心要务提供了至关重要的启示。据此，我们提出了口虾蛄栖息地保护的理念，即在口虾蛄繁殖期，对口虾蛄栖息地进行保护，杜绝拖曳性捕捞工具对洞穴的破坏，使进入繁殖状态的亲体能够顺利完成世代延续。目前我国实施的伏季休渔制度，对幼体口虾蛄起到了很好的保护作用。

针对口虾蛄资源恢复的需要，我们也开展了口虾蛄增殖技术研究，进行了放流增殖技术的储备。研究显示，口虾蛄的生态位较高，营养级在3.6左右，开展口虾蛄放流增殖还需谨慎对待。鉴于此，开发口虾蛄人工育苗和养殖技术，发展口虾蛄养殖产业就成了对口虾蛄野生资源的有效补充。因此，后期我们的研究重点也向人工育苗和池塘养殖等实用技术方向进行了拓展。

本书共分8章，分别论述了口虾蛄的形态结构、食性、繁殖生物学特征、生态学特征、生理学特征、行为学特征、资源分布特征及口虾蛄的人工繁育与养殖技术。本书的核心内容主要来自笔者所在团队的研究成果，并收集整理了同期和之前国内外相关研究结果，力求能较为系统地展示目前已知的口虾蛄生物学特性。部分研究频次较低，尚需更多同类重复性研究的实证。编写本书的目的，旨在对以往的研究工作进行系统总结，将目前已有的口虾蛄研究成果进行梳理和归纳，弥补开展口虾蛄科学研究、教学和生产实践缺少参考书籍的缺憾，谨希望为口虾蛄生物学理论的系统深入研究、口虾蛄资源保护和管理、口虾蛄养殖产业的建立，起到抛砖引玉的作用。

本书相关研究先后获得了海洋公益性行业科研专项经费项目（200905019）、辽宁省科技计划项目（2008203002）、大连市科技兴海专项资金项目（20140421）的支持。

本书成稿之际，我们需要感谢很多为本书相关研究和撰稿提供帮助的人。首先感谢原辽宁省海洋与渔业厅张弘处长、大连市海洋发展局戚浩然处长、原辽宁省水产苗种管理局姜洪亮局长等领导对本书的相关研究给予了多方面的支持和帮助；其次感谢盘锦光合蟹业有限公司李晓东董事长、大连金瑞水产有限公司王玉成董事长、东港市阆资水产养殖有限公司张德全董事长等企业界朋友的支持与配合；接下来要感谢辽宁省海洋水产科学研究院董婧研究员、孙明研究员、刘修泽研究员的支持和帮助；最后感谢大连海洋大学周一兵教授对本书撰写给予的指导和帮助。

衷心感谢研究团队所有成员近20年接续不断的努力和付出。撰写本书的作者虽为8人，但多数研究工作是由许多人参与并共同完成的。他们是林月娇、王贵娥、刘连为、郭良勇、秦玉雪、赵金欣、王冬雪、张红、周元雪、张秀芹、董鑫、张娜、杨硕、范青松、菅腾、薛梅、吕海波、邵东梅、崔帆、郝晓鹏，在此一并表示感谢！

由于编者水平有限，书中不足之处在所难免，欢迎读者批评指正。

编 者

2023年6月

目 录

第一章

口虾蛄的形态结构

第一节　口虾蛄的外部形态

口虾蛄体外生有硬壳，体色碧绿且有光泽，外壳呈节状。身体共有 20 节，头部 5 节、胸部 8 节、腹部 7 节，头部与胸部前 4 节愈合形成头胸部，头胸甲覆盖其上，背面头胸甲与头节明显，胸部后 4 节露出头胸甲之后，能自由曲折。腹部发达略扁，分甲亦明显，腹部前 5 节的附肢具鳃，第 6 对附肢发达，与尾节组成尾扇，具防御、平衡作用。除尾节外，每一体节均生有 1 对附肢，形态各异，共 19 对。口虾蛄雌雄异体，雌雄个体在形态上略有差异，雄性个体略大，胸部末节有交接器，且其第 2 颚足粗壮（图 1-1）。

头胸甲前缘中央有 1 片能活动的梯形额角板，其前方有能活动的眼节和触角节。腹部宽大，尾节宽而短，其背面有中央脊，后缘具强棘。第 1 触角柄部细长，分 3 节，末端具 3 条触鞭，司触觉。第 2 触角柄部 2 节，上生有 1 条触鞭和 1 个长圆形鳞片。口器、大颚十分坚硬，分为臼齿部和切齿部，都有齿状突起，能切断和磨碎食物；大颚触须 3 节，不显著，有感觉作用。第 1 小颚小，原肢 2 节，其内缘具刺毛。第 2 小颚呈薄片状，由 4 节构成，内缘具密毛。这 2 对小颚能辅助大颚撕碎食物。胸部具 8 对附肢，前 5 对是颚足，后 3 对是步足（与十足目 3 对颚足、5 对步足正好相反）。第 1 对颚足细长，末节末端平截并具刷状毛；第 2 颚足特别强大，末节（指节）侧扁，有 6 个尖齿，可与掌节的边缘凹槽部分吻合，为捕食和御敌利器，称为掠肢；第 3～5 对颚足比第 1 对短，末端为小螯。这些附肢能将捕捉到的食物送入口中。5 对颚足皆无外肢，但基部具圆片状的上肢。步足细弱无螯，原肢 3 节，下接内外肢，不适于爬行。雄性第 3 步足基部内侧有 1 对细长的交接棒。腹部前 5 腹节各有 1 对腹肢，由柄节和扁叶状的内外肢构成，有游泳和呼吸的功能。鳃生在外肢的基部，有许多分支的鳃丝。每一腹肢的内肢内侧有 1 个小内附肢，与相应另一侧的小内附肢相互连接，使 1 对腹肢联成整体，便于游泳。雄性第 1 对腹肢的内肢变形，成为执握器，交配时用以握住雌体。腹部最后 1 对附肢为发达的尾肢，原肢 1 节，外肢 2 节，内肢 1 节，片状。原肢内侧有一强大的叉状刺突，称基突或双刺突，伸于内外肢之间。尾肢与尾节构成尾扇，除具有游泳功能外，并可用以掘穴和御敌。虾蛄类的口位于腹面2个大颚之间，口经食管通入胃，后接肠道，纵穿腹部，向后通至肛门。肛门开口于尾节腹面。心脏呈长管状，从头胸部背面的后部直伸到第5腹节，心脏向两侧和前后伸出动脉血管，通往各部器官组织。雌性生殖孔成对，多在第6胸节的腹面开口，卵巢位于身体背部心脏的下方，怀卵时从头胸部向后伸展，经腹部直至尾节。雄性的1对生殖孔在胸部末节的腹面。头部第2触角基部的小颚腺为排泄器官。

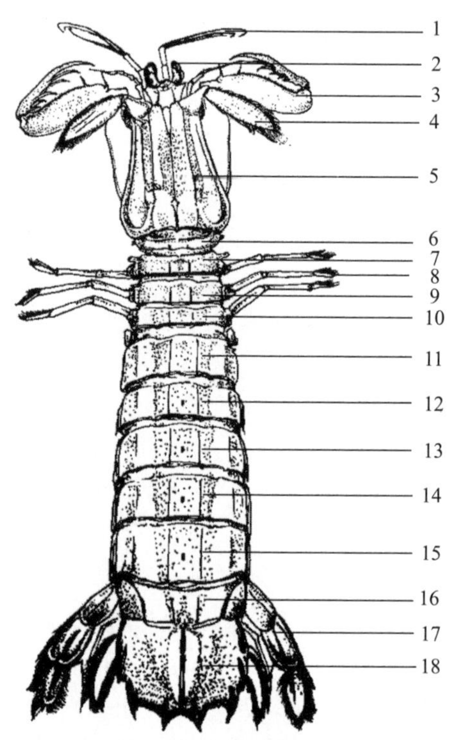

图1-1　口虾蛄外部形态

1. 第1触角　2. 复眼　3. 第2颚足　4. 第2触角　5. 头胸甲　6. 第5胸节　7. 第6胸节　8. 步足　9. 第7胸节　10. 第8胸节　11. 第1腹节　12. 第2腹节　13. 第3腹节　14. 第4腹节　15. 第5腹节　16. 第6腹节　17. 尾扇　18. 尾节

一、触角的基本结构

触角由第1触角和第2触角两部分组成。

（1）第1触角　位于额角前端两侧面，基肢分3节，共有3条节鞭分别是外鞭、中鞭和内鞭。其中，以内鞭最长，中鞭次之，外鞭最短。内鞭基部又分生出1条副鞭。在第1柄节的背面基端着生呈突起状的半圆形听器，有感受水压变化的作用。

（2）第 2 触角　位于头胸甲前端颚角的内侧，呈双肢型。柄部分 2 节，即基节和底节。底节宽大，其前方着生内外两肢。内肢具有 3 节基部，前接短小而多节的鞭状部；外肢第 1 节呈三角形，第 2 节呈叶片状，侧方伸出，形成长叶形鳞片状，边缘密生羽状刚毛。

二、复眼的基本结构

1 对，位于头胸前部的前端背侧，斜生于可动的眼柄上，呈斜 T 形，侧面观略呈三角形，有眼柄，能活动。眼近似长椭圆形，中央有一横缢，复眼表面有许多呈正六边形的小网格，每一个网格为一个小眼，这些小眼组成了复眼的折光系统、感光系统和反光系统三部分。

三、口器的基本结构

由 1 对大颚和 2 对小颚组成，是口虾蛄的取食器官，具咀嚼、滤食的功能。

（1）大颚　基肢形成强有力的大颚，其质地坚硬，形态近似扁三角形。其先端分为内外两枝，分别称为门齿突和臼齿突。切齿在口器外缘，臼齿 2 列垂直于切齿嵌入口中。臼齿突中间具一沟，沟两侧各列生数齿；门齿突较粗大，沿口缘亦具 1 列坚齿。内肢形成很小的大颚须，分 3 节（王春林等，1996）。

（2）小颚　第 1 小颚，基肢分 2 节。第 1 节先端稍宽，与第 2 节并列着生一内肢，第 2 节发达，外肢顶部有一锐齿，内侧有 1 列刚毛，内肢柔软不发达，用于抱持食物。

第 2 小颚，由分节不完全的 5 节构成，边缘多细毛，单肢型，呈扁平叶状。有 3 片内叶，小颚须 2 片。周缘密生刚毛成羽状，中央具一薄而透明的纵带，也起抱持食物作用。口器由大颚、第 1 小颚、第 2 小颚及上下唇各一片组成，是摄食的主要器官（王春林等，1996）。

四、颚足的基本结构

自第 2 小颚后方依次排列，共 5 对，为捕食器官。颚足分 6 节，自基部向先端依次为底节、座节、长节、腕节、掌节和指节，末端 2 节形成假钳状。颚足的主要作用是抱握、递送食物，雌性个体的颚足更有抱卵作用。

（1）第 1 颚足　具辅助挖掘和清刷身体的功能。共分为 5 节，底节基部有很大的透明耳状薄片，耳状薄片的最外面是角质层，向内是上皮组织层，上皮组织向内突起形成中央腔体（彩图 1）。第 1 颚足的外肢退化，内肢细而长，密生结构特殊的刚毛，称为梳饰足。

(2) 第 2 颚足　分 5 节。底节基部有透明圆形耳状薄片。腕节背缘有 3～5 个瘤突，掌节基部有 3 枚活动长刺，内侧有 1 列梳状小细齿。指节回折，呈螳螂爪状，具 6 个尖刺，非常锋利。具有捕食、攻击、防御及掘穴功能（王春林等，1996）。

(3) 第 3 至第 5 颚足　分 7 节。其 3 对附肢基本相似，单肢棒状。座节外侧着生 1 列刚毛和 1 列绒毛。腕节小，三角形。掌节叶形，内侧着生 1 列栅状齿，指节爪状回折。具掘穴、捕食、清理身体的功能。雌性个体还兼有抱卵的作用。这 3 对颚足区别在于第 3 颚足基节基部有圆形小片，第 4 颚足在底节基部有此小片，第 5 颚足无此小片（王春林等，1996）。

五、步足的基本结构

步足共 3 对，着生于头胸部的第 6、第 7 和第 8 胸节的侧下方，具步行功能。各对步足形状相似，第 1 至第 3 步足都为杆状单枝型，共为 7 节，较细弱。腕节很小，分 2 肢，内分肢内肢基部一节较长，末节短而扁，在掌节末端有 1 束刚毛。外分肢较内分肢稍短细，呈细棒状，顶端有 1 束刚毛，内侧有小齿约 20 枚。指节上着生 2 列刚毛。第 3 步足雌雄异形，雄性个体在基节内侧特化出 1 对长鞭状交接器，具交配功能（王春林等，1996）。

六、腹肢的基本结构

腹肢又称游泳肢，共 6 对，横向着生在第 1 至第 5 腹节的腹甲两侧。

(1) 第 1 至第 5 腹肢，基肢 2 节。外肢分 3 节，末节三角形，半透明，边缘生羽状刚毛。第 1 节内侧有分支的管鳃，第 2 节内侧有一小突起。内肢 3 节，在第 3 节基部与第 2 节连接处内侧有 1 内附肢，内附肢顶端呈吸盘状，起左右肢相互连结作用，腹肢能同步运动，附肢的功能是呼吸和游泳（王春林等，1996）。

(2) 第 6 腹肢，又称尾肢，双肢型。基节突起部在内侧缘前部着生短小齿，在外缘具 1 齿。外肢第 1 节比第 2 节略短，外缘有活动刺 7～9 个。内肢狭长，边缘生刚毛。尾肢宽大，与尾节合称尾扇。主要功能为防御、平衡（王春林等，1996）。

雌性各腹肢形状相同，但雄性第 1 腹肢的内肢特化成一执握器。各附肢的功能作用依赖于互相协调、配合。许多活动需要各种附肢共同参与才能完成（图 1-2）。如掘穴打洞是靠第 1、第 3、第 4、第 5 对颚足掘起泥块，由第 2 颚足举起推出洞外，洞内的泥浆由游泳足的快速扇动排出洞外。摄食过程是靠第 2 颚足捕获食物，由第 3、第 4 颚足传到第 5 颚足，并把食物拖进洞内，再利用大颚、第 1、第 2 小颚组成的口器把食物切碎吃掉（王春林等，1996）。

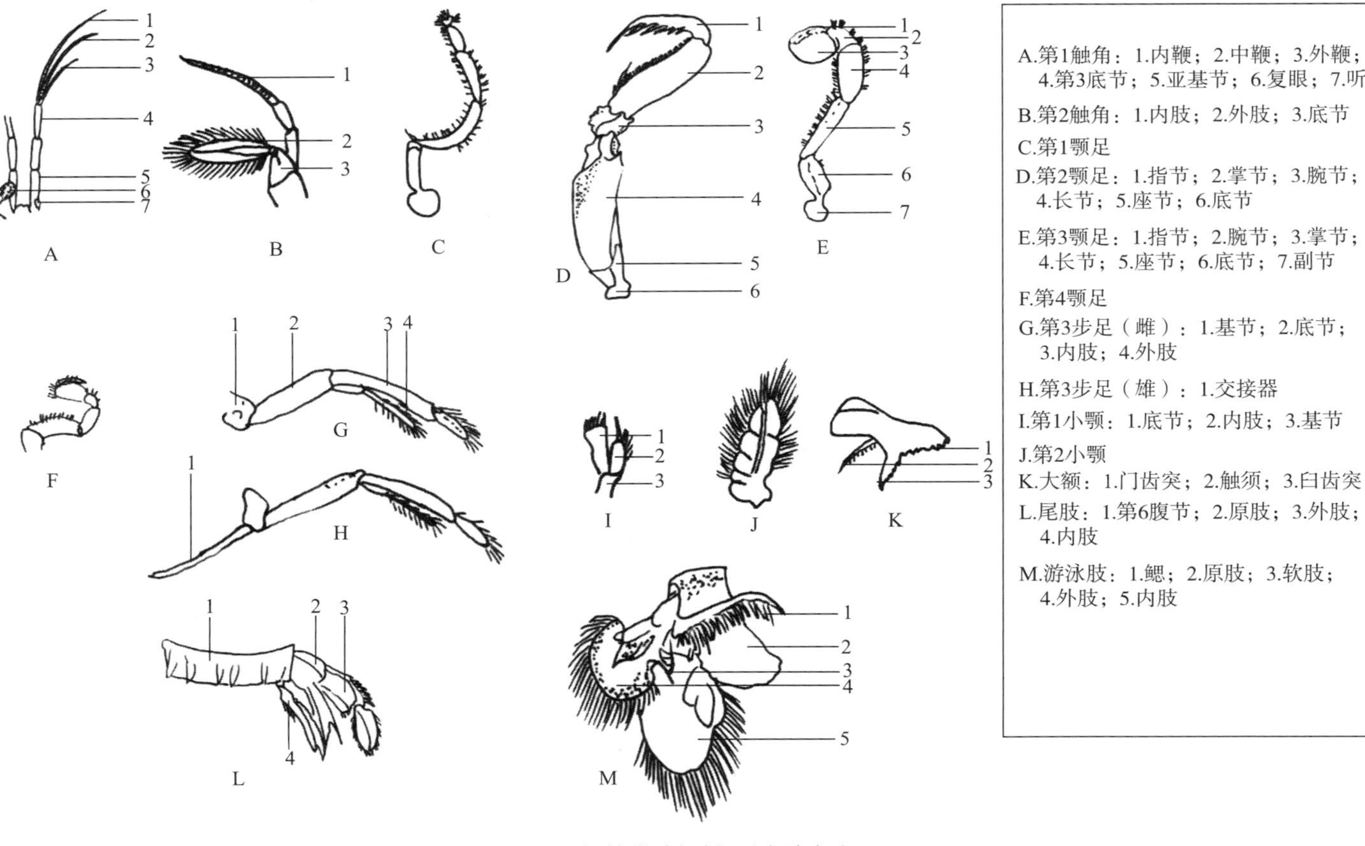

图 1－2　口虾蛄附肢解剖(引自陈永寿,1985)

七、鳃的基本结构

口虾蛄的丝状鳃共 5 对，半透明状，着生于游泳肢的外肢基部，为呼吸器官。其鳃的长轴上侧生有许多弯曲的小枝，小枝上布满丝状细毛，称其为丝鳃（彩图 2）。第 1 小鳃，分 2 叶，周围着生刚毛。第 2 小鳃，基肢分 2 节，每节有 3 片内叶。

八、肛门的基本结构

口虾蛄的肛门位于尾节腹面正中的中央脊前缘，为圆形小孔，小孔内侧组织中有 2 个不等大钙化组织（彩图 3）。

第二节　口虾蛄的内部形态

除去口虾蛄的背甲，从背面向腹面解剖，依次可观察到循环系统、生殖系统、消化系统、神经系统等主要的内部器官系统。

一、循环系统

口虾蛄的血浆中有血清素，血液淡而无色，遇氧气后变为淡蓝色。口虾蛄的血细胞可分为无颗粒细胞、小颗粒细胞和颗粒细胞 3 种。口虾蛄的循环系统和一般的甲壳动物一样，是一种“开管式”循环体系（彩图 4），即血液由心脏经血管输出至分布于全身各器官的血腔，然后再经心脏的心孔流回心脏，以完成体内营养物质、排泄废物、氧气及二氧化碳的输送。

切开口虾蛄的背部，除去背甲，剥离肌肉后，在背面正中可见一条纵行的长管状心脏。心脏从头部颈沟处延伸至第 5 腹节的末端。它的背面有 12 对形如裂隙的心孔（胸部 5 对，腹部 7 对），其位置大体在各体节的近前端，第 5 腹节末端处具有 3 个心孔。自心脏的前端向前方伸出一支头大动脉，位于头胸甲中央脊的下方、胃部上方。在胃前端部向体左右各发出 1 分支，每支再分出前后 2 小支，依次为第 1 触角动脉、第 2 触角动脉，分别通向第 1、第 2 触角。其中，第 2 触角动脉另有分支到头胸甲，称为头胸甲动脉。头大动脉前方抵达至复眼间，分出 2 支眼动脉到复眼。在头大动脉基部近心脏处有 2 支头侧动脉向头胸甲侧部、口器延伸。在每对心孔附近，心脏左右按节各分出 1 对侧动脉，胸部有 8 对，腹部有 7 对。胸部的侧动脉前 3 对分布至各颚足，后 3 对分布到步足及前一节的肌肉内。腹部第 1 对侧动脉分布到第 8 胸节及第 1 腹节的肌肉内。第 2 到第 6 对分布于第 1 至第 5 腹节的游泳肢和它们各节的肌肉中。第 6 和第 7 对共同分布至第 6 腹节的游泳肢。心脏末端中央向后发出尾动脉伸入尾节。

二、生殖系统

性腺不仅是主要的繁殖器官，而且是性细胞发育的重要基础（Brown et al.，2009)。甲壳动物生殖细胞发生是个体发育的重要环节，研究经济甲壳动物生殖细胞发育规律可为进行人工增养殖研究奠定理论基础。

1. 雄性生殖系统

口虾蛄雌雄异体，生殖器官大部分位于腹部内，在心脏的腹面与消化管的背面之间。雄性生殖系统包括精巢、输精管、交接肢以及胸腺。精巢为1对细而弯曲的长管，左右对称，盘曲于围心窦和消化道之间（彩图5)。自第8胸节开始延伸达尾节，在尾节内左右愈合成一条细管，在第6腹节内左右精巢各弯曲向前成输精管，开口于第8胸节的第3步足基部内侧，突出成交接器，左右交接肢长度不等，左侧略长于右侧（Fairs et al.，1989)。成熟的精子在光镜下呈圆球形，无鞭毛（徐善良等，1996)。在胸部围心窦下方有1对呈细丝状曲折的附属腺，为促雄腺（Androgenic Gland)，其末端与左右交接肢相连，是甲壳动物软甲亚纲生物所特有的雄性内分泌腺体，对于精巢的发育和性别分化起决定作用。

2. 雌性生殖系统

雌性生殖器有卵巢、输卵管和纳精囊等构成，从胃部延伸至尾部。卵巢与精巢基本相似，在尾节内左右卵巢相互愈合，然后分叉。进入繁殖期的口虾蛄，从雌性个体背部即可看到发育成黄色、膨大状的生殖腺，背部中间从头胸甲末端到尾节呈明显暗色。成熟的卵巢为橙黄色，充满整个背部，前端始于胃后，向后延伸至尾节内。卵巢外裹有薄膜，从外表看为单一卵巢，但从组织切片看为左右对称两叶，其左右两叶卵巢之间有一条细的缝隙，向前延伸到胃，各节处有侧突。卵巢位于消化道之上，围心窦之下，在每一体节交接处卵巢两侧各有一凹缢，呈波浪状（彩图6)。在第6胸节内有1对细的输卵管，与位于中央线附近的纳精囊汇合，开口于第6胸节腹甲中央，形成1对雌性生殖孔。

繁殖期时腹面第6至第8胸节有“王”字形结构出现，其颜色随卵巢不断成熟而日趋乳白色（彩图7)。外被结缔组织包裹，腺体内部还有神经、血管等组织，由浆液性腺细胞组织，在HE染色组织切片中，胞质染色较深。Hamano T和Matsuura S（1984）认为“王”字形结构发育可分为了3个时期：未发育期、发育期、成熟期。

3. 雄性促雄腺结构

雄性口虾蛄有1对促雄腺结构，位于第3步足的交接肢基部内侧，包埋于肌肉、肝胰腺之间，通过组织膜附着在输精管（图1-3)。肉眼观察发现，口虾蛄的促雄腺呈乳白色，椭圆形，大小为5～10mm（Hamano，1990)。肉眼不易于观察，且解剖时腺体组织易脱落。

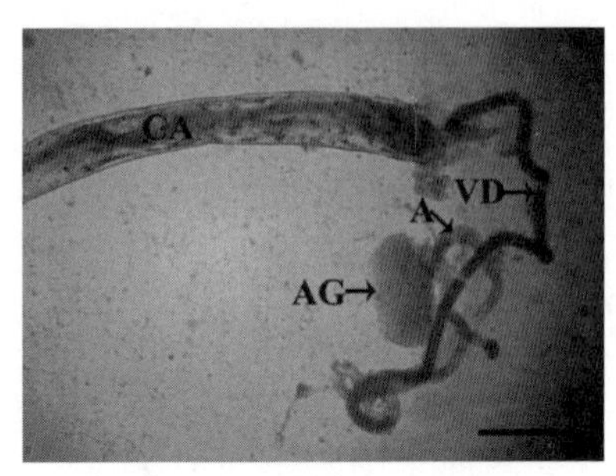

图 1-3　雄性口虾蛄促雄腺

CA. 交接肢　AG. 促雄腺　VD. 输精管　A. 附属腺

口虾蛄在全年均可发现促雄腺腺体，个体差异不明显。腺体发育的时间段与个体大小的相关性不显著，而与周年温度有关（绍东梅，2016）。组织学切片观察发现，雄性口虾蛄促雄腺的发育可分为 3 期：

（1）增殖期　腺体体积相对较小，各空心腺泡间界限明显，腺泡内的腺细胞数量相对较少，排列多不规则，腺细胞呈椭圆形；细胞核体积约占整个细胞的 50%，细胞核染色深，嗜碱性强；核仁 1 个，不易分辨，核染色质含量少（彩图 8a）。

（2）合成期　腺泡间界限清晰，腺泡内腺细胞数量明显增多，且规则排列在腺泡膜内侧，腺细胞多呈长条形，少数为椭圆形；细胞核规则排列在细胞的外侧，细胞核染色较浅，嗜碱性减弱；核仁 1～3 个，清晰可见，核染色质含量增多（彩图 8c）。

（3）分泌期　分泌期腺细胞出现 2 种类型：Ⅰ类细胞染色深，嗜碱性强；Ⅱ类细胞染色浅，嗜碱性较Ⅰ类型弱；随着分泌活动的进行，Ⅰ类细胞的数量逐渐比Ⅱ类细胞多。腺体体积小，腺泡间界限模糊，血窦明显。腺泡内腺细胞数量减少，腺泡内出现空隙；腺细胞多数为圆形，不规则的在腺泡内部，呈游离状态（彩图 8e）；细胞质含量少，腺细胞细胞核固缩，位于腺细胞中央，染色深，嗜碱性强；核仁消失，核染色质含量甚少。

口虾蛄促雄腺分泌方式与中国明对虾（叶海辉等，2001）、三疣梭子蟹（苏青等，2010）等多数十足类甲壳动物相似。Khalaila（2002）研究发现眼柄的处理对促雄腺的发育有一定的影响。可见，促雄腺发育不仅受外界环境因素的影响，同时也受到口虾蛄自身激素调节的影响。

三、消化系统

口虾蛄的消化系统由消化道和中肠腺组成。消化道包括有口、食管、胃、中肠、后肠和肛门。口位于头胸部腹面，口上有1对大颚、2对小颚；紧接口后的细小短管为食管，食管连接口与贲门胃。沿胃沟切开头胸甲，在颈沟以上部位有呈囊状的紫褐色胃，它由贲门胃和幽门胃两部分组成。

（1）贲门胃　呈囊状，位于头胸甲中央，胃沟区的下方，形状如同三角锥状体，向腹面突出。贲门部后壁有3对小骨片，称贲门骨突。前1对有数个齿状突起，称轭贲门骨；后2对平行相依而成半环状弯曲的为侧上贲门骨和侧下贲门骨。在后2对之间，向胃的内腔列生许多毛。侧上贲门骨的后端左右在胃中央线相互合拢，形成贲门部与幽门部之间的几个瓣。

（2）幽门胃　较窄小，体积很小，位于胃的后部，幽门胃腔分为背室和腹室（彩图9）。背室与中肠相接，背室侧黏膜上皮细胞呈高柱状，表面覆盖薄的几丁质层；腹侧上皮细胞呈低柱状，与黏膜下层向胃腔突起形成皱襞，腹侧表面的几丁质层特化为间壶腹嵴；腹室背侧上皮细胞呈高柱状，表面的几丁质层较背室背侧黏膜上皮略厚，并向胃腔内形成平行排列的刚毛，与间壶腹脊相对，称为壶腹上脊。幽门胃的肌肉较少，主要为环肌（安继宗等，2018）。

（3）肠　口虾蛄的肠分为中肠和后肠两部分。中肠，呈长管状，起始于胃的幽门部，后部至第5腹节，为细小直管，其内腔较狭窄，外侧由肝胰腺包裹。中肠壁自内向外分别为上皮组织、结缔组织和肌肉组织三部分。中肠无几丁质层，肠壁内侧向肠腔突出，形成数条明显的纵褶，上皮细胞呈柱状紧密排列，通过一层薄的结缔组织与中肠腺相连。幽门胃与中肠相连接处的背侧突出形成1对中肠盲囊（安继宗等，2018）。

后肠，从第6腹节开始，肠道逐渐变大为后肠，后肠较短而膨大，开口于尾扇部分腹面的肛门。后肠壁结构与中肠类似，仅后肠腔大于中肠腔，后肠上皮细胞同样呈柱状，后肠壁突出进入腔内，形成多个纵向脊。从结构组成看口虾蛄的消化系统与许多十足目动物的基本一致，但口虾蛄的胃内没有胃磨结构，而是位于胃前端的贲门胃有增厚的角质板，其两侧有刚毛排列和角质的齿状结构，因此口虾蛄对食物的机械研磨可能是依靠角质板与刚毛相互配合完成。

肝胰腺又称中肠腺，较为发达，位于头胸甲中后区，止于尾扇末端，将幽门胃、中肠和后肠包裹其中，且在体节相连的地方，向左右延伸至体侧缘。肝胰腺由众多分支的小管组成，各小管之间通过结缔组织依附。肝胰腺上皮细胞由储存细胞、分泌细胞、吸收细胞和胚胎细胞组成（彩图10）。分泌细胞顶部有一个大的囊泡，囊泡中有少量的颗粒物质，可以看到细胞顶部破裂或崩解；储存细胞的细胞中有若干小泡；吸收细胞呈柱状，细胞核大而圆，核仁明显；胚细胞的细胞核与吸收细胞的类似，大而圆，但胚细胞较小，细胞顶部达不到管腔。中肠腺内较多的腺管最终组合成腺腔，平行于中肠和背肠的两侧，腺管上皮细胞主要由分泌细胞和贮存细胞组成（安继宗等，2018）。

（4）Y器官　又称Y腺（Y-gland），位于头胸甲后缘侧下方，第1颚足基部前方，左右两侧各1个，呈卵圆形，淡黄色（彩图11）。是由一种腺细胞组成的腺体组织，外围有结缔组织组成的基膜包裹，细胞形态及细胞器的大小在不同时期有所不同，细胞核明显。常见异染色质包围着一个或多个核仁，并在近核膜处大量密集（张晓辉，2000）。Y器官主要合成和分泌的蜕皮甾类物质，有蜕皮激素（E）、25-脱氧蜕皮激素（25dE）和3-脱氢蜕皮激素（3DE）等（Lachaise F Le，1993）。其中，3DE可在表皮组织、器官等细胞内转换成E、20-羟脱皮酮（20HE）和3α羟基立体异构体及极性复合物（Ikeda Y M，1993）。蜕皮甾类对生长过程中的口虾蛄蜕皮和卵巢发育等起到重要的调控作用。

四、神经系统

（1）纵神经干　切开口虾蛄的背部，除去肌肉、心脏、生殖器、消化道即可见到腹面有一条白色纵神经干紧贴于体壁，从头前部向后到达尾节（彩图12）。

（2）脑（图1-4）　是位于头部的膨大的神经节，又称食管上神经节，位于第1触角的背面皮肤下方，形状近似六角形，不明显的分为前、中、后三部分，分别称为视叶、第1触角神经节、第2触角神经节，它们分出的神经通到眼、触角等感觉器官，并且从脑分出数对细小的神经（Kodama et al.，2005）。

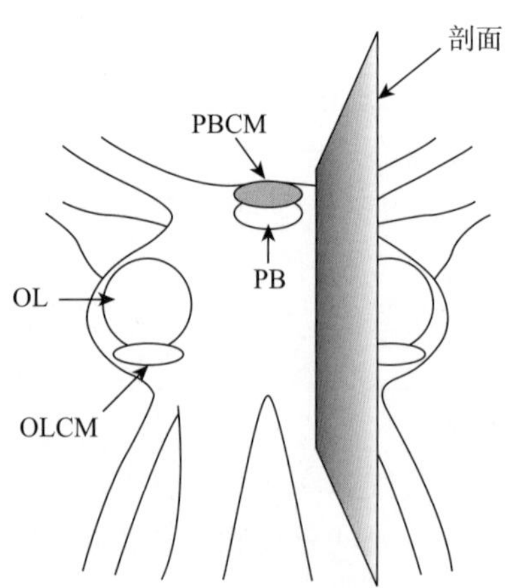

图1-4　口虾蛄脑部理论形式结构（引自Kodama，2005）
OL. 嗅叶　OLCM. 嗅叶细胞团　PB. 前桥　PBCM. 前桥细胞团

利用活体解剖、组织切片和透射电镜技术研究口虾蛄脑中褐脂质的形态、分布和超微结构特征。结果表明，活体解剖时可见脑位于眼节后端之头脑甲最前缘（彩图 13a），呈椭圆形，长径短径。

由彩图 13b 可见，口虾蛄脑位于眼节后端之头脑甲最前缘，呈椭圆形，有肉眼可见的褐脂质色素累积，颜色与周围的甲壳、肌肉组织有明显差别，容易区分。

彩图 13c 和彩图 13d 中的组织切片下，脑部神经细胞核颗粒为深色颗粒，呈圆形，直径 10～30μm，褐脂质颗粒不明显；脑组织周围有大量结缔组织和肌肉组织（M）分布，可能起着支撑和保护脑细胞的作用；口虾蛄脑前桥细胞团（PBCM）是神经细胞密集分布区域。荧光显微镜下，明显可见黄色的褐脂质颗粒广泛分布于在口虾蛄脑中（彩图 13e、彩图 13f），周围结缔组织和肌内组织中未观察到褐脂质颗粒。荧光显微镜下，褐脂质颗粒分散分布于脑部，并在 PBCM 区域分布较多；褐脂质与溶酶体类似，外被单层细胞器膜，染色密度较其他区域高，边缘密度较中间区域染色较深。

从图 1－5 可见，在透射电镜下，可见椭圆形褐脂质颗粒，多聚集分布于近细胞核区域，与溶酶体类似，外被单层细胞器膜，染色密度较其他区域高且均匀；不同代谢累积阶段褐脂质颗粒的染色程度不同，衰老细胞中褐脂质颗粒较深。此外，细胞核周围常见分布着初级溶酶体（PL）、次级溶酶体（LY）、囊泡（V）、线粒体（M）、褐脂质颗粒（L）等。线粒体细胞被双层膜包围，内部染色程度不同，存在着较老的细胞易变性，自由基较多；初级溶酶体结构呈囊泡状，直径 0.2～0.5μm（图 1－5c），是一种刚刚分泌的含有溶酶体酶的分泌小泡，此时酶处于一种非活性状态，染色较浅，电镜下多不明显；次级溶酶体和褐脂质相似，包被单层膜（图 1－5d），但是体积比褐脂质颗粒稍小。由于溶酶体吞噬作用导致其内部很多物质会发生降解，其中很可能包括褐脂质。

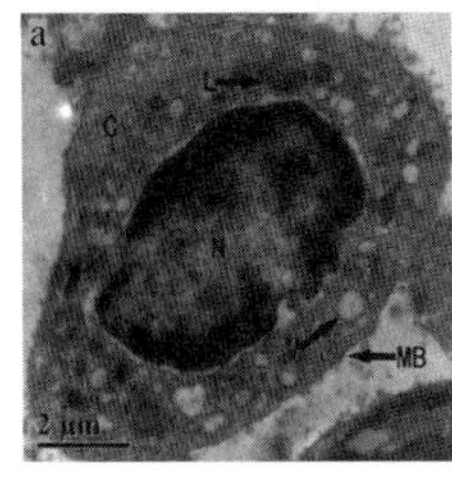

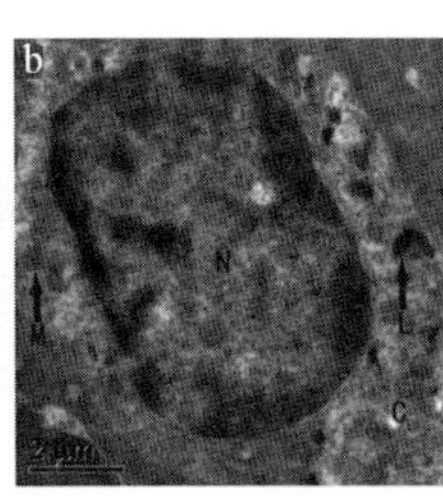

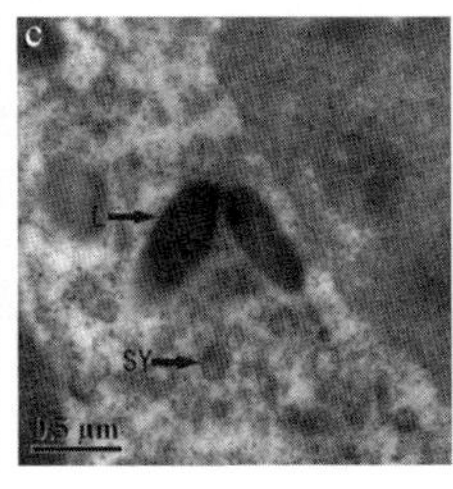

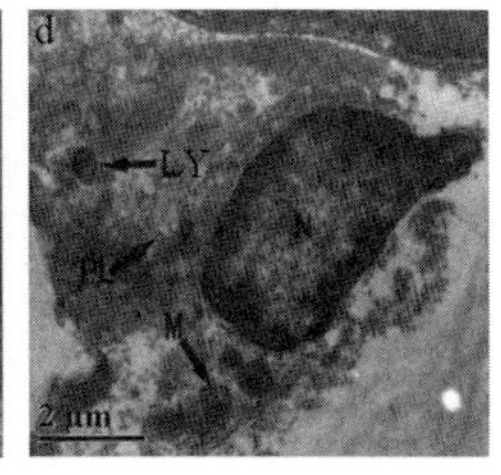

图 1－5　透射电镜下口虾蛄脑部形态特征

a. 口虾蛄脑细胞　b. 脑细胞核周围形态　c. 初级溶酶体　d. 次级溶酶体

L. 褐脂质颗粒　N. 细胞核　M. 线粒体　LY. 次级溶酶体　V. 囊泡　C. 细胞质

MB. 细胞膜　PL. 初级溶酶体

（3）食管神经　有1对食管神经连索，由脑的后端中央附近发生，向食管下方延伸与食管下神经节相接。食管下神经节又与腹神经索相连，腹神经索位于消化道腹面，共有9对神经节（胸部3对和腹部6对），各对神经节的大小相似，唯有第6腹节的神经节稍大（图1－6）。各对神经节均发出神经，伸入附肢与肌肉内（齐伟等，2008）。

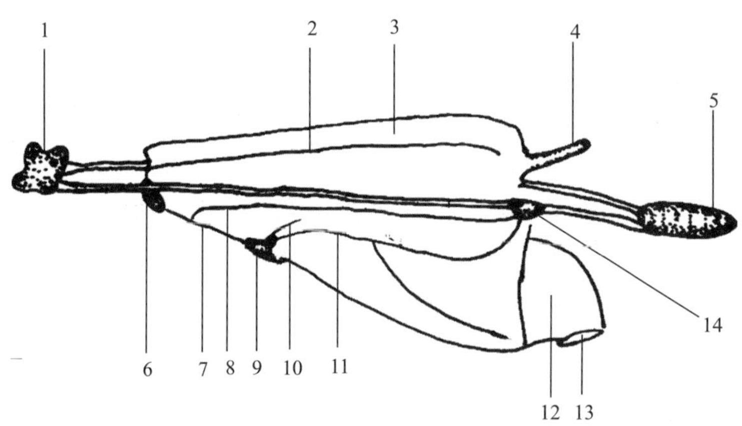

图1－6　口虾蛄口胃神经系统与胃的相对位置关系（引自齐伟，2008）

1. 大脑　2. 贲门侧神经　3. 胃　4. 肠　5. 食管下神经节　6. 口胃神经节
7. 口胃神经　8. 食管上神经　9. 食管神经节　10. 贲门下神经
11. 食管下神经　12. 食管　13. 口　14. 围食管神经节

第三节　口虾蛄的生物学特征

一、口虾蛄生物学测定

头胸甲长（Carapace Length）：头胸甲前端至头胸甲末端的长度（图1－7）。

体长（Body Length）：眼柄基部至尾节背部棘刺尖端的长度。

全长（Total Length）：眼柄基部至身体最末端的长度。

体重（Total Weight）：个体的总重量。

二、口虾蛄的群体组成

口虾蛄是一种多年生的甲壳类动物，生长比较缓慢，在其生长的过程中，雌雄间的生长变化是有差异的。雌性平均体重的最大值出现在2月，雄性平均体重最大值出现在12月，这说明前一年进入恢复期以后，摄食强度变大，索饵育肥，雌雄口虾蛄的体重均处于增长期，由于来年2月时，雌性个体因卵黄营养物质积累到最大值，即将进入产卵季节，导致平均体重大于同期的雄性。如图1－8中3—9月雌雄口虾蛄的平均体重均有下降趋势，特别是4—6月，

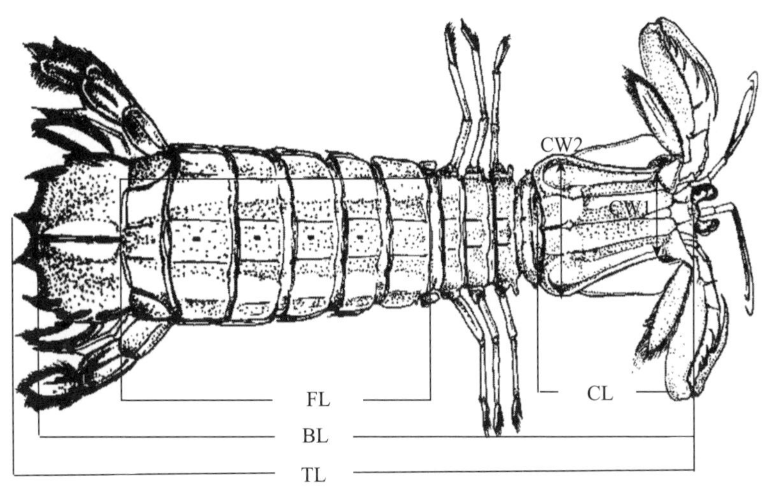

图 1-7　口虾蛄的形态测量示意

BL. 体长　FL. 腹节长　TL. 全长　CL. 头胸甲长　CW1. 头胸甲上部宽　CW2. 头胸甲下部宽

可能这个时期内雌性口虾蛄处于产卵繁殖盛期，体力消耗过大，导致体重的大幅度下降。雌性平均体重的最小值出现在 8 月，雄性出现在 9 月，7—8 月为一年中体重最低时期，雌性的平均体重都低于雄性，这与 6 月雌性口虾蛄刚结束产卵，体内积累的卵黄营养物质大量排出有关；到 8 月末、9 月初基本完成产卵过程，雌性口虾蛄要承担繁重的抱卵、孵化工作，平均体重降到最小值。9 月以后进入恢复期，口虾蛄索饵育肥，体重又逐渐增大，雌雄口虾蛄的体重均处于稳定增长的状况。同一批次的样品间大小差异较大，特别是在繁殖期间，雌性的体重明显大于雄性。

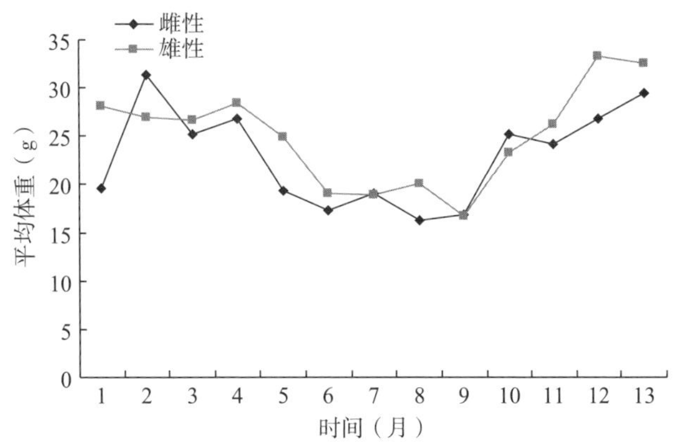

图 1-8　雌雄口虾蛄各月份的平均体重

如图 1－9，从雌雄口虾蛄一年内各月的出现频率可以看出，6、7 月雌雄的出现概率差异较大，雌性出现的概率远远小于雄性，且 7 月雌性口虾蛄的出现概率达到最小值，分析可能是进入产卵期，雌性口虾蛄特有的产卵习性所致。雌性口虾蛄进洞产卵、孵卵，大大减少了洞外活动，相对而言雄性出现的概率就大了很多。9 月以后，雌性口虾蛄处在繁殖末期，并将进入恢复期，雌性口虾蛄出洞索饵觅食，恢复洞外活动，雌雄的出现概率差异就比较小。

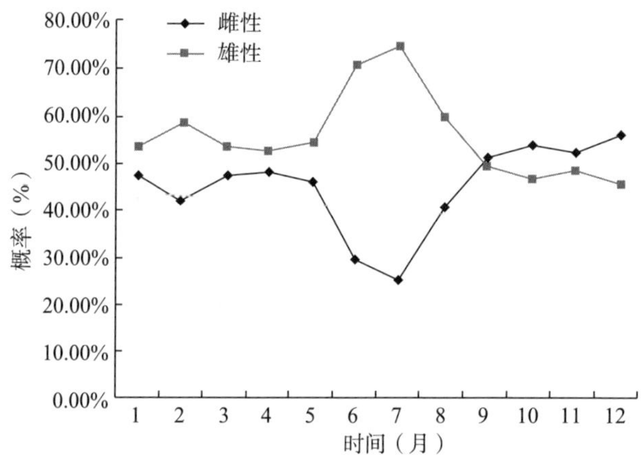

图 1－9　雌雄口虾蛄在各月份的出现概率

三、各部位相关性

(1) 体重与头胸甲长的关系　根据 2004 年 1 月至 2005 年 1 月样品的数据，对口虾蛄雌雄样品间的体重与头胸甲长的关系进行回归分析，二者间无明显的差异。回归分析结果表示，口虾蛄的体重与头胸甲长呈幂指数关系。体重（TW，g）与头胸甲长（CL，cm）关系如图 1－10 所示。

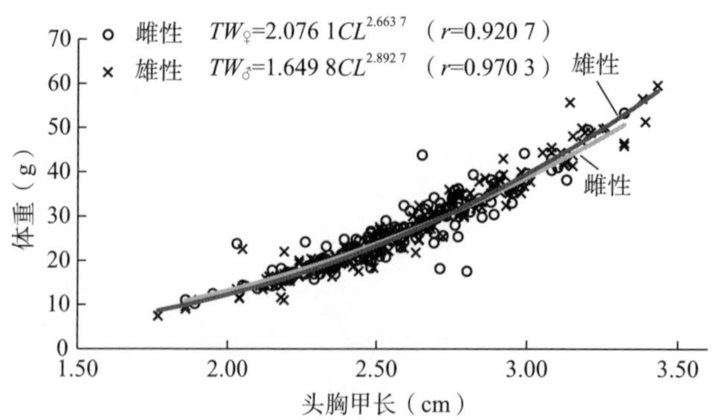

图 1－10　口虾蛄体重与头胸甲长的关系

为验证推导方程的有效性，采用 r 检验法对方程进行显著性检验。共分析样本 361 尾，其中雌性 170 尾，雄性 191 尾。根据计算，对 $\alpha=0.01$，查相关系数临界值表可得 r_α（150）$=0.208$，而雌雄口虾蛄 $r_♀=0.920\,7$，$r_♂=0.970\,3$，其 $|r|$ 均大于 r_α（150），表明回归关系显著，说明配合的幂函数曲线方程是适合的。

雌雄口虾蛄体重与头胸甲长关系分别为：$TW_♀=2.076\,1CL^{2.663\,7}$，$TW_♂=1.649\,8CL^{2.892\,7}$，均呈幂指数关系，且相关性非常好。从关系图中可以看出雌雄两条曲线较接近，相差不大。体重均随头胸甲的增加而增加，用 $W_= W_♂$ 求解方程，得头胸甲长 $CL=2.7$cm，表明这两条曲线相交于这一点。2.7cm 以前无论雌雄体重增加均较为缓慢；2.7cm 以后，曲线变陡，体重增加较快。雄性在 2.7cm 前体重增长比雌性慢，以后雄性增长超过雌性。

（2）体重与体长的关系　口虾蛄的体重与体长是两个非常重要的指标，对所取样品的数据进行回归分析发现，口虾蛄的体重与体长的关系在雌雄间无显著的差异，体重随体长的增加而增加，体重（TW，g）与体长（BL，cm）呈幂指数关系，如图 1－11 所示。

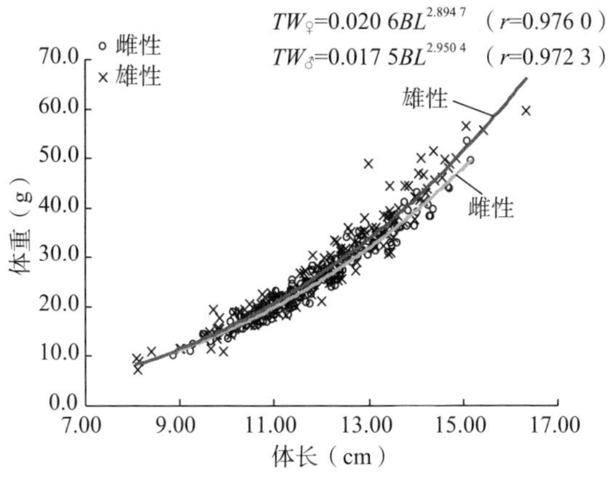

图 1－11　口虾蛄体重与体长关系

同样采用 r 检验法对方程进行显著性检验，分析所用样本 361 尾，其中雌性 170 尾，雄性 191 尾。根据计算，对 $\alpha=0.01$，查相关系数临界值表可得 r_α（150）$=0.208$，而雌雄口虾蛄 $r_♀=0.976\,0$、$r_♂=0.972\,3$，其 $|r|$ 均大于 $r_\alpha=0.208$，表明回归关系显著，说明配合的幂函数曲线方程是适合的。

徐善良等（1996）研究认为，浙江沿海口虾蛄的体重与体长关系式为：$TW=0.015\,58BL^{2.91}$。林月娇等（2008）研究表明，大连近海口虾蛄雌雄的体重与体长关系式为：$TW_♀=0.020\,6BL^{2.864\,7}$，$TW_♂=0.017\,5BL^{2.950\,4}$；两种样品间关系式中指数 b 略有差异，可能是与性别是否分开讨论有关。在不考虑雌雄间差异的前提下，对总体样品进行回归，得到口虾蛄体重与体长的关系为：$TW=0.0189BL^{2.9099}$，指数 b 与前人的研究结果也少有差别，可能是由于不同地方群体间或世代间的差异所产生的。其他虾蛄属的种类也有类似的报道，如蒋霞敏等（2000）研究认为，浙江沿海的黑斑口虾蛄的体重与体长的关系为：$M_♀=0.0607BL^{2.4204}$，$M_♂=0.0418BL^{2.5980}$，得到的也是幂函数方程，其指数 b 小于本试验口虾蛄。

从口虾蛄体重与体长关系的曲线图看出，二者的关系在雌雄间无明显的差异。体重均随体长的增加而增加，雌雄两条曲线在体长 10.00cm 前十分接近，体重增长均较为缓慢；在体长 10.00cm 以后差异渐渐变得显著，体重均增加较快，而且随着体长的变大，曲线上点的离散性越来越大。有此结果的原因可能是进入成熟期后，口虾蛄的体重变化趋势受到了生殖行为的影响，雌性个体由于卵巢的生长发育，体内大量积累卵黄营养物质，导致体重的增加受到影响。

（3）体重与全长的关系　对雌雄口虾蛄分别作了体重与全长的数据回归分析，发现二者间差异较小，体重（TW，g）与全长（TL，cm）的关系呈幂指数关系，如图 1-12 所示。

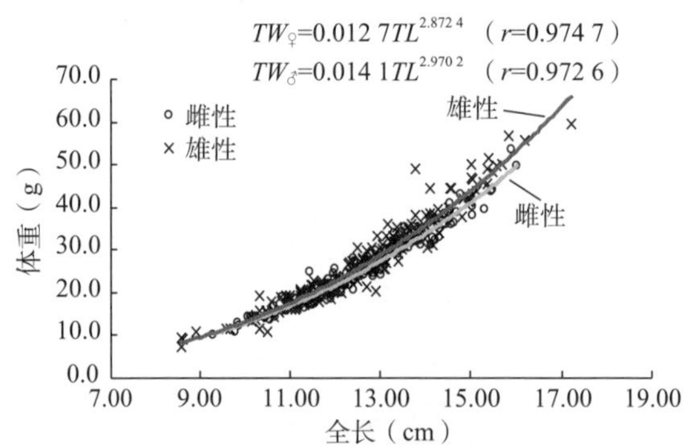

图 1-12　口虾蛄雌雄个体体重与全长的回归关系

对 170 尾雌性个体和 191 尾雄性个体进行数据分析，用 r 检验法对方程进行显著性检验，根据计算，对 $\alpha=0.01$，查相关系数临界值表可得 $r_\alpha=0.208$，而雌雄口虾蛄 $r_♀=0.9747$、$r_♂=0.9726$，其 $|r|$ 均大于 r_α（150），回归关系显著，说明配合的幂函数曲线方程是适合的。

口虾蛄体重与全长关系的曲线图和体重与体长的关系曲线图相似，体重均随全长的增长而增加。雌、雄个体的回归关系曲线在全长小于 11.00cm 时几乎相同；在全长大于 11.00cm 时差异渐渐变大，而且随着全长的变大，曲线上点的离散性越来越大，其原因也是因为生殖行为对体重有影响。

(4) 头胸甲长与体长的关系　分别对口虾蛄雌雄个体的头胸甲长（CL，cm）与体长（BL，cm）作回归分析，分析发现，无论雌雄，口虾蛄的头胸甲长均随体长的增长而匀速增长，并且雌雄间的差异不是很大，大于 10.0cm 的同体长组雄性头胸甲长略大于雌性，如图 1-13 所示。

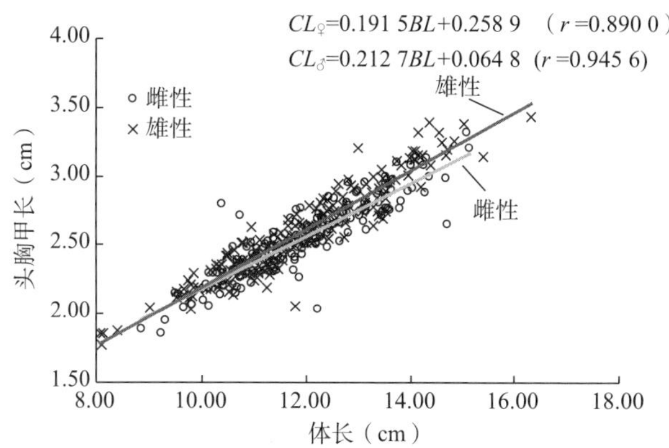

图 1-13　口虾蛄雌雄个体头胸甲长与体长的回归关系

用 r 检验法对方程进行显著性检验，同样对 170 尾雌性和 191 尾雄性进行数据分析，对 α=0.01，查相关系数临界值表可得 r_α（150）=0.208，而雌雄口虾蛄 $r_♀$=0.890 0、$r_♂$=0.945 6，其 | r | 均大于 r_α（150），线性回归关系显著，说明配合的回归方程是适合的。

(5) 头胸甲长与全长的关系　对口虾蛄的头胸甲长（CL，cm）与全长（TL，cm）进行统计分析，结果表明二者之间线性关系很好，雌雄口虾蛄间没有显著差异，大于 11.0cm 的同全长组的雄性头胸甲略长于雌性，如图 1-14 所示。

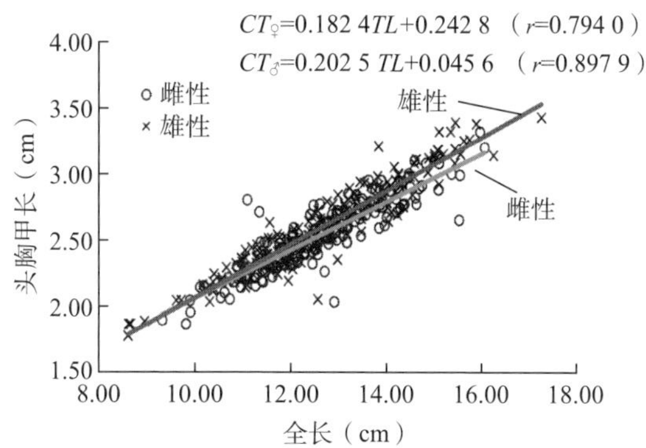

图 1-14　口虾蛄雌雄个体头胸甲长与全长的回归关系

用 r 检验法对方程进行显著性检验，对 $\alpha=0.01$，查相关系数临界值表可得 r_α（150）$=0.208$，而雌雄口虾蛄 $r_{♀}=0.7940$、$r_{♂}=0.8979$，其 $|r|$ 均大于 r_α（150），说明线性回归显著，配合的回归方程是适合的。

（6）体长与全长的关系　对口虾蛄的体长（BL，cm）与全长（TL，cm）进行统计分析，回归结果表明二者间同样呈现良好的线性关系，雌雄间几乎没有差异，如图 1-15 所示。

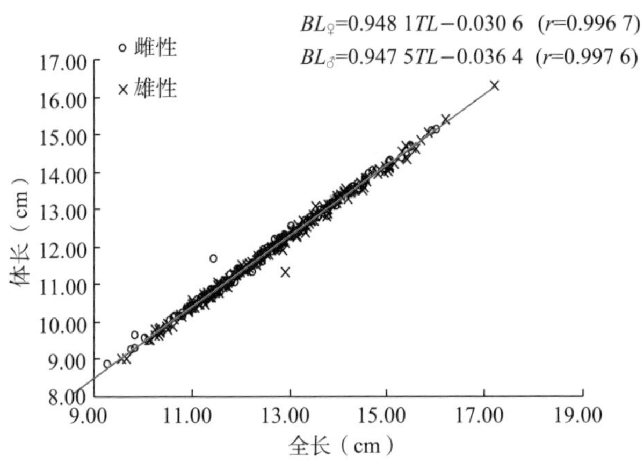

图 1-15　口虾蛄雌雄个体体长与全长的回归关系

用 r 检验法对方程进行显著性检验，对 $\alpha=0.01$，查相关系数临界值表可得 r_α（150）$=0.208$，而雌雄口虾蛄 $r_{♀}=0.9967$、$r_{♂}=0.9976$，其 $|r|$ 均大于 r_α（150），表明线性回归关系显著，因此配合的回归方程是适合的。

（7）体重与性腺重的关系　对口虾蛄的体重与性腺重进行统计分析，结果表明二者之间相关性很差。但总体看，在性腺发育期间，还是存在着体重大的个体比体重小的个体性腺偏重的现象。二者关系如图 1-16 所示。

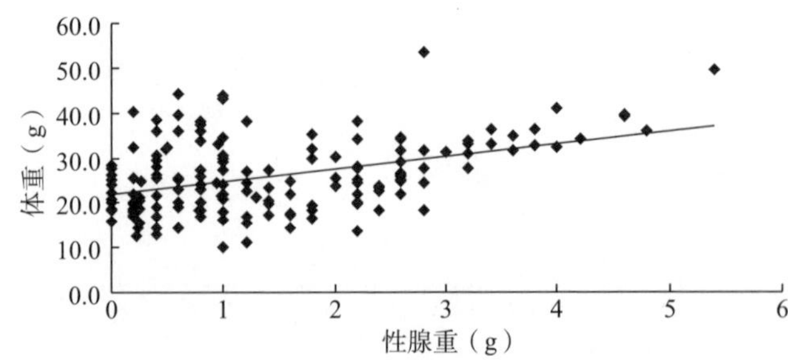

图 1-16　口虾蛄体重与性腺重的关系

（8）体长与性腺重的关系　对口虾蛄的体长与性腺重进行统计分析，结果表明二者之间相关性很差。总体看，在性腺发育期间，还是存在着体长大的个体比体长小的个体性腺偏重的现象。二者关系如图 1－17 所示。

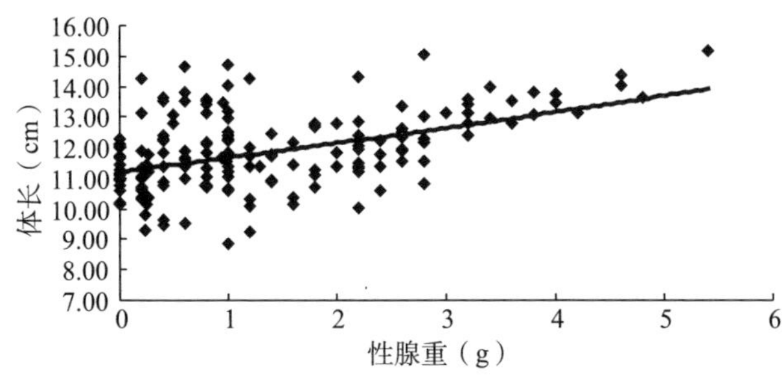

图 1－17　口虾蛄体长与性腺重关系

日本山崎诚（1998）研究发现，口虾蛄的卵巢质量与体重存在线性关系。蒋霞敏等（2000）对浙江沿海黑斑口虾蛄的性腺质量与体重关系研究发现，黑斑口虾蛄性腺质量（mg，g）与体重（m，g）也呈线性相关，其关系为：$mg_{♀}=-0.4126+0.0582m$（$r=0.8094$）、$mg_{♂}=-1.7417+0.1716m$（$r=0.8577$），表明性腺随体重增加而匀速增加，但雌雄差异较大，回归直线的斜率雄性远远大于雌性。此外，根据观察，雄性性腺达最大质量时，对应的体重最大，肥满度也最大。本试验在整个测量过程中，只对雌性口虾蛄性腺组织进行了称量。在对一年内的雌性口虾蛄的称量结果进行数据分析后，发现体重、体长与性腺重之间没有明显的线性相关性。做出线性趋势线，相关性比较差，这点不同于其他试验结果，可能是在解剖过程中，雌性口虾蛄的性腺摘取不完全，从而造成的误差，以及试验样品的地域性差异所致。但是，在性腺发育期间，还是存在着体重和体长大的个体比体重和体长小的个体性腺偏重的现象。

口虾蛄头胸甲长与体长的关系呈良好的线性关系。林月娇等（2008）得出的大连近海口虾蛄的这 2 个参数间的关系同样符合这种线性方程。蒋敏霞等（2000）对浙江沿海的黑斑口虾蛄的形态参数的研究中，得出黑斑口虾蛄的头胸甲长与体长的关系式为：$CL_{♀}=0.2208+0.2202BL$（$r=0.8521$）、$CL_{♂}=0.3462+0.2159BL$（$r=0.9088$），与大连近海口虾蛄有差异，可能是由试验样品的品种不同和地区性差异所造成的。雌雄间 2 个参数关系存在很小的差异，在体长小于 10.00cm 时，雌雄间头胸甲长的增加几乎没有差异；在体长大于 10.00cm 时，雄性图线略高于雌性，这说明雄性头胸甲长的增加速度在体长 10.00cm 后慢慢大于雌性。

口虾蛄头胸甲长与全长的关系也呈很好的线性关系。在全长小于 11.00cm

时，雌雄间头胸甲长的增长几乎没有差异；在全长大于 11.00cm 时，雄性图线略高于雌性，表明雄性头胸甲长的增加速度在全长 11.00cm 后慢慢大于雌性。

在口虾蛄体长与全长的关系图中，可以看到基本重合的 2 条直线。这说明雌雄口虾蛄间的体长与全长的关系基本无差异，在口虾蛄的生长过程中，雌雄体长随全长的增长而增长的比例基本是一样的。

四、口虾蛄的生长特性

口虾蛄生长较为缓慢，从表 1-1 可以看出，口虾蛄周年中的最大平均体重值和平均体长值均出现在 3 月，从 10 月以后，口虾蛄幼体孵化进入生长阶段。4—6 月口虾蛄体重范围跨度较大，出现最小值 7.0g；体长的跨度范围也较大，出现最小值 5.15cm。

产卵繁殖盛期，6 月口虾蛄刚结束产卵，并要承担繁重的抱卵、孵化活动，导致体重有明显减少的现象，加之由于现有条件的限制，所采集到的样本都是成体，只是偶尔出现当年生小个体口虾蛄。9 月以后，从口虾蛄的平均体重和平均体长均能看出，二者处于稳定的增长状态，分析是口虾蛄的繁殖期结束进入恢复阶段，随着摄食强度的增强，身体也恢复肥满。

表 1-1　黄海北部口虾蛄体长、体重的月际数据信息

时间		体重（g）		体长（mm）	
年	月	范围	平均值	范围	平均值
2004	1	11.4～56.8	27.51	8.40～15.37	12.14
	2	18.2～46.0	28.75	10.38～14.70	12.33
	3	13.0～67.2	31.75	9.08～15.43	12.64
	4	9.6～65.2	31.21	5.15～16.91	12.28
	5	7.6～57.0	22.73	5.87～14.8	11.21
	6	7.0～45.8	18.52	8.03～14.46	10.58
	7	9.4～49.8	18.80	8.10～14.03	10.75
	8	10.2～42.8	18.47	8.46～14.17	10.58
	9	9.0～37.6	16.15	6.64～13.17	9.79
	10	8.0～50.0	24.24	7.94～14.50	11.27
	11	9.8～59.2	25.11	8.92～15.46	11.81
	12	12.4～56.0	29.85	8.98～15.86	12.40
2005	1	14.4～56.6	28.99	9.53～15.14	12.47

本试验共采集口虾蛄样品1764尾，体长为6.64～15.86cm，根据体长分布情况，雌雄各按十个体长组进行分析比较，第一至第十体长组分别为：6.5～7.5cm、7.5～8.5cm、8.5～9.5cm、9.5～10.5cm、10.5～11.5cm、11.5～12.5cm、12.5～13.5cm、13.5～14.5cm、14.5～15.5cm和大于15.5cm（体长小数点后第二位四舍五入）。如图1-18，6.5～7.5cm、10.5～11.5cm、11.5～12.5cm三个体长组中雌性出现尾数略大于雄性，其他各体长组雌性出现尾数均小于雄性，且雌性无大于15.5cm体长组，说明采集回来的样品中雄性的体长大的尾数多，普遍大于雌性。

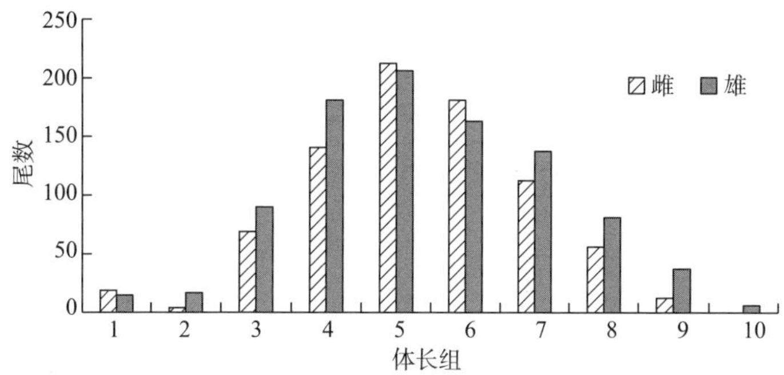

图1-18 口虾蛄各体长组的尾数分布

按不同体长组分别进行个体出现率、平均增重率等的分析（体长小数点后第二位四舍五入），结果见表1-2。从个体出现率和平均体重来看，同一体长组的口虾蛄样品，雄性的平均体重都要大于雌性，雄性体长大于15.5cm的个体出现率为1.05，而雌性出现率为0。总的说来，随着体长的增加，雌雄口虾蛄的相对增重率的总趋势均是逐渐变小的，即口虾蛄在小个体时的相对增重率大于大个体时的相对增重率，且相同体长组雄性口虾蛄的相对增重率基本上大于雌性。

表1-2 口虾蛄不同体长组相对增重率及W/L值

体长组（cm）	雌性				雄性			
	个体出现率（%）	平均体重（g）	相对增重率（%）	W/L	个体出现率（%）	平均体重（g）	相对增重率（%）	W/L
6.5～7.5	2.46	4.5	—	0.65	1.89	4.5	—	0.65
7.5～8.5	0.37	6.9	53.67	0.88	2.00	8.5	89.76	1.04
8.5～9.5	8.12	11.5	66.67	1.27	9.57	11.9	39.67	1.30
9.5～10.5	17.47	15.1	31.30	1.51	19.03	15.5	30.25	1.55
10.5～11.5	26.57	19.7	30.46	1.79	22.19	20.2	30.32	1.84

（续）

体长组（cm）	雌性				雄性			
	个体出现率（%）	平均体重（g）	相对增重率（%）	W/L	个体出现率（%）	平均体重（g）	相对增重率（%）	W/L
11.5～12.5	22.26	25.6	29.95	2.13	17.46	26.6	31.68	2.22
12.5～13.5	14.02	32.2	25.78	2.48	14.62	34.0	27.82	2.62
13.5～14.5	6.77	37.8	17.39	2.71	8.31	42.9	26.18	3.06
14.5～15.5	1.97	46.7	23.54	3.13	3.89	51.8	20.75	3.48
>15.5	0	—	—	—	1.05	59.9	15.68	3.72

由表1 2可见，雌雄口虾蛄体重与体长之比值（W/L）均随体长的增长逐渐增大，基本上均呈直线上升的趋势，同体长组雌性的体重与体长之比均小于雄性的。这与体重与体长的关系曲线反映的事实基本是一致的。但是据报道，徐善良（1996）对浙江沿海口虾蛄的研究结果——W/L值是随体长的增长逐渐增大，雌雄间差异表现为小于9.0cm时，雌性比值大于雄性，此后雄性比值超过雌性；这与本试验有些差异，可能是样品存在地方性差异所造成的。

表1-3是对所有口虾蛄样品分雌雄进行全长与体长之比的统计结果。结果显示，头胸甲长是随体长的增大而逐渐增大的，这与头胸甲长与体长关系曲线反映的事实也基本一致。从表1-3中全长/体长的比值和图1-19可得知，口虾蛄的生长速度与性别和个体大小有关，在整个生长过程中，体长小于9.0cm时，雌雄的全长/体长值稳定增大，随体长的增大而增大，说明体长在9.0cm以前的口虾蛄的生长速度很快，且雌性生长快于雄性；体长大于9.0cm时，雌雄的全长/体长值随体长的增大变化不大，比较稳定，略有下降趋势，说明体长在9.0cm以后，口虾蛄无论雌雄，生长速度都比较缓慢，比较稳定，没有明显变化，雌雄间无太大差别。

表1-3　口虾蛄不同体长组头胸甲长及全长/体长值

体长组（cm）	雌性			雄性		
	平均体长（cm）	平均头胸甲长（cm）	全长/体长	平均体长（cm）	平均头胸甲长（cm）	全长/体长
6.5～7.5	6.86	1.52	1.032	6.88	1.51	1.033
7.5～8.5	7.84	1.67	1.038	8.23	1.81	1.056
8.5～9.5	9.08	1.94	1.058	9.12	1.99	1.058
9.5～10.5	9.99	2.12	1.058	10.01	2.18	1.062

（续）

体长组（cm）	雌性			雄性		
	平均体长（cm）	平均头胸甲长（cm）	全长/体长	平均体长（cm）	平均头胸甲长（cm）	全长/体长
10.5～11.5	11.00	2.36	1.057	10.98	2.37	1.057
11.5～12.5	12.00	2.54	1.056	11.99	2.57	1.058
12.5～13.5	13.00	2.75	1.060	12.97	2.82	1.058
13.5～14.5	13.93	2.90	1.056	14.00	3.05	1.056
14.5～15.5	14.92	3.08	1.052	14.89	3.27	1.058
＞15.5	—	—	—	16.09	3.33	1.052

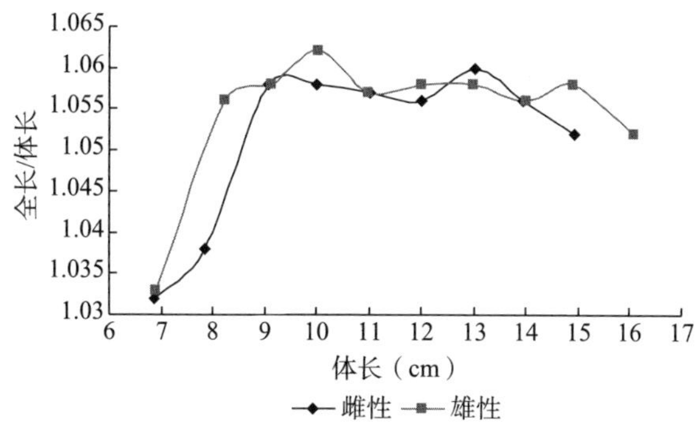

图 1-19　口虾蛄全长/体长与体长的关系

林月娇等（2008）采用常规生物学测定方法，对大连近海雌雄口虾蛄个体的头胸甲长、体长、全长、体重进行了测定，并分析口虾蛄长度和体重以及各长度之间的生长关系。结果表明，雌雄性口虾蛄个体之间存在的差异较小，而且体重与头胸甲长、体重与体长、体重与全长均呈幂函数关系，头胸甲长与体长、头胸甲长与全长均呈线性关系。徐海龙等（2010）对大连近海渔获的口虾蛄头胸甲长、体长、体重及关系进行了研究，得到口虾蛄肥满度最小值出现在7月，雌性为1.38，雄性为1.40，肥满度性别差异显著。蒋霞敏等（2000）对黑斑口虾蛄（*Oratosquilla kempi*）的体长、头胸甲长、尾扇长、体重、肉壳重、性腺重等进行了测定分析，结果表明黑斑口虾蛄的体长与体重呈幂函数关系；体长与头胸甲长、尾扇长，体重与肉重、壳重和性腺重呈线性相关系。盛福利（2009）对青岛近海口虾蛄渔业生物学进行初步研究，结果表明体重与体长、全长、头胸甲长、腹宽、尾扇长分别呈幂函数关系；雌雄口虾蛄的肥满度变化有所差异，雄性口虾蛄肥满度普遍高于雌性。

参考文献

安继宗，徐海龙，王彦怀，2018. 口虾蛄幽门胃、中肠、后肠及中肠腺形态组织学观察[J]. 河北渔业，8：14-16.

冯玉爱，张珍兰，1995. 广东湛江沿海口足类的初步报告[J]. 湛江水产学院学报，15（1）：21-32.

蒋霞敏，赵青松，王春琳，2002. 黑斑口虾蛄的形态参数关系的分析[J]. 中山大学学报（自然科学版）增刊，3（39）：268-270.

李富花，相建海，1996. 中国对虾促雄腺形态结构和功能的初步研究[J]. 科学通报，41（15）：1418-1422.

林月娇，刘海映，徐海龙，等，2008. 大连近海口虾蛄形态参数关系的研究[J]. 大连水产学院学报，3：215-217.

刘瑞玉，王永良，1998. 南海虾蛄科及猛虾蛄科（甲壳动物口足目）二新种[J]. 海洋与湖沼，29（6）：588-596.

梅文骧，王春琳，张义浩，1996. 浙江沿海虾蛄生物学及其开发利用研究专辑[J]. 浙江水产学院学报，15（1）：1-8.

齐伟，王晓安，任维，等，2008. HRP追踪技术对口虾蛄口胃神经系统的研究[J]. 神经解剖学杂志，24（4）：5.

山崎诚，1998. 口虾蛄的生态学研究[J]. 西海区水产研究报告，3（66）：69-100.

邵东梅，邢坤，陈雷，2016. 口虾蛄促雄腺的形态结构研究[J]. 安徽农业科学，44（19）：6-7.

苏青，朱冬发，杨济芬，等，2010. 三疣梭子蟹促雄腺显微和亚显微结构的研究[J]. 水产科学，29（4）：193-197.

王春林，徐善良，梅文骧，1996. 口虾蛄的附肢形态及生活习性的初步观察[J]. 浙江水产学院学报，15（1）：9-14.

王蕾，邱盛尧，刘淑德，等，2020. 黄渤海3个口虾蛄群体的形态差异分析[J]. 海洋渔业，42（6）：672-686.

徐海龙，张桂芬，乔秀亭，等，2010. 黄海北部口虾蛄体长及体质量关系研究[J]. 水产科学，29（8）：451-454.

徐善良，王春琳，梅文骧，1996a. 口虾蛄形态参数关系的研究[J]. 浙江水产学院学报，15（1）：15-20.

徐善良，王春琳，梅文骧，1996b. 口虾蛄性腺特征及卵巢组织学观察[J]. 浙江水产学院学报，15（1）：9-14.

Brown M，Sieglaff D，Rees H，2009. Gonadal ecdysteroidogenesis in Arthropoda：occurrence and regulation [J]. Annual Review of Entomology，54：105-25.

Fairs N J，Evershed P T，Quinlan P T，et al.，1989. Detection of unconjugated and conjuated steroids in the ovary，eggs and haemolymph of the decapod crustacean *Nephrops norvegicus* [J]. General Comparative Endocrinology，74：199-208.

Hamano T, Matsuura S, 1984. Egg laying and egg mass nursing behavior in the Japanese mantis shrimp [J]. Nippon Suisan Gakkaishi, 50 (12): 1969-1973.

Hamano T, 1990. Growth of the stomatopod crustacean *Oratosquilla oratoria* in Hakate Bay [J]. Nippon Suisan Gakkaishi, 56: 1529.

Ikeda M, Naya Y, 1993. The biotransformation of tritiated 3-dehydroecdysone by crayfish, *Procambarus clarkii* [J]. Experientia, 49 (12): 1101-1105.

Khalaila I, Manor R, Weil S, et al., 2002. The eyestalk-androgenic gland-testis endocrine axis in the crayfish *Cherax quadricarinatus* [J]. Gen Comp Endocrinol, 127 (2): 147-156.

Keita K, Takashi Y, Takamichi S, et al., 2005. Age estimation of the wild population of Japanese mantis shrimp *Oratosquilla oratoria* (Crustacea: Stomatopoda) in Tokyo Bay, Japan, using lipofuscin as an age marker [J]. Fisheries Science, 71 (1): 141-150.

Lachaise F, Le R A, Hubert M, et al., 1993. The molting gland of crustaceans: localization, activity, and endocrine control (A review) [J]. Journal of Crustacean Biology, 2: 198-234.

Lui K K Y, Ng J S S, Leung K M Y, 2007. Spatio-temporal variations in the diversity and abundance of commercially important decapoda and stomatopoda in subtropical Hong Kong waters [J]. Estuarine, Coastal and Shelf Science, 72 (4): 635-647.

第二章

口虾蛄食性

第一节　口虾蛄的食性分析

一、黄海北部口虾蛄食性分析

样本来源于2018年黄海北部（122°14′—122°15′E，39°17′—39°18′N）定点张网采集的口虾蛄、鱼类、贝类、甲壳类、头足类、多毛类、藻类等。口虾蛄主要为1龄口虾蛄［体长（8.37±0.59）cm，体重（8.77±1.75）g］和3龄口虾蛄［体长（14.28±0.55）cm，体重（48.08±2.84）g］。样本采集后冷藏运输到实验室，进行分类鉴定和生物学测定。口虾蛄、虾蟹类去除甲壳取肌肉组织，鱼类取其背部肌肉组织，贝类取闭壳肌，头足类取肌肉组织，尖海龙、藻类取整体作为分析样品，并置于60℃下、恒温烘干48h，至样本恒重后用研钵研磨成粉末，放入干燥器中保存，待进行稳定同位素测定。

如表2-1所示，把获取的口虾蛄及其他海洋生物种类（共29种），分为虾蛄类、鱼类、蟹类、虾类、贝类、头足类、藻类、多毛类等，分别进行了碳、氮稳定同位素检测。

表2-1　口虾蛄及饵料生物种类的长度和体质量测定

物种	样本数	全长范围（cm）	平均全长（cm）	体重范围（g）	平均体重（g）
虾蛄类					
口虾蛄 *Oratosquilla oratoria*	7	7.90～14.80	11.74	7.13～51.12	31.23
鱼类					
焦氏舌鳎 *Cynoglossus joyneri*	3	5.90～9.60	7.67	0.90～3.92	2.14
日本鳀 *Engraulis japonicus*	2	9.90～10.40	10.15	10.14～9.38	9.76
绒杜父鱼 *Hemitripterus villosus*	2	4.00～4.40	4.20	1.88～2.12	2.00
鲬鱼 *Platycephalus indicus*	2	7.30～8.50	7.90	3.52～5.02	4.27
高眼鲽 *Cleisthenes herzensteini*	1	11.60	11.60	28.60	28.60
银鲳 *Pampus argenteus*	1	10.20	10.20	30.77	30.77
红狼牙虾虎鱼 *Odontamblyopus rubicundus*	1	7.10	7.10	9.43	9.43
双带缟虾虎鱼 *Tridentiger bifasciatus*	1	9.10	9.10	3.76	3.76

（续）

物种	样本数	全长范围（cm）	平均全长（cm）	体重范围（g）	平均体重（g）
长丝虾虎鱼 *Cryptocentrus filifer*	1	11.70	11.70	8.39	8.39
玉筋鱼 *Ammodytes personatus*	6	9.60～12.70	10.87	1.94～6.45	7.78
方氏云鳚 *Enedrias fangi*	4	10.70～13.80	11.75	2.94～7.78	4.36
白姑鱼 *Pennahia argentata*	2	7.50～8.40	7.95	6.14～9.78	7.96
细纹狮子鱼 *Liparis tanakae*	3	3.20～6.60	4.97	0.54～5.65	2.86
尖海龙 *Syngnathus acus*	2	17.70～18.70	18.20	1.38～1.91	1.65
蟹类					
日本蟳 *Charybdis japonica*	3	1.80～2.00	1.90	4.64～4.82	4.71
三疣梭子蟹 *Portunus trituberculatus*	3	2.50～3.40	2.91	7.14～16.94	11.95
虾类					
日本鼓虾 *Alpheus japonicus*	10	4.90～5.30	5.10	2.91～3.35	3.32
鲜明鼓虾 *Alpheus distinguendus*	10	5.90～6.60	6.40	4.21～4.53	4.36
葛氏长臂虾 *Palaemon gravieri*	10	5.80～6.20	6.01	2.73～2.91	2.84
中国毛虾 *Acetes chinensis*	10	2.90～3.40	3.21	0.19～0.26	0.22
贝类					
扁玉螺 *Glossaulax didyma*	3	2.16～3.21	2.70	10.08～15.23	12.03
中国蛤蜊 *Mactra chinensis*	3	2.29～3.85	2.99	2.28～18.86	8.86
头足类					
短蛸 *Octopus ocellatus*	2	1.00～1.90	1.45	0.57～1.58	1.08
双喙耳乌贼 *Sepiola birostrata*	1	3.50	3.50	—	—
藻类					
甘紫菜 *Porphyra tenera*	5	—	—	—	—
孔石莼 *Ulva pertusa*	6	—	—	—	—
多毛类					
双齿围沙蚕 *Perinereis aibuhitensis*	3	12.10～15.30	13.60	—	—
其他甲壳类					
日本浪漂水虱 *Cirolana japonensis*	3	1.80～2.10	1.93	—	—

二、口虾蛄体长、体重与稳定同位素的关系

如图 2-1、图 2-2 所示，黄海北部海域口虾蛄的 $\delta^{13}C$ 值变化于－1.727%～－1.622%，平均值为（－1.657±0.037）%；$\delta^{15}N$ 值变化于 1.395%～

1.534%，平均值为（1.468±0.039）%。其 $\delta^{13}C$ 和 $\delta^{15}N$ 值的变化范围较小。黄海北部采集的野生口虾蛄的碳、氮稳定同位素比值与体长无显著相关性，这与宁加佳等（2016）报道的汕尾红海湾海域口虾蛄一致；但口虾蛄的碳、氮稳定同位素比值与体重无显著相关性，这与汕尾红海湾海域口虾蛄检测结果有所不同。

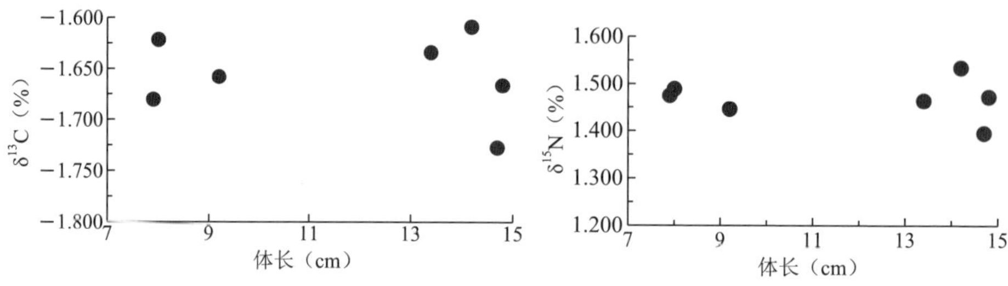

图 2-1　口虾蛄体长与 $\delta^{13}C$ 和 $\delta^{15}N$ 值的关系

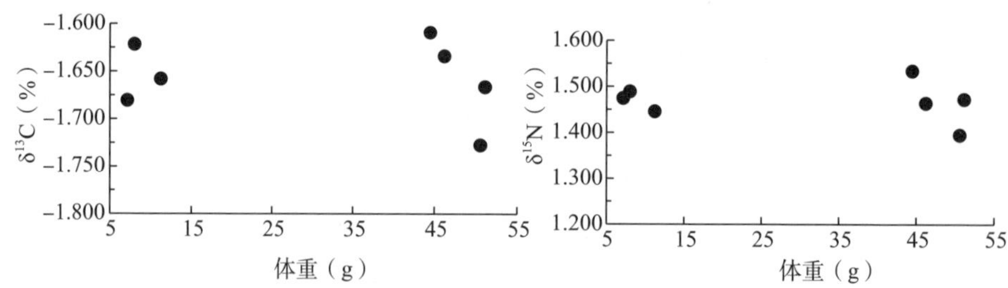

图 2-2　口虾蛄体重与 $\delta^{13}C$ 和 $\delta^{15}N$ 值的关系

三、口虾蛄及其他海洋生物的碳、氮稳定同位素关系

如图 2-3 所示，黄海北部海域口虾蛄的 $\delta^{15}N$ 值高于本次采集的其他生物样本，口虾蛄的 $\delta^{13}C$ 值低于蟹类但高于其他生物样本。

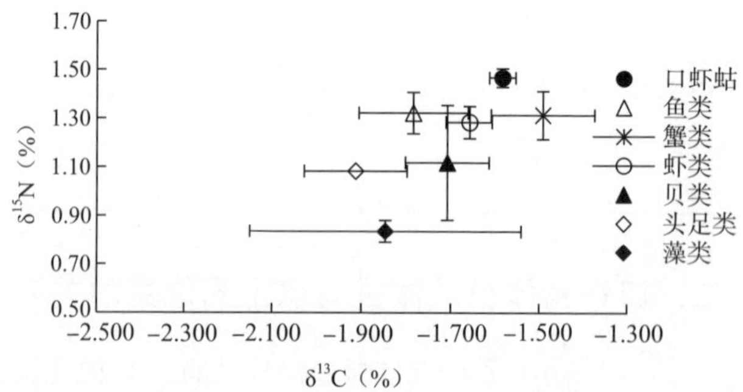

图 2-3　口虾蛄及其他海洋生物的碳、氮稳定同位素关系

黄海北部不同生物的 $\delta^{13}C$、$\delta^{15}N$ 值如图 2-4 所示。已测定的 29 种生物中口虾蛄 $\delta^{15}N$ 值最高，其次是双齿围沙蚕及日本浪漂水虱，鱼类资源中鲬、红狼牙虾虎鱼、长丝虾虎鱼、白姑鱼、细纹狮子鱼较高，双带缟虾虎鱼 $\delta^{15}N$ 值最低。

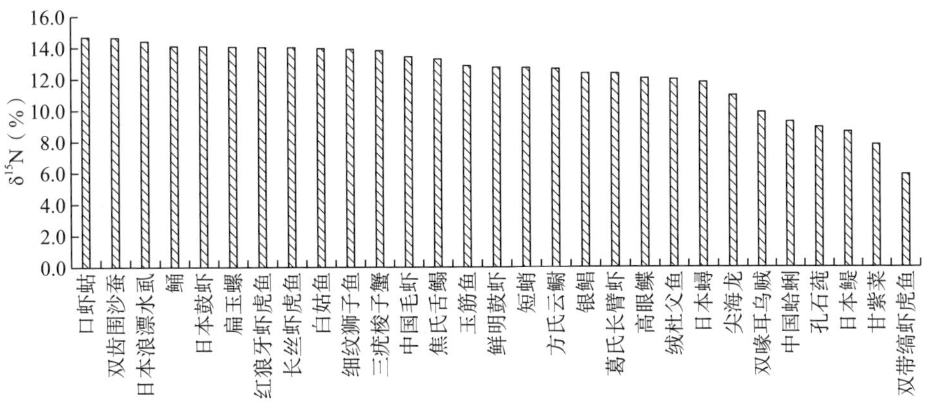

图 2-4　黄海北部海域部分生物种类的 $\delta^{15}N$ 值比较

四、黄海北部口虾蛄的营养级

根据 Isosource 软件计算结果表明，1 龄口虾蛄的主要食物为蟹类、虾类，平均贡献率分别为 52%和 48%；3 龄口虾蛄的主要食物与 1 龄相同，其蟹类和虾类的平均贡献率分别为 54%和 46%。本次采集的鱼类、贝类、头足类等生物未在食物贡献率上有所体现。

根据 $\delta^{15}N$ 值计算得出，黄海北部海域口虾蛄的营养级为 3.58±0.12。口虾蛄的主要饵料生物中，蟹类和虾类营养级为 3.02±0.3 和 3.13±0.19。其他生物的营养级分别为：鱼类 3.02±0.49，头足类 2.58±0.42，贝类 2.46±0.35（图 2-5）。该结果与宁加佳等（2016）对汕尾红海湾海域的口虾蛄及饵

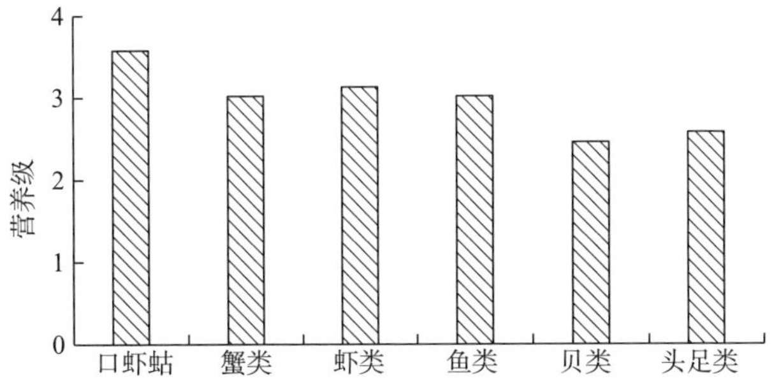

图 2-5　黄海北部口虾蛄及其他生物资源营养级

料生物的营养级计算结果（口虾蛄的营养级为 3.01±0.22，蟹类为 2.78±0.21，虾类为 2.89±0.16，鱼类为 2.98±0.15）基本一致。黄海北部口虾蛄食性研究中共采集口虾蛄生活水域的海洋生物 29 种，以体长较小的幼体为主，其营养级均低于口虾蛄。

五、我国各海域口虾蛄食性分析

依据稳定同位素比值计算的相对贡献率来看，黄海北部海域对口虾蛄贡献率最高的是虾蟹类，这与汕尾红海湾海域体长 1.5～15.6cm 的口虾蛄的食物来源略有不同，汕尾海域口虾蛄的主要食物来源为贝类（38.6%）、蟹类（22.9%）、桡足类（16.0%）、虾类（13.6%）及鱼类（8.9%）（宁加佳等，2016）。由于黄海北部海域样本中贝类物种较为单一，未能在食物贡献率中得以体现。从历年来对黄海北部渔业资源调查结果显示，该海域除口虾蛄外，2017 年主要优势种类为：日本蟳、斑尾复虾虎鱼、火枪乌贼、斑鰶、三疣梭子蟹、中国明对虾、日本对虾、蓝点马鲛、鲐、日本鼓虾等；2016 年主要优势种为：日本蟳、日本枪乌贼、斑尾复虾虎鱼、白姑鱼、脉红螺、斑鰶、半滑舌鳎、三疣梭子蟹、蓝点马鲛等（秦玉雪，2020）。食物贡献率主要与捕食者生活水域中食物组成及捕食的难易程度有关，推断口虾蛄更容易捕获到同样处于底栖生活的日本蟳及日本鼓虾作为饵料生物。宁加佳等（2015）关于六指马鲅的食性研究结果也表明，资源密度比例与食物平均贡献率较为相符，不同的研究地点由于食物资源量的不同而影响六指马鲅的食物贡献比率。盛福利等（2009）对青岛海域口虾蛄胃含物分析结果显示，口虾蛄摄食的饵料生物有 30 余种，其中甲壳类 15 种、鱼类 8 种、多毛类 2 种、头足类 2 种、卵 1 种、藻 1 种、螺 1 种，研究认为口虾蛄的摄食强度存在明显的季节变化，全年摄食种类中以虾类为主，其次为鱼类，其他各类群在全年的食物种类中所占的比重不大。徐善良等（1996）研究得出，浙江近海的口虾蛄主要摄食虾类（对虾科、管鞭虾科、长臂虾科），其次是鱼类（银鱼科、虾虎鱼科、带鱼科）、头足类和贝类。邓景耀等（1997）对渤海主要生物种间关系及食物网的研究结果显示，口虾蛄食性广，主要以浮游、底栖及游泳动物为食；杨纪明等（2001）对渤海口虾蛄食性和营养级的研究结果显示，口虾蛄营养级为 3.7，营底栖生物食性，主要摄食双壳类、甲壳类和一定量的鱼类、头足类，少量多毛类、腹足类和水螅类。黄美珍（2005）关于台湾海峡及邻近海域主要无脊椎动物食物特征及其食物关系的研究结果表明，甲壳类在口虾蛄胃含物中出现的频率最高，幼稚鱼所占的质量分数最高。可见，不同海域口虾蛄的主要食物来源略有不同，其对饵料生物的选择性与生态系统中的群落结构有密切关系。

六、口虾蛄资源养护

口虾蛄是辽宁沿海主要渔获物之一。但从资源量来看口虾蛄资源状况呈现不断衰退局面（谷德贤，2011）。近年来，口虾蛄资源的修复与保护得到较高的关注。由于口虾蛄属小型凶猛性捕食动物，其对虾、蟹资源摄食量较高，大量增殖放流会对其他渔业资源有一定的威胁。可在了解口虾蛄食性特点的基础上，通过本底调查评估，适当小范围、区域性增殖，不建议通过大量增殖放流方式恢复口虾蛄资源量；其次，应对口虾蛄产卵场加以保护，减少捕捞作业对海底地貌及底质的破坏，注重栖息海域的管理，为口虾蛄资源的修复提供自然的庇护所；同时，加强兼捕渔业资源幼体比例的管理，从而减少口虾蛄幼体误捕量。

第二节　饵料生物对口虾蛄碳、氮稳定同位素比值的影响

口虾蛄样本来源于 2018 年 4 月在黄海北部（122°14′—122°15′E，39°17′—39°18′N）进行定点底拖网采集的健康成体，体长（13.85±0.9）cm，体重（43.74±3）g。使用保温箱低温运输到实验室，放入恒温循环水槽中暂养后，选取体长相近、无外伤、活力强的健康口虾蛄 81 尾分 3 组，每组 3 个平行，饲养于恒温循环水槽中（容积为 135L，pH 为 7.85，盐度为 33.5，水温为 16℃），每个水槽中 9 尾口虾蛄。分组投喂的 3 种生物饵料（双齿围沙蚕、菲律宾蛤仔、泥鳅）购买于黑石礁市场：双齿围沙蚕活力强，放于冷藏中饥饿处理 3d 后投喂，另 2 种饵料购买后于冰箱冷冻保存备用，实验周期为 150d。在饲养 30d、70d、150d 时采集口虾蛄样本进行生物学测量。稳定同位素检测实验采用口虾蛄、菲律宾蛤仔和泥鳅的肌肉组织，双齿围沙蚕取整体组织，于 60℃下烘 48h 至恒重，用研钵研磨成粉末，放入干燥器中保存后，进行稳定同位素测定。

一、饵料生物稳定同位素比值

投喂的饵料生物的稳定同位素比值分别为：双齿围沙蚕的 $\delta^{13}C$ 均值为（−2.336±0.015）%；菲律宾蛤仔的 $\delta^{13}C$ 均值为（−1.813±0.020）%；泥鳅的 $\delta^{13}C$ 均值为（−2.789±0.023）%。双齿围沙蚕的 $\delta^{15}N$ 均值为（0.817±0.009）%；菲律宾蛤仔的 $\delta^{15}N$ 均值为（1.052±0.015）%；泥鳅的 $\delta^{15}N$ 均值为（0.649±0.011）%。其中，菲律宾蛤仔 $\delta^{13}C$ 和 $\delta^{15}N$ 的值最高，双齿围沙蚕次之，泥鳅的碳、氮稳定同位素值最低。

二、口虾蛄稳定同位素比值与饵料生物的关系

如图 2-6 所示，野生口虾蛄及人工投喂不同饵料生物的口虾蛄 150d 的 $\delta^{13}C$ 均值分别为：野生口虾蛄的 $\delta^{13}C$ 较高为（－1.681±0.038)%；投喂不同饵料生物（双齿围沙蚕、菲律宾蛤仔、泥鳅）的口虾蛄的 $\delta^{13}C$ 均值分别为（－1.760±0.008)%、(－1.769±0.034)%、(－1.840±0.022)%。野生口虾蛄与单一饵料生物喂养的口虾蛄的 $\delta^{13}C$ 值差异显著，仅摄食一种饵料生物的口虾蛄的 $\delta^{13}C$ 均低于野生口虾蛄。摄食沙蚕的口虾蛄与摄食菲律宾蛤仔的口虾蛄差异不显著，摄食泥鳅的口虾蛄与摄食其他饵料的口虾蛄的 $\delta^{13}C$ 值差异显著。另外，口虾蛄的 $\delta^{13}C$ 值因饵料生物的 $\delta^{13}C$ 值低而有所下降。

如图 2-7 所示，野生口虾蛄及人工投喂不同饵料生物 150d 的口虾蛄的 $\delta^{15}N$ 均值：野生口虾蛄为（1.430±0.028)%；投喂不同饵料生物（双齿围沙蚕、菲律宾蛤仔、泥鳅）的口虾蛄的 $\delta^{15}N$ 均值分别为（1.306±0.028)%、(1.353±0.001)%、(1.386±0.001)%。人工投喂 3 种饵料生物的口虾蛄的 $\delta^{15}N$ 值均低于野生口虾蛄的 $\delta^{15}N$ 值，且野生口虾蛄与人工饲养口虾蛄的 $\delta^{15}N$ 值差异显著，但摄食不同饵料的口虾蛄间的 $\delta^{15}N$ 值差异不显著。其中，摄食泥鳅的口虾蛄 $\delta^{15}N$ 值较高，摄食菲律宾蛤仔次之，摄食双齿围沙蚕的口虾蛄 $\delta^{15}N$ 值显著低于其他口虾蛄。

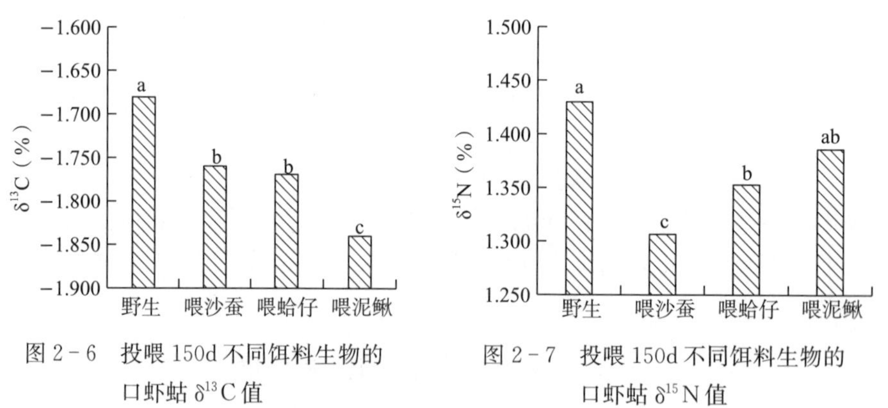

图 2-6　投喂 150d 不同饵料生物的口虾蛄 $\delta^{13}C$ 值

图 2-7　投喂 150d 不同饵料生物的口虾蛄 $\delta^{15}N$ 值

三、口虾蛄稳定同位素比值与饲养时间的关系

$\delta^{13}C$ 值与饲养时间的关系如图 2-8 所示，饲养 150d 的口虾蛄 $\delta^{13}C$ 值显著降低。$\delta^{15}N$ 与饲养时间的关系如图 2-9 所示，野生口虾蛄 $\delta^{15}N$ 值与人工饲养口虾蛄差异显著，饲养 30d 时 $\delta^{15}N$ 最高，70d 后 $\delta^{15}N$ 值显著降低，饲养

70d 与 150d 的 $\delta^{15}N$ 值差异不显著。人工饲养口虾蛄的 $\delta^{15}N$ 值随饵料生物有所变化，但保持在一定范围并趋于稳定。投喂固定饵料饲养的口虾蛄 70d 后 $\delta^{15}N$ 值趋于稳定，不因饵料的 $\delta^{15}N$ 值低而持续降低。经过长时间的人工养殖，口虾蛄的碳、氮稳定同位素比值依然保持在自身所处的稳定范围内。

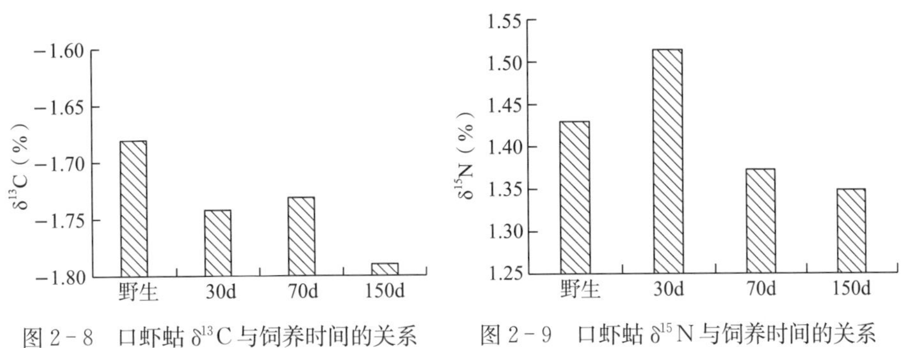

图 2-8　口虾蛄 $\delta^{13}C$ 与饲养时间的关系　　图 2-9　口虾蛄 $\delta^{15}N$ 与饲养时间的关系

四、人工养殖口虾蛄体重与稳定同位素的关系

如图 2-10 所示，人工饲养口虾蛄的体重与 $\delta^{15}N$ 值无相关性。人工饲养口虾蛄的体重与 $\delta^{13}C$ 值具有显著相关性（$P<0.01$），这与宁加佳等（2016）对红海湾海域野生口虾蛄的研究结果一致。另外，口虾蛄肌肉组织中的碳稳定同位素比值随着体重的增加而增加。

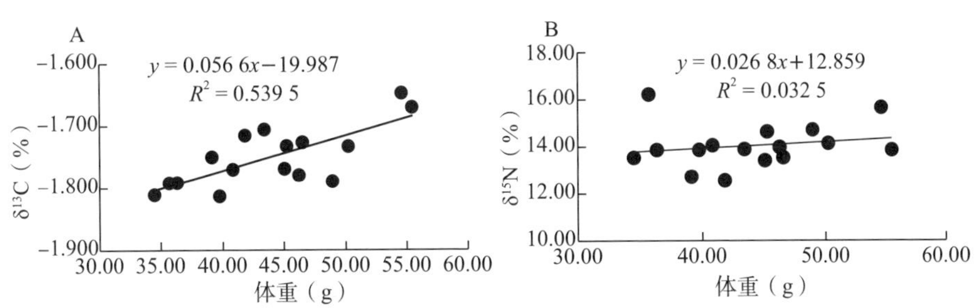

图 2-10　口虾蛄体重与 $\delta^{13}C$ 和 $\delta^{15}N$ 值的关系

A. $\delta^{13}C$　B. $\delta^{15}N$

研究结果显示，野生口虾蛄与人工养殖口虾蛄碳、氮稳定同位素比值差异显著，表明 $\delta^{15}N$、$\delta^{13}C$ 值与饵料具有相关性，但长期饲养结果显示碳、氮稳定同位素比值不随饵料生物持续降低，而是维持在一定的数值范围内。可见，生物体内同位素组成既受它们所食用的饵料生物同位素组成的影响，也受到自身代谢过程中同位素分馏的影响。

参考文献

邓景耀，姜卫民，杨纪明，等，1997. 渤海主要生物种间关系及食物网的研究[J]. 水产科学，4 (4)：1-7.

谷德贤，刘茂利，2011. 天津海域口虾蛄群体结构及资源量分析[J]. 河北渔业，8：24-26.

黄美珍，2005. 台湾海峡及邻近海域主要无脊椎动物食物特征及其食物关系研究[J]. 海洋科学，29 (1)：73-80.

宁加佳，杜飞雁，王雪辉，等，2015. 基于稳定同位素的六指马鲅（*Polynemus sextarius*）食性特征[J]. 海洋与湖沼，46 (4)：759-763.

宁加佳，杜飞雁，王雪辉，等，2016. 基于稳定同位素的口虾蛄食性分析[J]. 水产学报，40 (6)：903-910.

秦玉雪，王珊，郭良勇，等，2020. 黄海北部中国明对虾增殖放流效果评估与效益分析[J]. 大连海洋大学学报，35 (6)：908-913.

盛福利，2009. 青岛近海口虾蛄渔业生物学的初步研究[D]. 青岛：中国海洋大学.

徐善良，王春琳，梅文骥，等，1996. 浙江北部海区口虾蛄繁殖和摄食习性的初步研究[J]. 浙江水产学院学报，15 (1)：30-35.

杨纪明，2001. 渤海无脊椎动物的食性和营养级研究[J]. 现代渔业信息，16 (9)：8-16.

第三章

口虾蛄繁殖生物学研究

口虾蛄肉嫩味美、营养丰富，是一种重要的海产经济动物，近年来由于过度捕捞及环境恶化等影响，口虾蛄资源严重衰退，但需求量和市场价格不断攀升。为了保护现有资源并满足日益增长的市场需求，口虾蛄苗种繁育、养殖、增殖势在必行。规模化繁育人工苗种，是进行增殖放流和人工养殖的关键过程，而充分了解口虾蛄繁殖生理学是推动这一过程的首要前提（朱冬发，王桂忠，李少菁，2006）。笔者整理了所在实验室以及国内外口虾蛄繁殖生物学研究成果，旨在为揭示和掌握口虾蛄繁殖生物学特性奠定理论基础。

第一节　口虾蛄的繁殖

一、口虾蛄繁殖规律

口虾蛄当年即可达性成熟，生物学最小型为 8.0cm（Hamano T，Matsuura S，1984）。口虾蛄平均产卵量为 3 万～5 万粒，大者可接近 20 万粒，与其他对虾科种类动辄上百万粒的产卵量相比，口虾蛄的繁殖力并不强，且在自然条件下，口虾蛄种群每年在繁殖季节集中产卵，每年产卵一次。在我国沿海海域口虾蛄常年均有分布（谷德贤，洪星，刘海映，2008），但生长具有明显的季节特征，夏季和秋季生长最为快速。辽宁沿海冬季口虾蛄资源量非常少，这可能由于在低温期，口虾蛄从近岸迁移到深水区，营越冬穴居生活有关（吴耀泉，张宝琳，1990）。

口虾蛄产卵量 E（万粒）与头胸甲长 CL（mm）的关系为：

$$E=0.045\,48CL^{4.234}\quad(R^2=0.786)$$

Ohtomi 等（1988）对日本分布的口虾蛄研究发现，口虾蛄的繁殖季节在 4—8 月，性成熟高峰期有 2 个，分别为 4—5 月和 7—8 月。第一个高峰由体长超过 10cm 大于 2 龄的成熟雌体形成；第二个高峰则由体长超过 8cm 的 1 龄成熟雌体形成。我国学者发现，分布于我国浙江北部海区的口虾蛄天然群体每年只有一个繁殖季节，即每年 7—8 月抱卵一次。3—6 月主要为幼体出现期，一般个体重量 2～5g；9 月至翌年 1 月为成体出现期，个体重量多在 10g 以上。

对分布于辽宁省皮口海域口虾蛄进行为期一年的野外调查（图 3-1），基于检测性腺成熟度和性腺指数等表观方法发现，皮口海域雌性口虾蛄性成熟高峰期也有 2 个，分别在 5 月和 11 月。推测产卵时间可能也存在 2 个，分别在 5—9 月和 11—12 月。但考虑到实际水温状况及口虾蛄人工育苗研究情况（图 3-2）（刘海映，姜玉声，邢坤，等，2010），皮口海域雌性口虾蛄繁殖盛期出现在 5—9 月是合理的。皮口海域 11 月所采集的口虾蛄样本中也存在性腺成熟（成熟期）及排完卵（恢复期）的个体，然而皮口海域冬季水温低，且从当年 11 月至翌年 3 月的周期采样中，并未采集到变态后仔虾个体，故尚无法确定辽宁皮口海域口虾蛄在冬季是否可以形成具有实际意义的繁殖种群。很可能 1 龄以上口虾蛄在当年 5—9 月近海海域开展繁殖，未满 1 龄口虾蛄在冬季 11—12 月近岸育肥，性腺发育后，翌年 5—9 月才进入集中产卵期。类似的，克氏原螯虾（*Procambarus clarkii*）的繁殖期也仅有 1 个（8—9 月），10 月底后抱卵的雌虾由于水温降低，一直抱卵直至翌年春季才开始孵化（龚世园，吕建林，孙瑞杰等，2008）。Ohtomi 等（1988）对东京湾口虾蛄的研究也显示，当地口虾蛄繁殖时期仅有 1 个，为 4—8 月，而性成熟高峰期却为 2 个（薛梅，2016）。徐善良等（1996）对浙江北部口虾蛄的研究发现，口虾蛄每年也仅有 1 个繁殖期，性成熟高峰期分布在 7—8 月。

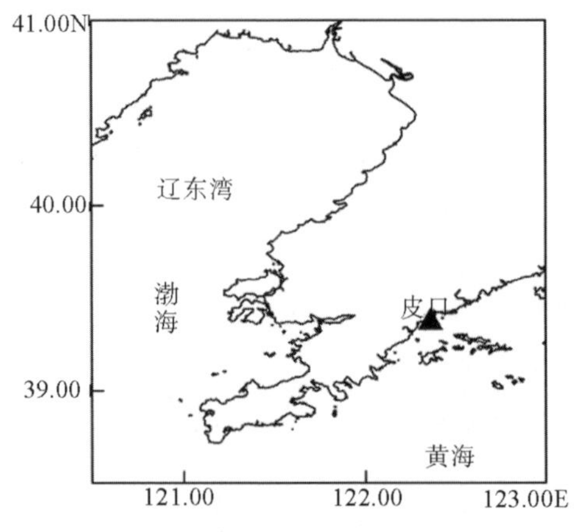

图 3-1　口虾蛄野外调查采样地点

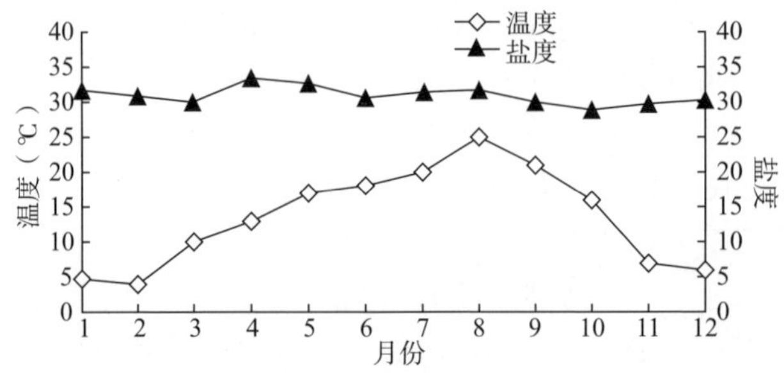

图 3-2　大连皮口海域采样地点水温和盐度的周年变化

同样基于检测性腺成熟度和性腺指数等表观方法发现，皮口海域雄性口虾蛄的性成熟高峰期全年出现 2 次，分别发生在 4 月和 11 月（图 3-3）。性腺指数分析发现：雄性口虾蛄当年即可达性成熟，自 2 月开始，性腺指数上升；5 月达全年最高值，为 9.61%，此时性腺发育成熟，肉眼可见黄色性腺占据整个背部区域，尾节处融合，末端呈黄色三角形；随后，性腺指数降低，至 9 月性腺指数仅为 0.85%，性腺成熟度达全年最低，此时性腺退化成黑线状；之后，性腺指数再次升高，至 11 月性腺指数为 4.28%（图 3-4）。

王波等（1998）研究表明，口虾蛄为广温广盐性种类，可以适应 6～31℃的温度和 12～35 的盐度变化。栖息地水温及生态条件极大地影响天然分布口虾蛄群体繁殖发育周期。

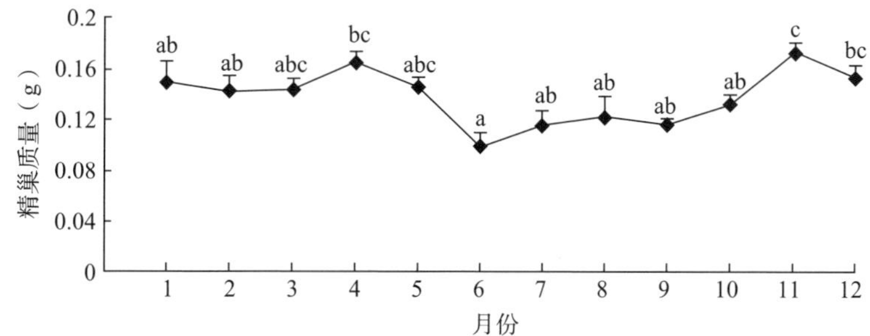

图 3-3 大连皮口海域雄性口虾蛄精巢质量的周年变化

注：标有不同小写字母者表示组间有显著性差异（$P<0.05$），标有相同小写字母表示组间无显著性差异（$P>0.05$），图 3-4 同。

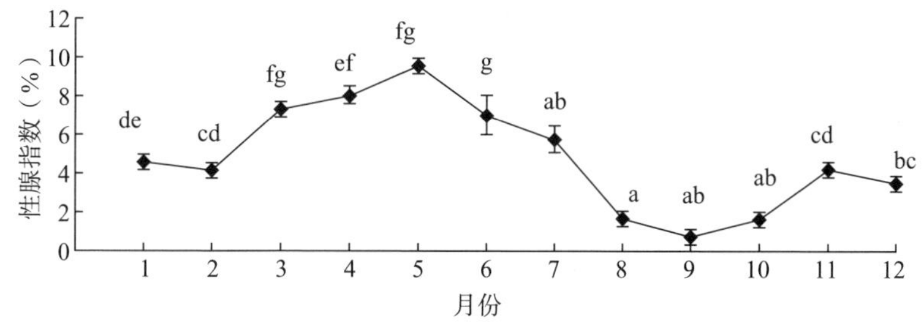

图 3-4 大连皮口海域雄性口虾蛄性腺指数的周年变化

二、口虾蛄群体的性别比例

性比是决定种群繁殖力的重要因素之一，雌雄口虾蛄周年平均性比为 1.04±0.05。性比全年存在一定的波动变化，除 7 月外，雌雄比例无显著差异（$P>0.05$），雌雄比例接近 1∶1。7 月雌虾数量明显多于雄虾，性比达全年最高值（1.38），可能与雄虾大量交尾死亡有关（表3-1）（邓景辉，韩光祖，叶昌臣，1982）。类似的，Ohtomi 和 Hamano（1989）的研究同样也发现口虾蛄性比存在周年波动，且在繁殖期前后有明显变化。因此，这种性比的波动性可能是种群对环境适应性的反映。

表3-1　大连皮口海域口虾蛄数量、体长、体重及性比的周年变化

月份	数量		体长（cm）		体重（g）		性比	*P*
	雌	雄	雌	雄	雌	雄		
1	97	123	12.56±1.69	13.45±1.77	25.00±7.46	31.78±11.15	0.79	0.250
2	124	96	12.45±0.82	12.99±0.92	23.20±4.72	33.69±5.92	1.29	0.304
3	154	146	13.87±1.10	13.83±1.64	33.34±6.73	37.10±11.21	1.05	0.746
4	152	148	13.44±1.64	14.42±1.12	30.76±8.19	37.99±8.93	1.03	0.889
5	145	155	13.87±1.08	13.21±1.29	25.44±8.07	31.25±8.05	0.94	0.712
6	148	152	13.01±1.09	13.31±0.75	28.40±7.09	30.49±4.63	0.97	0.342
7	172	128	12.35±0.98	12.84±1.17	23.13±5.51	26.98±6.87	1.34	0.034*
8	156	144	11.88±0.76	12.37±1.09	20.42±4.09	24.34±7.22	1.08	0.803
9	163	139	12.10±0.89	12.83±1.07	21.62±5.02	26.40±6.65	1.17	0.497
10	149	155	12.80±1.02	13.79±1.43	23.95±6.27	33.44±10.76	0.96	0.924
11	148	152	13.07±1.13	14.38±1.26	29.02±6.88	39.17±10.25	0.97	0.891
12	138	162	12.55±2.40	13.45±1.86	23.54±9.22	34.26±12.22	0.85	0.553
平均	146	142	12.83±0.64	13.41±0.62	25.65±3.90	32.24±4.68	1.04	—

注：表中各个数值均为平均值±标准误；*P* 代表显著性；* 表示存在显著差异（$P<0.05$）。

三、口虾蛄生殖腺的发育规律

（一）卵子发生和卵巢发育分期

口虾蛄卵巢滤泡细胞始终伴随着卵细胞存在，在初级卵母细胞发育开始，有部分滤泡细胞伸入卵巢内部逐渐把卵母细胞包围起来（彩图14）。卵母细胞与滤泡细胞不是同源的，卵细胞由生殖上皮细胞分生发育而来，滤泡细胞是由卵巢内部的结缔组织分化而来。滤泡细胞的形态发育过程与卵细胞发育过程是同步进行的。围绕在卵细胞周围的滤泡细胞主要是为了保护卵细胞发育，并为卵细胞发育提供营养物质。根据卵细胞的形态、卵黄积累和滤泡细胞的形状，卵子的发生过程分为7种配子体（彩图15）。

（1）卵原细胞　细胞很小，大小仅有（2.0±1.4）μm，来自卵巢边缘的生殖上皮细胞，细胞核位于中央。卵原细胞外围结缔组织中出现滤泡细胞。

（2）初级卵母细胞　细胞增大，呈椭圆形，卵径为（8.5±2.0）μm，细胞核椭圆形，(1.8±3.8) μm，细胞膜、核膜不明显，无核仁，细胞质少。

(3) 次级卵母细胞 细胞明显增大，直径为 (50±18.5) μm，细胞核至 (28±5.8) μm，核仁清晰，核膜明显，核中丝状的染色体出现。卵细胞周围有单层滤泡细胞围绕，其主要作用是保护卵细胞发育，并为卵细胞发育提供营养物质，此时的滤泡细胞呈卵圆形。

(4) 卵黄形成前期细胞 细胞继续增大，直径为 (100±56.9) μm，细胞核明显为 (54±10.5) μm，能看到核中有丝状的染色体分布，核仁清晰，细胞内出现“网状结构”，滤泡细胞变得扁长，围绕在卵细胞周围。

(5) 卵黄形成期细胞 细胞大小 (370±70.9) μm，核大小 (55±14.2) μm，此期核内丝状染色质消失，核仁明显，滤泡细胞变成长条形。

(6) 早期成熟期卵细胞 细胞呈不规则多边形，直径为 (400±82.6) μm，核为 (30±14.2) μm，核膜消失，细胞核向细胞边缘移动，细胞质中网状结构消失，滤泡细胞拉伸。

(7) 成熟期卵细胞 细胞体积达到最大，边缘呈多角结构，为 (500±137.6) μm，核逐渐解体、消失，卵细胞内充满卵黄，并形成较大的卵黄颗粒。组织学和超微观察均显示，此阶段的细胞还具有大小不一的油滴，滤泡细胞呈细条状，细胞核也呈类似结构。

根据口虾蛄卵巢外形、颜色变化及卵细胞形态特征，将卵巢发育全过程划分为8期 (彩图16)：

(1) 未发育时期 卵巢呈细小线状；左右卵巢内有大量的卵原细胞，同时存在少量的初级卵母细胞，此时的卵巢内含有营养细胞。

(2) 初级卵母细胞期 卵巢扩大呈带状，存在大量初级卵母细胞及少量卵原细胞。

(3) 生长前期 卵巢进一步发育，向两侧扩张，出现少许卵黄，此时卵巢呈浅黄色；卵巢中含有卵原细胞、初级卵母细胞、次级卵母细胞、滤泡细胞，且细胞排列松散。

(4) 生长中期 卵巢体积明显增大，边缘凹陷明显；卵细胞排列紧密，卵细胞被单层滤泡细胞分隔包围，卵巢中含有大量的次级卵母细胞。

(5) 生长后期 卵巢迅速生长，两侧凹凸呈波浪状，卵黄不断累积，卵巢呈黄色；此期卵巢中全是卵黄形成前期细胞，S形增殖区开始出现。

(6) 成熟前期 卵巢饱满，卵黄迅速积累，在尾节融合，尾节中间出现黄色长条；卵巢壁变薄，细胞排列紧密，早期成熟卵细胞占据整个卵巢组织；卵巢中S形区域仍然存在，其内细胞为初级卵母细胞。

(7) 成熟期 卵巢极度膨大，尾节中间出现黄色三角形；此期细胞为成熟期细胞，排列紧密，用肉眼可以看见卵细胞颗粒。

（8）恢复期　此期为排完卵后，整个卵巢开始萎缩，卵细胞分布稀疏，细胞质松散，细胞核模糊；存在许多卵巢小管，部分卵巢小管包围多个萎缩的卵细胞，细胞与细胞之间出现明显间隙。

（二）精子发生和精巢发育分期

口虾蛄仅有1对精巢，左右对称，仅由一层膜相隔，相互连接，但不愈合。精巢由精巢管壁和精巢腔组成，未发现其他虾蟹类所具有的生精腺囊或生精细管（王艺磊，张子平，李少菁，1998）等结构（图3-5）。整个管状精巢内均可进行精子的发生，成年口虾蛄精巢展开长度50～60mm，成熟精巢重量只有成熟卵巢的5%～7%。精巢外部由一层薄薄的黑色结缔组织包裹，结缔组织排列紧密，细胞大小4～8μm，细胞膜很厚为0.2～0.5μm，可对精细胞起到保护和缓冲作用。口虾蛄精巢与卵巢发育方式不同，从外到内发育，且精子极小，仅有卵子的1/100。在精子发生方面，精原细胞为卵圆形，由生殖上皮细胞迅速生长、增殖形成。精原细胞在发育过程中，细胞体积明显增大，细胞核逐渐呈卵圆形。这些特征与其他甲壳动物精原细胞发生类似（赵云龙，堵南山，赖伟，1997；黄海霞，谈奇坤，郭延平，2001）。口虾蛄精母细胞小于精原细胞，同日本沼虾（*Macrobrachium nipponense*）、三疣梭子蟹（*Portuns trituberculatus*）的精母细胞形态类似，与脊尾白虾（*Exopalaemon carinicau-*

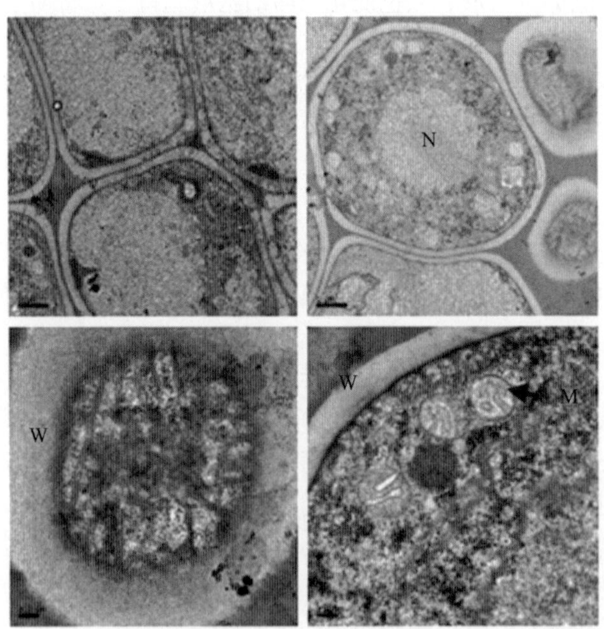

图3-5　雄性精巢中的结缔组织细胞

W. 细胞膜　M. 线粒体　N. 细胞核

da）相反。而在成熟精子方面，甲壳动物明显表现出种的特异性。例如，口虾蛄成熟精子呈无鞭毛的圆球形或水滴形，而日本沼虾成熟精子呈图钉形；中国龙虾（*Panulirus stimpsoni*）为泡囊形；克氏原螯虾为辐射形。口虾蛄精子发生过程中，细胞器的形态结构发生了很大变化。如从精原细胞期到精子成熟，线粒体数量由少到多，体积从小到大。这种现象可能因口虾蛄交配及受精时间不一致，为保证精子存活，需要大量线粒体储存能量有关；同时，口虾蛄精子并无鞭毛结构（堵南山，1993），需依靠大量线粒体提供受精能量也是可能的。

通过观察生殖细胞形态、细胞内部超微结构，将口虾蛄精子发生分为 3 种配子体（图 3-6）。

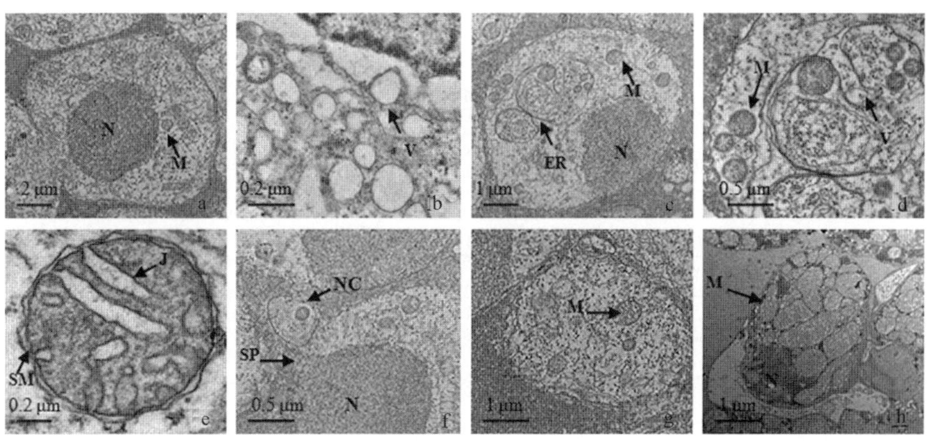

图 3-6 口虾蛄精子发生的超微结构观察

a. 精原细胞 b. 精原细胞核周围的内质网 c. 精母细胞 d. 精母细胞质的一部分 e. 精母细胞质中的线粒体 f. 营养细胞和精母细胞 g. 营养细胞 h. 精子 M. 线粒体 N. 细胞核 ER. 内质网 V. 内质网泡 SM. 线粒体双层膜 J. 嵴 NC. 营养细胞 SP. 精母细胞

（1）精原细胞 细胞呈不规则卵圆形，大小为（10±5.9）μm，核近圆形，大小为（5±3.2）μm，位于细胞中央。细胞核周围有许多内质网泡，胞质内有少量线粒体。

（2）精母细胞 细胞呈椭圆形，细胞小于精原细胞，大小为（7±2.2）μm，细胞核为（3±2.8）μm，核为圆形，位于细胞一端，呈极性分布。线粒体大小不一，具双层膜，嵴少，集中分布于细胞的另一端，并有双层膜结构包裹形成“线粒体区”。精母细胞旁有营养细胞存在，营养细胞呈多边形，较小，大小仅 4 μm 左右，胞质内有少量内质网、线粒体存在。

（3）精子　精子排列紧密，无鞭毛，呈圆球形或水滴形，细胞膜厚，细胞大小至（4±1.3）μm；细胞核浓缩不规则，染色质致密，位于细胞一端；细胞器逐渐模糊、融合或解离；胞质中只有线粒体存在，线粒体体积由小变大、数量由少变多，嵴较多，并迁移至细胞核的末端。

基于生殖细胞的类型及数目，将口虾蛄精巢发育可以分为以下4期（彩图17）。

（1）精原细胞期　精巢未发育，只包含精原细胞。

（2）精母细胞期　此期包含精原细胞、精母细胞，精原细胞区包裹着精母细胞区。

（3）早期精子期　此期包含精原细胞、精母细胞、精子，精巢从里到外依次是精子、精母细胞、精原细胞，此期精子比较少。

（4）精子期　精巢内大量精子存在，也有少量精母细胞存在。

四、口虾蛄繁殖

对口虾蛄交尾研究发现，每次交尾均在雌虾未蜕皮之前进行，但口虾蛄的交尾时间学者意见不一。研究发现辽宁皮口海域雄性口虾蛄存在2个非常明显的性成熟高峰，基于精巢质量的变化规律推断，雌雄口虾蛄交尾时间很可能集中在4—6月和11—12月。皮口海域雌性口虾蛄的性成熟高峰期与交尾时间部分重合，口虾蛄可能存在延后受精和同时受精两种不同的交配模式。然而雄性口虾蛄群体精巢发育具有明显不同步性，造成无法通过组织切片来推测准确交尾时间，未来尚需通过室内人工繁育试验进一步验证。目前，国内外学者（刘海映，秦玉雪，姜玉声，2011；Ohtomi J，Shimizu M，1988；Jennifer L，Wortham-Neal，2002）所推测的口虾蛄交尾时间主要依赖评估性腺质量的变化，且群体间的交尾时间尚无统一定论。梅文骧等（1996）认为，浙江沿海口虾蛄在产卵前不久进行交尾；邓景耀等（1992）认为，渤海海区口虾蛄在9—11月交尾；Hamano研究发现，日本九州口虾蛄在产卵前几个月已经完成交尾（Hamano T，Matsuura S，1987；Hamano T，1988；Hamano T，1990）；

在繁殖季节，人工饲育条件下，交尾后体长13～16cm的雌虾，水温在9.5～18℃范围，平均水温为14℃时，培育23d左右便可产卵，但产卵时间不定，从清晨到夜间均可发现产卵个体。

口虾蛄根据环境条件常见俯卧产卵，也有仰卧产卵的情况。俯卧产卵时，亲虾蛄以3对步足支撑洞壁，有时也用第2颚足和尾扇支撑，颚足辅助收拢卵团。刚产出的卵不粘连，随后卵粒间被附属腺分泌物连接。每个卵周围有多个卵柄，卵间形成立体的空间，而整个卵团也逐渐被一膜状物包裹。每尾口虾蛄的抱卵量为3万～5万粒。卵团由第1、3、4、5颚足抱于头胸部腹面，第2

颚足用于防敌和辅助翻动、折叠卵团。取卵操作时，亲虾蛄受到刺激后，会紧抱卵团迅速返回洞穴深处躲避，有时甚至弃卵逃离，少数弃卵亲虾蛄待稳定后能主动抱回卵团。人工送还卵团能协助亲虾蛄重新抱卵，但对同一亲虾蛄连续多次取卵会导致卵停止发育，最终死亡。

雌口虾蛄孵卵期间很少摄食或出洞，只有在被其他口虾蛄抢占洞穴时抱着卵团出洞，再寻找其他合适的地方。

Hamano T（1987）曾报道卵的孵化持续天数 D 与培育水温 T 有关，$D=58.39-1.85T$（$r=-0.98$）。在平均水温为 21.35℃的情况下，经过 15d 左右，积温达 91.35℃（以 15.26℃为胚胎发育的生物学零度），便孵化出口虾蛄幼体。刚产的卵直径为 0.634 7mm×0.671mm（彩图 18），随着胚胎发育，色素区越来越明显，并逐渐看到红色的复眼，各器官轮廓也逐渐清晰可见，待到快孵化出来时，大小达到 0.677 5mm×0.689 5mm。

五、口虾蛄胚胎发育

口虾蛄受精卵行不完全表面卵裂，胚胎发育经过受精卵、卵裂期、囊胚期、原肠胚期、膜内无节幼体期、膜内溞状幼体期等典型时期。在水温为 (21±1)℃时，受精卵经过 18d 孵化为Ⅰ期假溞状幼体。

（一）受精卵

刚产出的受精卵为不甚规则的球形，之后逐渐变圆，卵径为 410～450μm。卵黄量较多，分布于卵子中央，原生质分布于卵球表面，属中黄卵，卵为浅黄色。卵粒间由附属腺分泌的“卵柄”相连。

（二）卵裂期

产卵后 1h，卵裂开始。此时卵质与卵黄分开，之间出现一明显裂沟，胚胎与卵膜出现明显分离。口虾蛄受精卵为表面卵裂。经过 10h 左右，受精卵不断分裂，依次进入 4 细胞期、8 细胞期、16 细胞期至 32 细胞期，此时可以见到分裂球大小不一，排列不整齐。

（三）囊胚期

产卵后 25h，细胞进一步分裂，数量不断增多，单个细胞体积不断变小，且无规则形状，沿着卵黄外缘下包，形成表面囊胚。此时，囊胚呈球形，四周一层细胞包围着中央的卵黄，受精卵进入囊胚期。

（四）原肠胚期

产卵后 4d，胚胎的一端出现透明区域，标志着进入原肠胚期。胚胎近前端不断分裂的细胞形成胚区，随后其边缘形成一半圆形沟，此处细胞逐渐内陷，以此方式形成原肠。陷入处即为原口或胚孔，是原肠腔与外界相通的开口，而整个区域称为内胚层盘。陷入的内胚层细胞吸收卵黄，逐渐由内向外扩展，较大的细胞在原口边缘呈圆锥柱状，其胞核与胞质靠外端，而内端充满卵黄。同时，囊胚腔逐渐缩小，由新生的原肠腔取代。原口形成后，胚区前端两侧的细胞迅速增殖，形成圆盘状的细胞群，左右对称排列，此为视叶原基，随后将发育为视叶，最终成为一对复眼。原肠胚后期，原口两侧形成两个密集的细胞群，为腹板的原基。随着细胞的增殖，原基不断增大，并向原口处合并成为胸腹突。原口则被不断增大的胸腹突所封闭，最终消失。

（五）膜内无节幼体期

产卵后 7d，同侧视叶原基与胸腹突之间的细胞密度较其他部位增加，形成左右对称的两个细胞团，并逐渐增大且向外侧突出，发育成为大颚原基。在大颚原基与视叶原基之间，靠近大颚原基，出现一对细胞群突起，此为第二触角原基。随后，在第二触角原基与视叶原基之间又出现一对细胞群突起，为第一触角原基。大颚原基、第一触角原基与第二触角原基的出现是甲壳动物膜内无节幼体期的标志。胸腹突不断增长、增厚，其末端凹陷，胚胎前端两侧的视叶原基细胞不断增殖，形成视叶。此时，卵由黄色变为黄褐色。口虾蛄与其他甲壳动物一样都以末端芽殖的方式产生新的体节与附肢。无节幼体 3 对附肢所对应的 3 个体节已完全愈合，之后在大颚节与尾节之间通过出芽形成新的体节及相应的附肢，自第一小颚开始，逐节发生。口虾蛄无节幼体期后期，头胸部形成两对小颚原基、两对颚足原基。胸腹突增长，出现体节。在胸腹突的背侧出现皱褶，为头胸甲原基。

（六）膜内溞状幼体期

产卵后 11d，随着胚胎透明部分所占比例的明显增加，卵黄的比例相应减少。复眼原基部位出现色素颗粒，标志着胚胎发育至溞状幼体期。无节幼体期形成的 3 对附肢进一步增长、分节，呈肢芽状，末端出现刚毛。随着胸腹突细胞的不断增殖，在胸腹突基部相继形成 3 对步足原基。可观察到胸腹突末端背侧的心脏出现缓慢不规则地跳动。后期，头胸甲形成，胚胎分节明显，解剖能够较容易地区分头胸部、胸部和腹部。临近破膜时，心跳连续，频率加快，胚胎有收缩动作，并越加剧烈。

基于大量实际调查，我们将口虾蛄胚胎发育过程分为受精卵、卵裂期、囊胚期、原肠期、膜内无节幼体期、膜内溞状幼体期 6 个主要时期。其中，膜内无节幼体期与膜内溞状幼体期的分期分别以大颚、第一触角与第二触角 3 对附肢原基的出现，以及视叶色素的出现为划分依据。口足类动物个体发育过程更接近于蟹类与螯虾类，但与无节幼体时期就破膜孵化的对虾类差异明显。

六、口虾蛄幼体出膜

口虾蛄抱卵后期把卵团散开成粒状，平铺于洞穴底部时，亲虾在洞内来回游动，同时低下头用第3、4、5颚足搅动堆在一起的卵粒使其散开，并通过腹足的摆动产生水流使卵粒漂浮起来避免缺氧。需1～2d，幼体便突破卵膜（彩图19）。

出膜前，头部和尾部团在一起，幼体在膜内有转动现象，心跳逐渐加快，当达到106次/min即将出膜。从卵膜出现破口到口虾蛄幼体完全脱离卵膜，需要1～2h。刚开始时，用尾部和头部的尖锐部分，形成一小的开口，逐渐伸出尾部和头部，达到一定程度后，不断快速的摆动尾部和头部，用全身的力量撑大开口，最后是胸部的第5、6、7、8胸节摆脱卵膜，成为口虾蛄幼体。

七、口虾蛄幼体的发育

（一）胚胎发育过程

经饲养7d后，亲体产卵。刚产的卵为乳黄色黏性卵，粒大小为0.63mm×0.67mm，各卵粒之间相互粘连，亲虾用颚足不停翻动、折叠卵团，抱于胸前并俯卧于洞穴中孵化。随着胚胎发育，色素区越来越明显，并逐渐看到红色的复眼，各器官轮廓也逐渐清晰可见，出膜前，幼体在膜内转动，心跳逐渐加快到106次/分钟。此时，卵径达到0.68mm×0.69mm。平均水温为21.35℃的情况下，经过15d左右孵化出幼体。从卵膜出现破口到口虾蛄幼体完全脱离卵膜，需要1～2h。

通过观察将口虾蛄的早期幼体发育分为11期，各期假溞状幼体可以通过触角、附肢的节数、刚毛数和齿数以及尾节的花纹明显的区别出来。

刚突破卵膜的幼体为第Ⅰ期假溞状幼体。第Ⅰ期假溞状幼体表皮较软，体透明，头胸甲前部存在大量卵黄，不能摄食。它们聚集在洞穴中，没有游泳能力，通过亲虾搅动漂浮在洞内。

进入第Ⅱ期假溞状幼体，卵黄明显减少，用腹足间歇性游动，大部分时间仍在池底。

出膜后3～4d，幼体从洞穴中游出，进入第Ⅲ期假溞状幼体。身体透明度减小，此时卵黄消失，消化道打通，幼体开始捕食卤虫无节幼体，并且有很强的趋光性。

从第Ⅲ期开始，幼体游动和捕食能力不断增强，并出现互相捕食现象。幼体进入第Ⅹ期，出现趋向池底的倾向，当池底有沙时躲藏于沙粒中间。

幼体最早在33d后，开始发育成仔虾。此期身体色素增多，外壳坚硬，体不透明，体长缩短，额角消失，前侧角圆形，前后宽度相似，眼柄变短，头胸甲在体长中的比例明显变小，个体形态变得与成体口虾蛄基本相同。习性变为底栖性，不再有趋光性。各期的发育时间和体长、全长及头胸甲长见表3-2。

表 3-2　口虾蛄各期幼体头胸甲长、体长和全长

幼体时期	历时/d	头胸甲长 CL（mm）		体长 BL（mm）		全长 TL（mm）	
		平均	范围	平均	范围	平均	范围
Z_1	1	0.77	0.70～0.85	1.78	1.70～1.85	1.86	1.80～1.90
Z_2	1～2	0.87	0.80～0.93	2.17	2.00～2.30	2.45	2.30～2.60
Z_3	3～4	1.27	1.18～1.35	2.90	2.60～3.20	3.48	3.05～3.70
Z_4	5～10	1.44	1.25～1.75	3.27	2.88～3.50	3.77	3.5～4.23
Z_5	6～12	1.95	1.80～2.20	4.45	4.30～5.00	5.12	4.93～5.70
Z_6	11～17	2.69	2.10～3.40	6.05	4.90～6.70	6.92	5.50～7.60
Z_7	16～20	3.68	3.10～4.00	8.46	6.10～10.00	9.37	6.90～10.50
Z_8	19～26	4.4	4.00～5.00	10.80	9.31～12.30	12.00	10.40～13.40
Z_9	22～28	5.78	5.00～6.40	14.00	12.60～14.70	15.47	14.10～16.30
Z_{10}	24～30	6.43	5.90～7.30	15.89	15.00～16.50	17.43	16.30～18.10
Z_{11}	27～	8.09	7.00～10.00	20.17	17.00～23.00	22.15	18.80～25.90
仔虾蛄	33～	4.4	3.00～5.40	16.40	14.70～17.50		

（二）幼体形态特征

1. 第Ⅰ期假溞状幼体

第 1 触角内鞭 2 节，有 4～5 根刚毛；外鞭有 2 簇刚毛，一簇 2 根，一簇 3 根，记做 2/（2-3），下同。第 2 触角基节 2 节，外肢鳞片边缘有 7/（7-8）根羽状刚毛。

第 1 胸肢是光滑的。第 2 胸肢分为座节、长节、腕节、掌节和指节，但软弱无力，掌节光滑；第 3 到第 8 胸肢没出现。

只有第 1、2、3、4 腹肢，第 5 腹肢未出现，没有尾肢。

尾节的侧小齿（单侧，下同）、中间小齿（单侧，下同）、亚中间小齿（两侧，下同）为 0＋4（3-4）＋14（13-15）；中齿、侧齿与侧小齿大小相同，尾节内部花纹不很明显。

2. 第Ⅱ期假溞状幼体

第 1 触角内鞭 2 节，外鞭刚毛为 3/（1-3）。第 2 触角外肢鳞片边缘有 8/（7-8）根羽状刚毛。

第 1 胸肢分节，掌节顶端微凹，掌节刚毛 3 簇，每簇 1～3 根，记做 3/（1-3）（下同）。第 2 胸肢的掌节有 2 个大的近基齿，没有完全齿，未成熟齿为 9～10 个。

第 3 到第 8 胸肢还没出现。

第 5 腹肢和尾肢未出现。

尾节的侧小齿、中间小齿、亚中间小齿为 0+4（3-4）+14（13-15）。尾节内有 2 条对称的线状花纹。

3. 第Ⅲ期假溞状幼体

CL：1.27（1.18～1.35）mm；BL：2.90（2.60～3.20）mm；TL：3.48（3.05～3.70）mm。

第 1 触角内鞭 2 节，刚毛增多，外鞭刚毛为 3/（2-3）。第 2 触角外肢鳞片边缘有 9/（9-10）根羽状刚毛。

第 1 胸肢掌节刚毛为 3/（2-3）。第 2 胸肢掌节有 2 个大的近基齿和 8（7-11）个完全齿，完全齿和未成熟齿总共为 15（14-16）个，记作 8（7-11）/15（14-16）（下同）。

其他胸肢未出现。

第 5 腹肢出现，细小原点状。尾肢未出现。

尾节的侧小齿、中间小齿、亚中间小齿为 0+4（3-4）+14（13-14）。尾节中央从腹部延伸出一对半锥体状花纹到达尾节的后 1/3 处，并且花纹外侧有小的突出。

4. 第Ⅳ期假溞状幼体

CL：1.44（1.25～1.75）mm；BL：3.27（2.88～3.50）mm；TL：3.77（3.5～4.23）mm。

第 1 触角同第Ⅲ期幼体。第 2 触角外肢鳞片边缘有 10/（10-11）根羽状刚毛。

第 1 胸肢掌节有 3/（2-3）刚毛，腕节出现 1～2 根刚毛。第 2 胸肢掌节有 3 个大的近基齿，其他齿为 8（7-10）/15（14-17）。

其他胸肢未出现。

第 5 腹肢单肢芽状。尾肢未出现。

尾节的侧小齿、中间小齿、亚中间小齿为 0+4（3-4）+14（13-14）。尾节花纹伸长，两侧个形成 4～5 个半圆状突起，相互对称，并顺着向尾部的方向变小。

5. 第Ⅴ期假溞状幼体

CL：1.95（1.80～2.20）mm；BL：4.45（4.30～5.00）mm；TL：5.12（4.93～5.70）mm。

第 1 触角内鞭 2 节，外鞭刚毛为 3-4/2-3。第 2 触角外肢鳞片边缘有 11 根羽状刚毛。

第 1 胸肢掌节刚毛为 4/（2-3），腕节刚毛 2 根。第 2 胸肢有 3 个近基齿，其他齿数为 10（9-12）/17（16-18）。

其他胸肢未出现。

第 5 腹肢双肢芽状。尾肢未出现。

尾节侧小齿、中间小齿、亚中间小齿为 0＋5（5-6）＋14（13-14）。尾节内对称突出的花纹增多增大，突出物之间有一段距离。

6. 第Ⅵ期假溞状幼体

CL：2.69（2.1～3.4）mm；BL：6.05（4.9～6.7）mm；TL：6.92（5.5～7.6）mm。

第 1 触角内鞭加长，外鞭 4-5/2-3，中鞭出现。第 2 触角芽状鞭毛出现，外肢鳞片边缘有 14/（12-15）根羽状刚毛。

第 1 胸肢掌节刚毛 5/（2-3）。第 2 胸肢 3 个近基齿，其他齿数为 12（11-13）/22（21-25）。

第 3、4 胸肢细小芽状，第 5 胸肢小芽或无。

第 5 腹肢内肢 3～4 根羽状刚毛，外肢 5/（4～6）根羽状刚毛。尾肢细小芽状。

尾节侧小齿、中间小齿、亚中间小齿为 1＋6（4-8）＋14（13-16），侧齿、中齿与中小齿有明显区别。尾节上、下部的花纹变复杂，第 1 对花纹内出现新的对称花边。花纹增多，充满整个尾部，间隙变小。

7. 第Ⅶ期假溞状幼体

CL：3.68（3.1～4.0）mm；BL：8.46（6.1～10）mm；TL：9.37（6.9～10.5）mm。

第 1 触角内鞭分为 3 节，外鞭刚毛为 4（4-5）/1-3，中鞭分 2 节。第 2 触角鞭毛伸长，外肢鳞片边缘有 22/（20-24）根羽状刚毛。

第 1 胸肢掌节刚毛为 6～7 根，腕节刚毛增多为 4 根。第 2 胸肢齿数为 17（15-23）/34（31-38）。

第 3、4 胸肢拉长且弯曲分节，第 5 胸肢芽状变大，第 6、7、8 胸肢出现，细小芽状。

第 5 腹肢内肢羽状刚毛为 9/（8-10），外肢羽状刚毛 12/（11-15）。尾肢变成双芽状。第 6 腹节背面出现 2 个突起。

尾节侧小齿、中间小齿、亚中间小齿为 1＋8（7-9）＋20（17-24）。尾节内 8 对花纹充满整个尾节，对称花纹的第 2 对内又出现新花纹。

8. 第Ⅷ期假溞状幼体

CL：4.4（4.00～5.00）mm；BL：10.8（9.31～12.32）mm；TL：12.00（10.40～13.42）mm。

第 1 触角内鞭分为 4～5 节，外鞭刚毛为 5-6/2-3，中鞭分 2～3 节。第 2 触角鞭毛伸长分 2 节，外肢鳞片边缘有 31/（29-34）羽状刚毛。

第 1 胸肢掌节刚毛为 8/（2-4），腕节刚毛增多为 4 簇。第 2 胸肢齿数为 23（21-26）/38（36-40）。

第 3、4、5 胸肢拉长，并向内弯曲，顶端出现指节。第 6、7、8 胸肢双肢芽状。

所有腹肢未完全发育的鳃出现。尾肢长双肢芽状，尾肢叉状突起出现。

尾节侧小齿、中间小齿、亚中间小齿为 1＋8（7-9）＋23（20-26）。尾节花纹更加清晰并增多。

9. 第Ⅸ期假溞状幼体

CL：5.78（5～6.4）mm；BL：14.0（12.6～14.7）mm；TL：15.47（14.1～16.3）mm。

第 1 触角内鞭分为 7/（6-8）节，外鞭刚毛为 6-7/2-3，中鞭分 3/（3-4）节。第 2 触角鞭毛分 3 节，外肢鳞片边缘有 41/（40-49）根羽状刚毛。

第 1 胸肢掌节刚毛为 9/（3-4），腕节刚毛增多为 5～6 簇。第 2 胸肢齿数为 24（21-27）/43（40-46）。

第 3 胸肢腕节 1 个刺以及掌节 3 根刚毛，其基部有 1 个小突起。第 4 胸肢腕节 1 个刺，掌节 2 根刚毛，其基部也有 1 个小突起。第 6、7、8 胸肢长双肢芽状。

腹肢上的鳃增大。尾肢继续伸长，外肢外边缘出现 1 个刺突，叉状突起伸长几乎与内肢等长。

尾节侧小齿、中间小齿、亚中间小齿为 1＋9（8-10）＋25（24-26）。尾节花纹更加清晰并增多。

10. 第Ⅹ期假溞状幼体

CL：6.43（5.9～7.3）mm；BL：15.89（15～16.5）mm；TL：17.43（16.3～18.1）mm。

第 1 触角内鞭分为 9/（8-13）节，外鞭刚毛为 9（8-9）/2-3，中鞭分 4/（3-5）节。第 2 触角鞭毛伸长，分 3～4 节，外肢鳞片边缘有 55/（47-60）根羽状刚毛。

第 1 胸肢掌节刚毛为 10-11。第 2 胸肢齿数为 33（26-40）/57（47-68）。

第 3、4、5 胸肢上刚毛增多，基部小叶增大。第 6、7、8 拉长且分节，外肢节分 2 节。

腹肢上鳃增大，分成上下 2 部分。尾肢外肢远基边缘超过尾节前侧边缘和上侧齿顶部之半，外肢边缘有 11/（10-13）根羽状刚毛，刺突 2/（1-2），肢短刚毛 5/（3-9），羽状刚毛 6/（5-7）。

尾节侧小齿、中间小齿、亚中间小齿为 1＋9（8-10）＋27（25-29）。尾节花纹清晰，边缘出现色素。

11. 第Ⅺ期假溞状幼体：

CL：8.09（7～10）mm；BL：20.17（17～23）mm；TL：22.15（18.8～25.9）mm。

第1触角内鞭分为20/（16-24）节，外鞭刚毛为10（9-11）/2-3，中鞭分8/（6-10）节。第2触角鞭毛分6/（4-9）节，外肢鳞片边缘有65/（61-71）根羽状刚毛。

第1胸肢掌节有12（11-13）/2-4刚毛。第2胸肢齿数为45（40-50）/59（55-63）。

第3、4、5胸肢发达，刚毛增多。第6、7、8胸肢拉长且分节外肢节顶端肢节拉长且弯曲。

腹肢上的鳃变多，呈树枝状。尾肢外肢有6～7个刺突，其中3～4个很明显。羽状刚毛23/（14-33）根，内肢12/（7-18）根羽状刚毛，小刺增多。

尾节侧小齿、中间小齿、亚中间小齿为1＋9（8-10）＋26（23-30）。尾节花纹清晰并且饱满。

12. 仔虾蛄

CL：4.40（3.00～5.40）mm；BL：16.4（14.7～17.5）mm。

出现在出膜33d以后。身体色素增多，不再透明，身体坚硬，体长缩短。不再有趋光性，变为底栖性。头胸甲似成体，额角消失，前侧角圆形，前后宽度相似，眼柄变短。头胸甲在体长中的比例明显变小。

第1触角内鞭分为63/（55-73）节，外鞭刚毛12（10-13）/2-4，中鞭毛41/（30-51）节。第2触角鞭毛分19/（15-22）节，并有色素分布，其基部出现细小的刺，外肢鳞片边缘有76/（71-88）根羽状刚毛。

第1胸肢掌节刚毛12-13/3-7，所有肢节上的刚毛增多变长。第二胸肢指节形成6个大齿，掌节齿数为63（60-69）/80（71-85）。

第3、4、5胸肢发达，围绕在口部，所有节上的刚毛和齿增多。第6、7、8胸肢内外肢上出现许多刚毛。

腹肢上的鳃发达。尾肢外肢共7个刺突，羽状刚毛85（71-92）根，内肢60/（53-67）根羽状刚毛，小刺增多。尾节侧小齿、中间小齿、亚中间小齿为1＋8（7-9）＋16（12-18）。花纹很多但不再清晰透明。

第二节　口虾蛄繁殖相关基因——卵黄蛋白原的克隆与表达

卵黄蛋白原（Vitellogenin，Vg）是存在于非哺乳类卵生动物成熟雌性个体中的一种蛋白，是卵黄蛋白（Vitellin，Vn）的前体。卵黄蛋白在卵黄发生期迅速累积，是卵黄最主要的构成部分，而卵黄是卵生动物卵巢以及卵中的主要物质。在卵生动物中，卵黄蛋白原不仅为成熟的卵母细胞发育成胚胎提供蛋白质、糖类、脂肪以及其他营养物质，还能结合金属离子（例如Zn^{2+}、Fe^{3+}、Cu^{2+}、Mg^{2+}、Ca^{2+}）并作为载体携带它们进入到卵母细胞中。卵黄蛋白原在卵黄发生期能携带类胡萝卜素、甲状腺素、视黄醇、核黄素进入卵母细胞。Vg虽特异地存在于卵生成熟雌性动物体内，但由于雄性及幼体动物体内也含有*Vg*基因（通常不表达），当环境中含有的具雌激素效应的内分泌干扰物（EDCs）达到一定剂量时，*Vg*基因也会在雄性和幼体动物中进行表达。在环境毒理学上，鱼类和水生无脊椎动物的*Vg*基因可以作为一种良好的生物指示物来监测环境雌激素的污染（Brown M，Sieglaff D，Rees H，2009）。

一、口虾蛄 *Vg* 基因的结构特征

应用RT-PCR方法获得口虾蛄*Vg*3’端片段550bp、5’端片段489bp、中间片段6 830bp（图3-7至图3-9）。利用BioEdit软件拼接得到7 727bp *Vg*基因全长cDNA序列。经ExPASy软件分析包含36bp的5’UTR、7 521bp的ORF、170bp的3’UTR，起始密码子ATG、终止密码子TAA及转录终止信号aataaa。

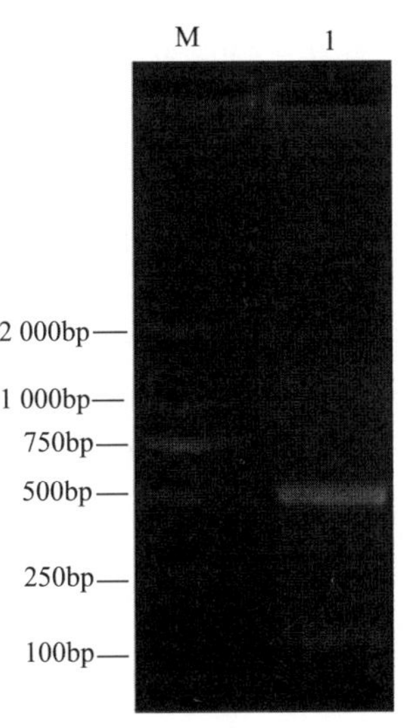

图3-7　口虾蛄*Vg*3′RACE扩增产物电泳结果

M. DL2 000 DNA Marker　1. 3′RACE 2nd PCR产物

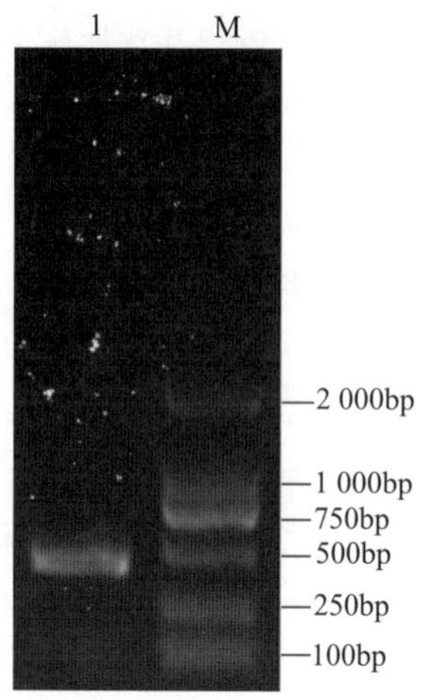

图 3-8 口虾蛄 *Vg* 5′RACE 扩增产物电泳结果

M. DL2 000 DNA Marker 1. 5′RACE 2nd PCR 产物

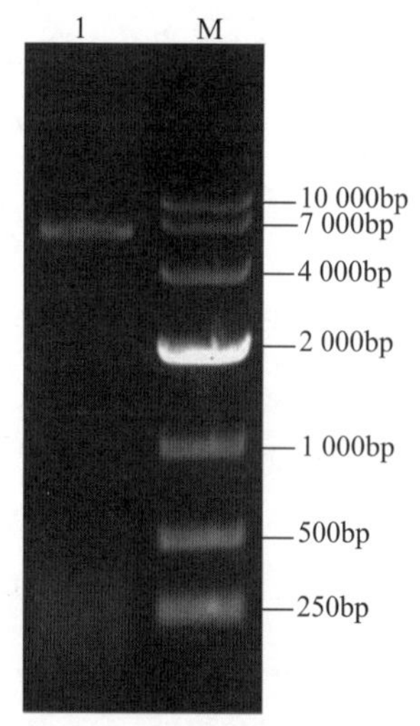

图 3-9 口虾蛄 *Vg* 中间片段扩增产物电泳结果

M. DL2 000 DNA Marker

1. 中间片段 PCR 产物

Vg 蛋白质的理论等电点/相对分子质量为 5.42/285.77ku。预测 *Vg* 基因蛋白进行信号肽的切割位点在 Gla20 和 Asp21 之间。该基因氨基酸疏水性最大为 2.4、最小值为 −3.3、均值为 −0.2，整个多肽链中大多数氨基酸的分值偏低，亲水性氨基酸多于疏水性氨基酸，推断为该蛋白为亲水性蛋白。基因所编码的氨基酸有明显的 2 个跨膜区，即膜内到膜外结构（6～20）和膜外到膜内结构（2 441～2 458）。蛋白质序列含有跨膜区提示它可能作为膜受体起作用，也可能是定位于膜的锚定蛋白或者离子通道蛋白等，含有跨膜区的蛋白质往往和细胞的功能密切相关。口虾蛄 Vg 蛋白利用 NCBI 结构域预测分析含有 6 种结构域（图 3-10）。其中 4 种与已知功能结构域相似分别为：脂蛋白（Lipoprotein）N 端结构域（LPD _ N）和卵黄蛋白原 N 端结构域（Vitellogenin _ N），以及 2 个血管性血友病因子（von Willebrand factor）D 型结构域（vWFD）；其余 2 种分别为由 β 折叠形成的 DUF1943 未知功能结构域和与家蚕载脂蛋白（Apolipophorin）同源的 DUF1081 未知功能结构域。另外，还含有 1 个类似于枯草蛋白酶的内切蛋白酶识别位点（RSKR）。预测 Vg 蛋白质的二级结构，该蛋白由 α-螺旋 38.71%、延伸链 21.71%、β-转角 8.26%、无规则卷曲 31.32%组成。

```
1     gaaaagttgtggtggtggtgtcttcaaacagacatc
37    ATGGCGCGAACACTCCTCTTCCTCGTCACGACCCTTAGCCTTGCCTTGACTGCCCATGCAGATCTTCCGCGGTGTTCTGTCGAGTGCCCG
1     M  A  R  T  L  L  F  L  V  T  T  L  S  L  A  L  T  A  H  A  D  L  P  R  C  S  V  E  C  P
         信号肽 Signal peptide
127   GTAGTCGGCAATCACAAGCTCGGTTACGTCCCAGGACAGAGGTATGTCTACAAACAGAGTGGGGAATCTTCCCTTTCGTATCAAAATAAG
31    V  V  G  N  H  K  L  G  Y  V  P  G  Q  R  Y  V  Y  K  Q  S  G  E  S  S  L  S  Y  Q  N  K
                                      卵黄蛋白原N端结构域 Vitellogenin_N domain profile
217   CAGGAAACTCAAACAAACATGCAATGGAGCTCCATGGTAGAACTGTCGGTGCTTACGCCCTGCGACGTGGCCATTACCATCAAAGAGTTC
61    Q  E  T  Q  T  N  M  Q  W  S  S  M  V  E  L  S  V  L  T  P  C  D  V  A  I  T  I  K  E  F
307   CAGATGAACGGGAAGGACTCGAGCGCCGTGCCAGAGCTGGCCGAGGTGTCTGAGCGTCCTCTCATCATGGCCATCAGCGATGGGAAGGTG
91    Q  M  N  G  K  D  S  S  A  V  P  E  L  A  E  V  S  E  R  P  L  I  M  A  I  S  D  G  K  V
397   CAGCACGTGTGCGTCGATCCTCAGGACAACACGTGGGCCGTCAACGCCAAGATGAGTGTGGCCTCCTACCTCCAGAACACTCTTCCCTCC
121   Q  H  V  C  V  D  P  Q  D  N  T  W  A  V  N  A  K  M  S  V  A  S  Y  L  Q  N  T  L  P  S
487   TTCTCTGAGGTCAACAAGGAAACCACCATCACAGAGAGAGACATCCAGGGTAAGTGCCCCACCAGCTACACCCTGACTCCCGTCTCCGAA
151   F  S  E  V  N  K  E  T  T  I  T  E  R  D  I  Q  G  K  C  P  T  S  Y  T  L  T  P  V  S  E
577   ACTGATGTGCAAGTGGTCAAGGAGAAGGACAACAAGAGGTGCGAGGACCGTTTCTACCGTCCGTCTGAAACGATGAACAACCTACCCTGG
181   T  D  V  Q  V  V  K  E  K  D  N  K  R  C  E  D  R  F  Y  R  P  S  E  T  M  N  N  L  P  W
667   CTCAACATGCCTCTTCCTCTCGAGGAATCCAGCTCGACTTGTCAGCAAAACATCCAGAGTGGTCTCTACACCTCCATCGAGTGTACTGAC
211   L  N  M  P  L  P  L  E  E  S  S  S  T  C  Q  Q  N  I  Q  S  G  L  Y  T  S  I  E  C  T  D
757   ACCAACATCCTCAAACCCATGTACGGCGTCTACAAACACATCAAGGCTGTACAAAAGGCCACCCTTCAGTTCGAGTCCCAGGTAGAGGTG
241   T  N  I  L  K  P  M  Y  G  V  Y  K  H  I  K  A  V  Q  K  A  T  L  Q  F  E  S  Q  V  E  V
847   GACCCTGCCCTCCTCACCTTCTCGTCCGACCACCTGGTTAAGAAAGAGCTCAAGTTCGACTTCACCACTCCCAAGAAGAGGGACACTGTT
271   D  P  A  L  L  T  F  S  S  D  H  L  V  K  K  E  L  K  F  D  F  T  T  P  K  K  R  D  T  V
937   GTTCCCAGACTCGACGCGATCACCAAAGACATTTGCGCCAAGGTCGAAAACACTGTCGAGTCTGAGACAGCCGCCCTTGTCTACCATGGA
301   V  P  R  L  D  A  I  T  K  D  I  C  A  K  V  E  N  T  V  E  S  E  T  A  A  L  V  Y  H  G
1027  ATGACTCTGCTCCGCCATGCTCCTGATTCTCACGTCAAGGCTATCCTCGACAATATTCGTGCTGGCGCCTACTGCCCCAACTGGCACAAG
331   M  T  L  L  R  H  A  P  D  S  H  V  K  A  I  L  D  N  I  R  A  G  A  Y  C  P  N  W  H  K
1117  CTCGAACAGATGTACCTCGACGCCATCGCCTTCCTCAGTGAGTCTGGAGCCGTTCCCGTTATGGTGGAAGAGATTTCGCAAGGAAGGGCC
361   L  E  Q  M  Y  L  D  A  I  A  F  L  S  E  S  G  A  V  P  V  M  V  E  E  I  S  Q  G  R  A
1207  TCCTCAGGAAGAACTGCCCTTTACGCCGCAGCCCTTCACATGATGCCCCGTCCCAATGCCTTCGCCATCAAGTCACTCGCCCCTCTAGTC
391   S  S  G  R  T  A  L  Y  A  A  A  L  H  M  M  P  R  P  N  A  F  A  I  K  S  L  A  P  L  V
1297  ACGATGGACCATCCCCCTAAGACCGTCCTTTTGGCAGCTGCTTCCATGGTCAGTACCTACATCCGCCAACACCCTAGATACAGAGAGGAA
421   T  M  D  H  P  P  K  T  V  L  L  A  A  A  S  M  V  S  T  Y  I  R  Q  H  P  R  Y  R  E  E
1387  GGGCTCGTCGATGAGATCATCATGCTGGCCACCAGTAAGCTTGCCGAGACATGCCACGGAGCTACACCCGAGGAACGCGAACATGCCAAA
451   G  L  V  D  E  I  I  M  L  A  T  S  K  L  A  E  T  C  H  G  A  T  P  E  E  R  E  H  A  K
1477  CTCCTCCTTAAGGCACTTGGTAACGTAGGATACATCCCCGAACCTGTATCTTCCACAATCAAGCAATGCATCAATGATGTCAGTGTTGAA
481   L  L  L  K  A  L  G  N  V  G  Y  I  P  E  P  V  S  S  T  I  K  Q  C  I  N  D  V  S  V  E
1567  ACTTCGGTTCGCGTCGTGGCCGCCCAGGCCTATAGGAAAGTGCCCTGCAACTTATGGTACCCACGTGAGCTGTTGCACCACTACTATGAC
511   T  S  V  R  V  V  A  A  Q  A  Y  R  K  V  P  C  N  L  W  Y  P  R  E  L  L  H  H  Y  Y  D
1657  AAGAAGGAAGAAACCGAAATACGATCAGCAGCCTACCTTAATGCAATCCGCTGTATTGACGATATGACTGAGATGAGACACATCATCGAC
541   K  K  E  E  T  E  I  R  S  A  A  Y  L  N  A  I  R  C  I  D  D  M  T  E  M  R  H  I  I  D
1747  TCTGCAATCAAGGAAACCAACATTCAGGTGCGCAGTTTGGTGCTCACTCATCTGAAGAATCTTCAGGAAACAGATTCTCCTAACAAGGAC
571   S  A  I  K  E  T  N  I  Q  V  R  S  L  V  L  T  H  L  K  N  L  Q  E  T  D  S  P  N  K  D
1837  CACCTCCGTTACCTCCTCTCCAGTACTGTCCTCCCCGGTGACTACAGTGAAGACATCAGAAAGTTTTCGAGAAACACGGAACTCTCTTAT
601   H  L  R  Y  L  L  S  S  T  V  L  P  G  D  Y  S  E  D  I  R  K  F  S  R  N  T  E  L  S  Y
                                                                DUF1943结构域
1927  TTCTTCCGAACTCTTGGTCTGGGAGCCGAAATCGACTCCAATCTCGTCTATTCCCGCAAGTCGGTCCTTCCACGCTCCCTTAACTTCAAC
631   F  F  R  T  L  G  L  G  A  E  I  D  S  N  L  V  Y  S  R  K  S  V  L  P  R  S  L  N  F  N
                                                               DUF1943 domain profile
2017  GTCACGGTCGACACACTTGGAAACATGATGAACTTGGCGGAAGTAGGTGCCAGGGTTGAGGGCTTCAACTCACTTGTGGATGATGTATTT
661   V  T  V  D  T  L  G  N  M  M  N  L  A  E  V  G  A  R  V  E  G  F  N  S  L  V  D  D  V  F
2107  GGTCCCACAGGATATCTGAAGTCTACTCCCTTCAACCATATCATCGGAGACATTTCGAACTTTGTTCAAGGCAGAGGATTCAAAATTGCT
691   G  P  T  G  Y  L  K  S  T  P  F  N  H  I  I  G  D  I  S  N  F  V  Q  G  R  G  F  K  I  A
2197  GATTATTTGATGGAAACATTCAGGTCTAAGAGGAGCGTCGAATTCCCAGCTGTCGAAACTTTCCTGGAAACCAACGTGCGCTCTCGCAAA
721   D  Y  L  M  E  T  F  R  S  K  R  S  V  E  F  P  A  V  E  T  F  L  E  T  N  V  R  S  R  K
2287  CACGAAGACAAACAGCCCCATGTTGACCTGTACCTCCGTCTCTTTGGTCAGGAAGTCTCTTTCGCCTCTCTGACCTCTGAACTCAAAAAC
751   H  E  D  K  Q  P  H  V  D  L  Y  L  R  L  F  G  Q  E  V  S  F  A  S  L  T  S  E  L  K  N
2377  ATCGACGTGGATATGATTATTAGTGATTTATTCACCTTCTTGGACCAAGCTATGTCCAAGACTCAGATAAAGACGGCCAGGACTCTTCCC
781   I  D  V  D  M  I  I  S  D  L  F  T  F  L  D  Q  A  M  S  K  T  Q  I  K  T  A  R  T  L  P
2467  TTCGATTTGGACTACACCATTCCTACCATGCAAGGAATCCCACTTCACTTGGACCTGGGTGGAGCAGCAGTTCTTAGTCTGGACGTGGAT
811   F  D  L  D  Y  T  I  P  T  M  Q  G  I  P  L  H  L  D  L  G  G  A  A  V  L  S  L  D  V  D
```

```
2557  GCTGAGGTCGACGTAAAGAATATAATTTCCAGTGACAACCCACAGGCCTTCATAGAACTTATACCAGGCTTAGATGTAGAGCTCGACGGC
841   A E V D V K N I I S S D N P Q A F I E L I P G L D V E L D G
2647  TTCGTTGGATTCAAGTCTGTACTCAAACATGGCATCAAGATGAAGAACAATCTCCACATCTCCCATGGTGGAAAGATCAGGATCGATCTC
871   F V G F K S V L K H G I K M K N N L H I S H G G K I R I D L
2737  AAGAAGGGAGAAGCCCTATCTATCAAGTGGGACCTCCCCGAAAAGTGGGACATCATTTCATTCAAGAGTCAAACTTATATGCTCAATGAA
901   K K G E A L S I K W D L P E K W D I I S F K S Q T Y M L N E
2827  AAGATCCAAGTACTAAACGAAAACCCAGAGCATAAAATCATTCCTGAAGGTATCAACGATGTTCGTCTTGTGGAAAAGAATGAGTGCACC
931   K I Q V L N E N P E H K I I P E G I N D V R L V E K N E C T
                                                           DUF1081结构域
2917  GATTTCTTTGAAAACCCACTCGGCCTTCGGTTCTGCTATATCCTCAATCTCCCCGATCCTCTTCATAGCAGTTCCATGCCATTTGGCAAA
961   D F F E N P L G L R F C Y I L N L P D P L H S S S M P F G K
                                                           DUF1081 domain profile
3007  CCACTTGAATTCAGTCTTACTGCAGAAAAAGCCGAAGCTTCGATGGAAGGCTACGCAATTACGGCAACCTTGACCAACGAAGTTGAGAAC
991   P L E F S L T A E K A E A S M E G Y A I T A T L T N E V E N
3097  AAAGCTATCGACTTCGTCGTAGATACTCCTGGATCTACCATCCCTCGTGAATGTAAGGCCAAGATATCCTATACGAAGCAAGACAACTCT
1021  K A I D F V V D T P G S T I P R E C K A K I S Y T K Q D N S
3187  CATATTGCACTTGTTTCCATCACTTCCGCACTCTTGGAGTATTCTGCCCAGACCACCTTTGTCAACGATGCTGAGAACAAGGCCCTGGAA
1051  H I A L V S I T S A L L E Y S A Q T T F V N D A E N K A L E
3277  ATGTTCTGGAAGTACAAGCTAATAAATATGGCCGACGAATACGCCCACGCTTTCAAGACTGACCTCCAGATCAAAAGAACGGATAATCAC
1081  M F W K Y K L I N M A D E Y A H A F K T D L Q I K R T D N H
3367  AAGAAGCTGGGTCTCATTCTTTACTACAGCCCCAGTTGGACCTTCCAGCCTGAGTCGCAAATATTCGAAGCGTCTTGGCTTACTGCTACT
1111  K K L G L I L Y Y S P S W T F Q P E S Q I F E A S W L T A T
3457  CAAGACAAATTAACTAATATCGATGTCACAGTCAGAACCAACAACATCTTGAGGGATTTCATTCAAATTGATATTGAAGCCGGTATAGAT
1141  Q D K L T N I D V T V R T N N I L R D F I Q I D I E A G I D
3547  GTGCGATTCTCTTATCTCCTTCACATGCCGAGCATAGACAACATTCGCAAATGGGAAGTAGATATTGAAGTATTAGCCTGGAAACTACAC
1171  V R F S Y L L H M P S I D N I R K W E V D I E V L A W K L H
3637  GAACACATCAGAACTATAGAAGAGTCTGAAGACAGTGCCCAATGGTCCACCAAGTGTAGCCTAATGAAGGGAGAACGCACGTATATTGGT
1201  E H I R T I E E S E D S A Q W S T K C S L M K G E R T Y I G
3727  ATTGAAACTATTACTAAGAAGAGCGGTACTTTCCCCATTAACTTCAACATTGATATGGATACCACAGTTATCCTGGGTGAGGTCGAACTG
1231  I E T I T K K S G T F P I N F N I D M D T T V I L G E V E L
3817  CGATCACTTAATAAGGTGCAACATGATGGAACAGAAATGAAAGTCACTTGGGATCTTGAAAATAGAAAGACCACTGAGCAAATTATTCAT
1261  R S L N K V Q H D G T E M K V T W D L E N R K T T E Q I I H
3907  ATTTTGGCATCATTCATGAAGAATGAGGCTGAGAAGTTATCCTACGAAACCAAACTACAGTTCCACATACCCAAACTAACTGAACGTTTG
1291  I L A S F M K N E A E K L S Y E T K L Q F H I P K L T E R L
3997  GATATTGTTGGACATATCGATCACGTTGAGGAGTCCAAGTACGACGTCGTGACCACTTTTATGCACAATGACCAAGTTGTATACGAAGTC
1321  D I V G H I D H V E E S K Y D V V T T F M H N D Q V V Y E V
4087  AAGGGCCCTGTCACGCTGATCCTGAATAACAAGAAGTGGCTTCAGGAGATGGAGCTTGAAATCACAGGGTTCAGCGAGGGACCTCATAAA
1351  K G P V T L I L N N K K W L Q E M E L E I T G F S E G P H K
4177  TTGACAACTGTTATGGAAAATTCAAACAAAGTTAAAAAAATGGTCGTTGATTTGAGGGACCCCACCGGCATTCTTCTCAACTCCATGGTT
1381  L T T V M E N S N K V K K M V V D L R D P T G I L L N S M V
4267  GATAGGACACTCATTTCTGAGGAGGAGAGTGACATAAAAACTAGCTTTGCATTCTTCTTGCTAACAGACACCAAGGCAGATTTCCATCTA
1411  D R T L I S E E E S D I K T S F A F F L L T D T K A D F H L
4357  TCTAAGGATACGATTCATATCAATTTTAACAGTGTCATGTTCCCACAAGAAAGCTACCGACAAAGGATTAAAGGTTTCATTGATCAAGAC
1441  S K D T I H I N F N S V M F P Q E S Y R Q R I K G F I D Q D
4447  TTTAGGGGTAAAGTTATTAAATCTGACCTTCTTTGGGATGCCGAAAATGATGAGTCAAAGAAGATCAGCATCGAGACTAATTACGACTTC
1471  F R G K V I K S D L L W D A E N D E S K K I S I E T N Y D F
4537  CCTGAAGGCGGTCCTCTCACTATGCATGGCGGTGTTGTTTGGAGAGGCGAACCCCATCAGTACAACCTGAAGGTGCAACTAGCTTCACCT
1501  P E G G P L T M H G G V V W R G E P H Q Y N L K V Q L A S P
4627  CTTCGTATATTTGAAGGCCATAATGAAGTTGATTTGGTTTGGACCACACCTGCCCAGCAAACTTTGAATATCCGAGCTCTCCTCGACAAG
1531  L R I F E G H N E V D L V W T T P A Q Q T L N I R A L L D K
4717  CACACTCATTCTAACGACAAATCATCTATGGGAACTCTCATTCACTTCAAGACAGCGCATGACAACATCTACGAATGGAAAGGAGAATAT
1561  H T H S N D K S S M G T L I H F K T A H D N I Y E W K G E Y
4807  AATCTTGAGTACTTGCATGAACCTATGAACTACAAACTGGATGCCGGTCTCACACTGAAGTCACCTGAGATTGAAGAAATTGTTTCCGCA
1591  N L E Y L H E P M N Y K L D A G L T L K S P E I E E I V S A
4897  ATCCATGCGTATCACAAAAAGACTGAAAACGAAAGAGAAGTCCTTTTCAAGGCTGATATCTCTAAGAGCAAACTGACGGAGCCCATAGTG
1621  I H A Y H K K T E N E R E V L F K A D I S K S K L T E P I V
4987  GCCGACATCTTGAGCAAATTTACGGAAAACTCTTTCGAGGCCAAAATTACTTTCGACTACGCAGGTAAGATTAGTAGTATCGAGTCCGAG
1651  A D I L S K F T E N S F E A K I T F D Y A G K I S S I E S E
5077  AAGAAGGAAGACGGTTCCATGCGTCTTGAAATGGTTAAGAACGACGAAACGTACTTCAACATAAGGATTTCCCAGCCTGAACCTATTGCA
1681  K K E D G S M R L E M V K N D E T Y F N I R I S Q P E P I A
5167  TGGAACGTGCAAATCGAGACACCTTCCCGCACTCTGGAGGCCTTGACCAGATTGGATTCGACCAAGCCATCAGTCCAACTCTGGACCAAC
```

1711 W N V Q I E T P S R T L E A L T R L D S T K P S V Q L W T N

5257 AAGGAAAAGAGTGAAGACAAATTTGAAGTTTCCGGTAATGTGGTGACCAAAGAAGTTCGAGGCACACAAGGAACACGAATTGAAGGTAAA

1741 K E K S E D K F E V S G N V V T K E V R G T Q G T R I E G K

5347 GTCAGCTACCCTGGCCTGTCCAAGGATATCCTGGTTTCTGCTGAGTATGGATTCTCCCCACTGGCCGTAGTAGGCTCTCTCGAGCTGGAC

1771 V S Y P G L S K D I L V S A E Y G F S P L A V V G S L E L D

5437 ATCTTCCAGACTCATGATGATATGATCGTCCTGACTCTGCAGGGGACCAAGAAATCAGAAGGAAGCTACAAAACCGAAGTATCCGTATCT

1801 I F Q T H D D M I V L T L Q G T K K S E G S Y K T E V S V S

5527 GCAAAGGCTCTGAAGTTCAACCCTACAATAGTTCTTGACACTGCACTTACATCCTCGACAAAAGGCATTGAACTACACTATACATATGAT

1831 A K A L K F N P T I V L D T A L T S S T K G I E L H Y T Y D

5617 CCCGCAGTACCACGAAAATCCATTGCCCTGAAGTACGAAAGAGTCGTTCCAGAAGAAGGTATTCTATCGGCCAAACTGAAAACACCTTCC

1861 P A V P R K S I A L K Y E R V V P E E G I L S A K L K T P S

5707 ATTGACATGGAAATTTCCACCAACCTACGATCCGAAGAGACAAATCACTGTCATGGACTCAACCTTGACACACATTATGTCCTGCAGTCT

1891 I D M E I S T N L R S E E T N H C H G L N L D T H Y V L Q S

5797 CAGGAATACGAAATTAAGAGCCACCTCTGTTATCCCGCTCATGCAGAAATTGTGGCTTTCAAGAAAGGCGACGAAAATAATAAAAAGTAC

1921 Q E Y E I K S H L C Y P A H A E I V A F K K G D E N N K K Y

5887 TTCTTGAACGCCGGATTGAGGAGTCCTGGCAAAATTGAATTGGACCTTAAGGTCGAAAAACCCTGGAAGAATCAACTCGACAGGTTTGCT

1951 F L N A G L R S P G K I E L D L K V E K P W K N Q L D R F A

5977 AATGTCGTTGGTATCAAGGCCGAGCTAACGTCCCCCATTACTCTGGATCTGGAAGGTCATTATCACCACGAAGAAGTAGAAGAAAACATG

1981 N V V G I K A E L T S P I T L D L E G H Y H H E E V E E N M

6067 AAGGAGATTATGGAAACGATTAAAACTCAAGTAGAAACTTTCATTCAATGGTGGCAATCCATTTATCATCAACTGGAAGAAGATGCTGCA

2011 K E I M E T I K T Q V E T F I Q W W Q S I Y H Q L E E D A A

6157 AGCCAAAGTGTAGAATTGCCTATTGTTGAAGCGGACAAGGTTTTGCTTTATTTCCGCGACGAATTTTTGCACATTTATGAGGACCTTCGT

2041 S Q S V E L P I V E A D K V L L Y F R D E F L H I Y E D L R

6247 AAGGATGAAGTGATTCCCGACTTTTATCACGTTTTCCAAGTTTTAATCAACGAATTACACACAATCATAACTCAGTCTCACGAGGCTTAC

2071 K D E V I P D F Y H V F Q V L I N E L H T I I T Q S H E A Y

6337 CTTTATGCCAGCGAGGTCATAACTCAAATCTACACCGAATATGCGGAGTTTATGTCCAAAATCTCAAAAGCTTACCAATCTGAAATAATG

2101 L Y A S E V I T Q I Y T E Y A E F M S K I S K A Y Q S E I M

6427 GAAACCCTTGTGCAAACCAGAACGGTTCTAATTCAACTGAAGGACCTGTACGAGAAAAACCAACTGACCCCAGAGACCATGATGCAGACT

2131 E T L V Q T R T V L I Q L K D L Y E K N Q L T P E T M M Q T

6517 CTTAAAGGCACCTCCCTATGGGAGAAGATCGAGGAGTTAGCGAAAAGATTGCAGGAGGAACATCCACAAGAATACCAAGCTATCGTCGAT

2161 L K G T S L W E K I E E L A K R L Q E E H P Q E Y Q A I V D

6607 GTGTGGAATGTCGTCAACGGTGAATATAACCCAGTCGAAATCATGAACCACATCAAGACTTTGTATCCCAAGGAATGGGAAACTGTCATC

2191 V W N V V N G E Y N P V E I M N H I K T L Y P K E W E T V I

6697 GACATCCTGGGTCATGTTATACAAGACATCAAAATTGATGCTAACAAAGTATACAGAAGGCTTATGCAGAGACCATTAATCCGCAAGGTC

2221 D I L G H V I Q D I K I D A N K V Y R R L M Q R P L I R K V

6787 ATCGAGTGGTTCCTTCACAGCTTTGGATTAGAAAACATCCCTCAAGCAGAAGAAGTGCTTCGTTTCCTGTACCAACTTCTCGAGGAAACT

2251 I E W F L H S F G L E N I P Q A E E V L R F L Y Q L L E E T

6877 CTTCAACTCAACTACAGCAAGAAGGAAGGAAGACTTCACTTGGTTCTTCCTCTCAACCGTCCTGTGTATTCTTTAACAACGGTCCCCTAC

2281 L Q L N Y S K K E G R L H L V L P L N R P V Y S L T T V P Y

6967 GGAGTTTCTCCTAGACTTCCTGTATGGAAGAACTTGATTGGCCTCTTCCAAACCTTGATTCCTATGCAGTACAAGTTCTTCAATGCCCTC

2311 G V S P R L P V W K N L I G L F Q T L I P M Q Y K F F N A L

vWFD结构域

7057 ACATCTTCTCCTGCAATATACTATGGAGATGGGAAAATGTACACCTTCGATGGAATGATGTTGAAACTGCCCGTGACCCCATGTCAATAT

2341 T S S P A I Y Y G D G K M Y T F D G M M L K L P V T P C Q Y

vWFD domain profile

7147 ATCCTGACTACTGATGGCTACGATCATGTTACTGTCAGAGTCTTGCCTGAGAACAAGTACGAATTTGGAATCACTGTCGACAATGGGCGG

2371 I L T T D G Y D H V T V R V L P E N K Y E F G I T V D N G R

7237 CACAAGATCATCATCGACAGCGAGTACAAGGTTTACTTCGACGATCAGGAGCAAACAGAAGAAAAAGCGTCAATCGACTCCTACGCCACT

2401 H K I I I D S E Y K V Y F D D Q E Q T E E K A S I D S Y A T

7327 GTTTCACAACATACCGACGAGGTGACTGCAAGAGGAAGAAGCCTTTACCTGATCGTGTCCAAAACCTCACCAACCTTCCGACTCTATGCC

2431 V S Q H T D E V T A R G R S L Y L I V S K T S P T F R L Y A

7417 AGCGTTGAGCGTCTGGGTCGCCTGGAAGGTCTAATGGGTACTTTGAACAACTTCCAGGGTGACGACATGATGATGCCCAACGGCGAACTT

2461 S V E R L G R L E G L M G T L N N F Q G D D M M M P N G E L

7507 GCACCCGATGCCCCTACTTTCCTCAAGAGCTGGCAAGTGGACTCATGTTAAcccttttgcttcacacctatgatggaagtcagtaatgatcagcg

2491 A P D A P T F L K S W Q V D S C *

7602 ttaaatatcatacacgaaaaaatacttttgccatttaaattgtaaattaataggcgaaatagaaaatatataaatgtatataaaaaccaaaaccagcaaataaa

7706 aaaacgaatagaaaaaaaaaaa

图 3－10　口虾蛄 *Vg* 全长 cDNA 序列及推导出的氨基酸序列

注：水平下划线标记信号肽；方框标记类枯草蛋白内切酶位点 RSKR；卵黄蛋白原 N 端结构域、DUF1943 结构域、DUF1081 结构域、vWFD 结构域、转录终止信号 aataaa 用阴影标出。

二、口虾蛄 *Vg* 基因多重序列比对及系统进化树构建

口虾蛄 *Vg* 序列与十足目虾蟹类 *Vg* 序列在分子结构上存在 46%～52% 的相似性，显示出口虾蛄在进化上与其他虾蟹类群存在明显的差异。分值较高且与口虾蛄 *Vg* 同源性程度最高的是中国明对虾、日本囊对虾和墨吉明对虾，同一性和相似性分别达到 30%和 50%，其余物种的分值均低于这三者（表 3－3）。

表 3－3　口虾蛄 *Vg* 基因 BLASTP 比对检索结果

GenBank No.	物种	分值	同一性（%）	相似性（%）
ABC86571.1	中国明对虾	1 223	30	50
BAD98732.1	日本囊对虾	1 199	30	50
ACV32381.1	墨吉明对虾	1 192	30	50
AAL12620.3	短沟对虾	1 175	29	49
AAP76571.2	凡纳滨对虾	1 172	30	50
ABO09863.1	美洲螯龙虾	1 159	30	51
ABB89953.1	斑节对虾	1 141	29	49
AAN40700.1	刀额新对虾	1 105	29	49
AAG17936.1	红螯螯虾	1 098	28	49
BAD11098.1	高背长额虾	1 035	28	48
ACU51164.1	日本仿长额虾	1 035	27	48
BAF91417.1	大蝼蛄虾	998	27	48
AGM75775.1	中华绒螯蟹	942	26	48
ABC41925.1	蓝蟹	941	26	48
BAB69831.1	罗氏沼虾	937	27	46
ACO36035.1	拟穴青蟹	914	26	47
AAX94762.1	三疣梭子蟹	905	26	47
AAU93694.1	锈斑蟳	852	25	46
AFM82474.1	脊尾白虾	837	30	52

NJ 系统进化树结果从分子水平上表明了口虾蛄在进化中所占据的位置：口足目与十足目 *Vg* 是同一类下的两个分支，其中口虾蛄 *Vg* 单独为一支，十足目虾蟹类 *Vg* 聚为另一支。十足目甲壳动物基本聚为三簇：大蝼蛄虾与蟹类聚在一起并和螯虾类聚为一簇；长额虾和真虾类聚为一簇；对虾类单独成簇（图 3－11）（Maheswarudu et al.，1978）。

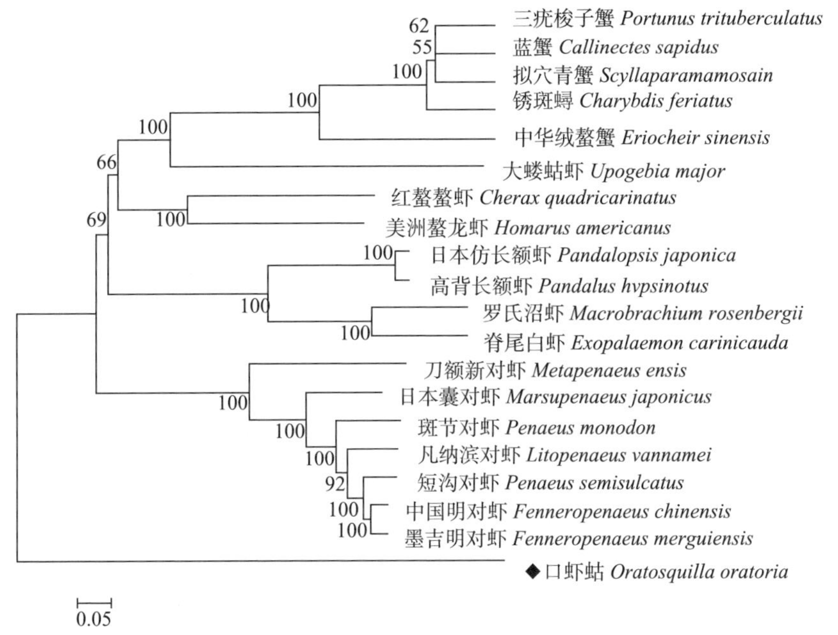

图 3－11　口虾蛄与其他甲壳动物 *Vg* 的 NJ 系统进化树

三、口虾蛄 *Vg* 基因表达分析

在卵巢中，卵黄蛋白原 mRNA 的表达量随着卵巢的发育不断增加，表达量从未发育期的 1 到成熟期达到峰值 158，特别是在成熟期卵黄蛋白原 mRNA 的表达量增加迅速，与其他 3 个发育期相比，差异极显著（$P<0.01$）。产卵后，卵巢处于消退期，卵黄蛋白原 mRNA 的表达量急剧下降，与初级卵黄发生期相近（图 3－12，彩图 20、彩图 21）。

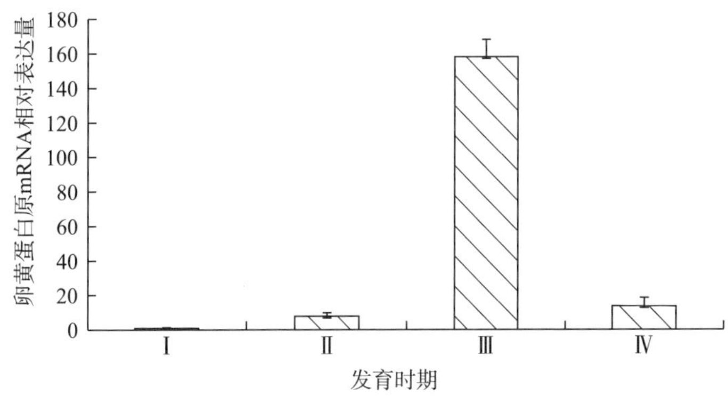

图 3－12　不同卵巢发育期口虾蛄卵巢中卵黄蛋白原 mRNA 的相对表达量

Ⅰ未发育期　Ⅱ初级卵黄发生期　Ⅲ成熟期　Ⅳ消退期

第三节　口虾蛄染色体核型与DNA含量

染色体是生物遗传物质的载体，对染色体核型、带型的研究不仅有助于揭示生物的遗传组成（乔之怡，董仕，王茜，2004），而且可以从生物进化的角度探讨物种之间的分类地位及亲缘关系（陈咏霞，刘静，刘龙，2014）。随着基因组学的发展，染色体组型分析作为全基因测序的基础，对了解生物的进化地位及重要功能基因定位有着重要意义（Fanjul-Fernān M，Folgueras A R，Cabrera S，2010）。

早在19世纪，Carnoy（1885）首次报道了褐虾（*Crangon cataphractus*）的染色体类型，尽管十足目染色体研究已延续一百余年，目前，已报道过的十足目核型组成仅占已知十足目种类的0.9%。王青（2005）等认为，十足目染色体研究缓慢的原因在于染色体数目多；染色体形态小，不易辨认；分裂象不易获得等（相建海，1988；戴继勋，张全启，包振民，1989）。就虾蛄科种类而言，染色体数目与核型研究之前尚未报道。因此，以口虾蛄为研究材料，对染色体数目与核型进行研究，不仅为口虾蛄的细胞遗传学和人工繁育研究奠定基础，也可以为虾蛄科其他种类的染色体研究提供基础资料。

一、染色体数目

采用Giemsa染色法对口虾蛄肝胰腺组织进行了核型分析，发现口虾蛄染色体数目为88条的细胞分裂相最多，有66个，占63.46%，故初步认为口虾蛄二倍体染色体数目为88，即$2n=88$（图3-13）。以上结果与十足目中的对虾科褐美对虾（*Farfantepenaeus aztecus*）、桃红美对虾（*Farfantepenaeus durarum*）、西方滨对虾（*Litopenaeus occidental*）、中国明对虾（*Fenneropenaeus chinensis*）、墨吉对虾（*Fenneropenaeus merguiensis*）、长毛明对虾（*Fenneropenaeus penicillatus*）、斑节对虾（*Penaeus monodon*）、近缘新对虾（*Metapenaeus affinis*）的染色体数目相同，与对虾科其他物种染色体数目相

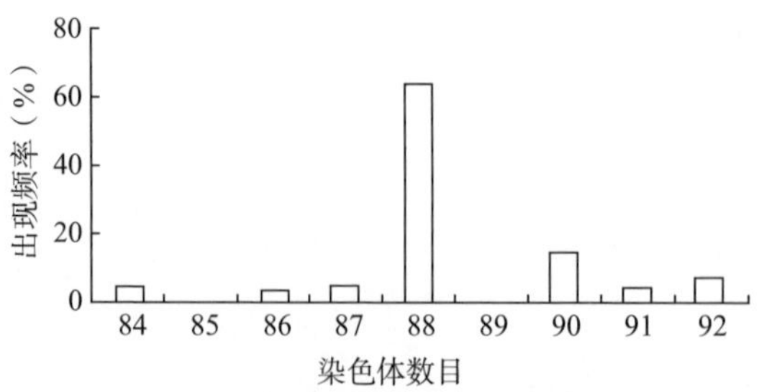

图3-13　口虾蛄中期分裂相染色体数目统计

差较小，而与十足目其他科物种染色体数目差别较大。考虑到染色体数目及组成是亲缘关系远近及物种进化判断的重要依据，本研究结果可能暗示虾蛄科的口虾蛄与对虾科亲缘关系较近。Murofuehi 等（1990）认为，染色体数目少的核型较为原始。

二、染色体核型

选择分散良好、形态清晰、数目完整的染色体中期分裂相测量其染色体臂长，计算出染色体相对长度、臂比并统计染色体类型。发现口虾蛄染色体核型公式为：$2n=62m+12sm+14t$，$NF=162$，即有 31 对中部着丝点染色体（m）、6 对亚中部着丝点染色体（sm）和 7 对端部着丝点染色体（t），染色体臂数（NF）为 162（彩图 22、图 3－14、图 3－15）。此外，口虾蛄染色体的大小差异较大，最大染色体相对长度为 3.999，最小染色体的相对长度为 1.623，未发现与性别相关的异型染色体。染色体核型分析数据见表 3－4。

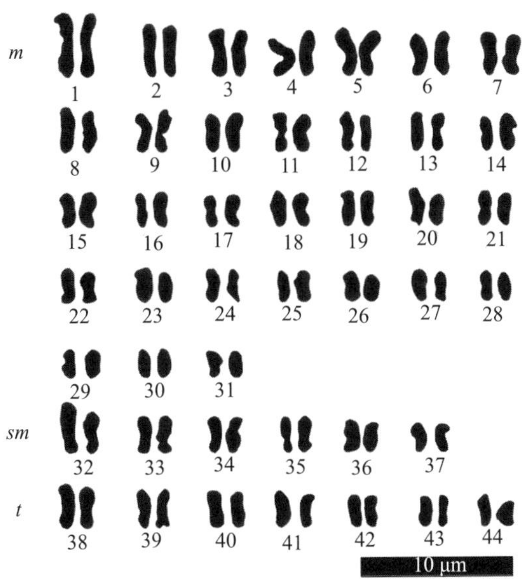

图 3－14 口虾蛄细胞染色体核型

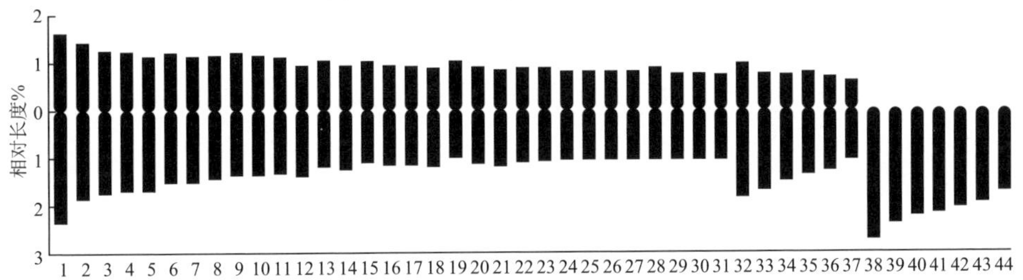

图 3－15 口虾蛄核型模式

表 3-4　口虾蛄的核型参数（平均值±标准差）

染色体序号	相对长度	臂比	着丝粒位置
1	3.999±0.021	1.450±0.079	*m*
2	3.303±0.002	1.304±0.038	*m*
3	3.026±0.025	1.391±0.194	*m*
4	2.929±0.057	1.388±0.204	*m*
5	2.857±0.009	1.501±0.023	*m*
6	2.745±0.065	1.291±0.033	*m*
7	2.656±0.007	1.362±0.065	*m*
8	2.621±0.026	1.267±0.136	*m*
9	2.564±0.004	1.129±0.082	*m*
10	2.533±0.020	1.170±0.112	*m*
11	2.473±0.028	1.210±0.076	*m*
12	2.338±0.001	1.502±0.171	*m*
13	2.247±0.022	1.161±0.142	*m*
14	2.202±0.013	1.344±0.051	*m*
15	2.162±0.008	1.105±0.033	*m*
16	2.137±0.010	1.266±0.127	*m*
17	2.106±0.018	1.313±0.128	*m*
18	2.065±0.001	1.401±0.205	*m*
19	2.058±0.004	1.030±0.026	*m*
20	2.043±0.001	1.304±0.105	*m*
21	2.039±0.001	1.454±0.245	*m*
22	2.018±0.002	1.258±0.118	*m*
23	1.995±0.016	1.241±0.100	*m*
24	1.927±0.008	1.335±0.119	*m*
25	1.903±0.011	1.331±0.020	*m*
26	1.846±0.003	1.343±0.261	*m*
27	1.785±0.010	1.247±0.097	*m*
28	1.766±0.002	1.030±0.012	*m*
29	1.730±0.005	1.267±0.085	*m*
30	1.677±0.029	1.274±0.026	*m*
31	1.623±0.019	1.271±0.118	*m*
32	2.847±0.293	1.913±0.076	*sm*

（续）

染色体序号	相对长度	臂比	着丝粒位置
33	2.425±0.052	2.379±0.300	*sm*
34	2.244±0.058	2.169±0.106	*sm*
35	2.149±0.009	1.757±0.024	*sm*
36	1.968±0.023	1.931±0.166	*sm*
37	1.664±0.047	1.809±0.055	*sm*
38	2.742±0.048	∞	*t*
39	2.406±0.008	∞	*t*
40	2.241±0.063	∞	*t*
41	2.165±0.002	∞	*t*
42	2.061±0.085	∞	*t*
43	1.970±0.002	∞	*t*
44	1.746±0.055	∞	*t*

三、口虾蛄 DNA 含量

基因组大小（DNA 含量或 C 值）是鉴定种质的一个重要内容，物种 DNA 含量的大小可以反映出该物种的进化地位，也是细胞遗传学研究的重要内容之一，因此研究生物 DNA 含量具有重要的意义。目前，测定物种基因组大小方法有很多，本节采用流式细胞术来对口虾蛄血液、肌肉、肝胰腺、卵巢、精巢 5 种不同组织进行 DNA 含量测定。以鸡血细胞 DNA 含量为参比，口虾蛄各个组织 DNA 相对含量峰值如图 3-16 所示，不同组织细胞核 DNA 相对含量大小依次为肌肉＞精巢＞卵巢＞肝胰腺＞血液。口虾蛄不同组织的 DNA 绝对含量平均值为 9.61pg，此外，以 1pg＝978Mbp 计算（Gregory T R. et al.，2007），口虾蛄基因组平均大小约为 9 398.58Mbp。

通过对口虾蛄血液、肌肉、肝胰腺、卵巢和精巢 5 种组织的 DNA 含量（2 组 DNA）进行测定，发现口虾蛄精巢组织的 DNA 相对含量直方图具有双峰现象，这可能是由所分析的精巢组织中存在大量单倍体精子、精细胞和次级精母细胞（n）以及少量的二倍体精原细胞和初级精母细胞（$2n$）所致。5 种组织的 DNA 含量大小依次为肌肉细胞＞精巢二倍体细胞＞卵巢细胞＞肝胰腺细胞＞血液细胞。经单因素方差分析发现，口虾蛄不同组织的 DNA 含量有极显著性差异（$P<0.01$）。Duncan 多重比较结果表明，肌肉和精巢组织的 DNA 相对含量较高，均显著高于其他组织（$P<0.05$）；而血液 DNA 含量最低，显著低于除肝胰腺组织外的其他组织（$P<0.05$）（表 3-5、表 3-6）。

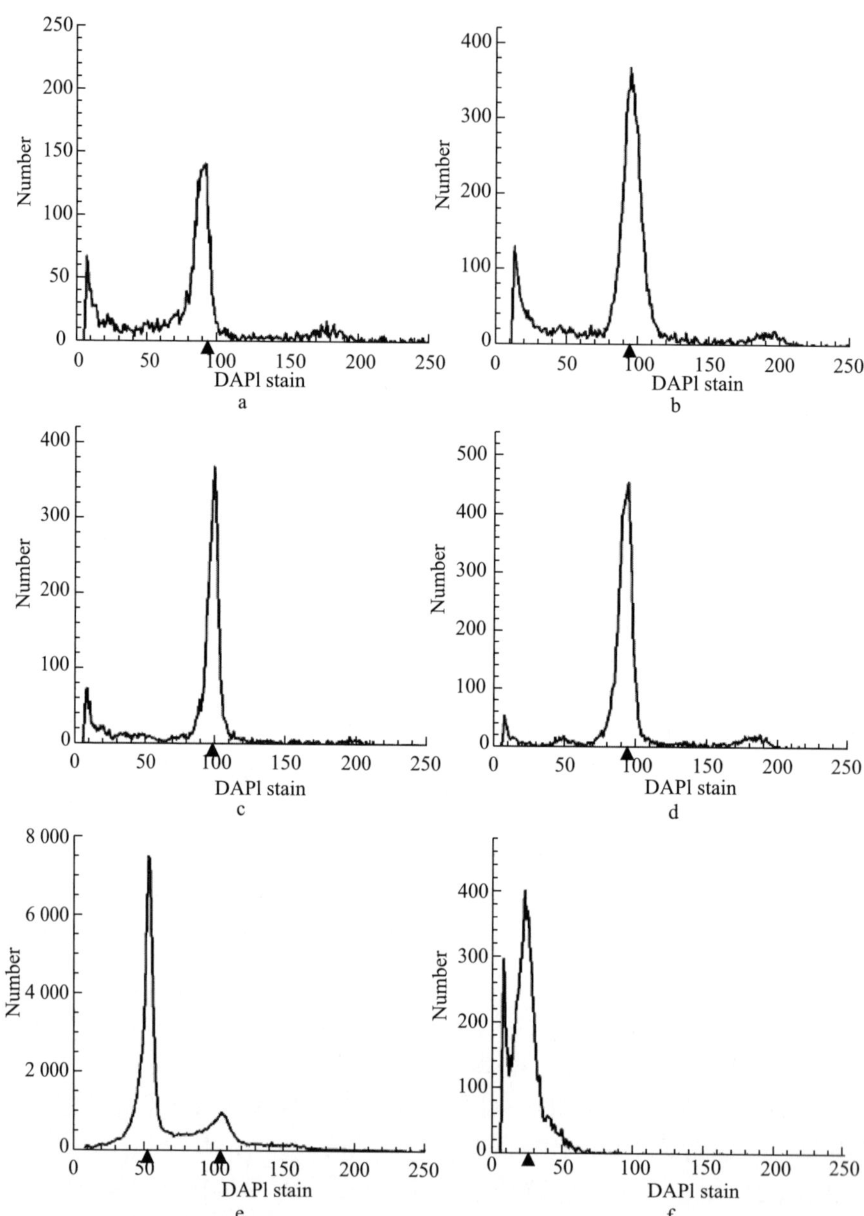

图 3-16 口虾蛄各组织 DNA 相对含量峰值

a. 口虾蛄血细胞 DNA 相对含量直方图 b. 口虾蛄肌肉 DNA 相对含量直方图
c. 口虾蛄肝胰腺 DNA 相对含量直方图 d. 口虾蛄卵巢 DNA 相对含量直方图
e. 口虾蛄精巢 DNA 相对含量直方图 f. 对照鸡血细胞 DNA 相对含量直方图

▲所示为 n 或 $2n$ 峰所在位置

表 3-5　口虾蛄各个组织的 DNA 含量相对值

序号	口虾蛄						鸡血细胞
	血液	肌肉	肝胰腺	卵巢	精巢		
					单倍体	二倍体	
1	86.97	99.35	102.67	106.77	54.68	109.22	27.53
2	92.29	98.86	101.09	99.90	55.05	110.71	25.76
3	73.09	110.59	91.26	66.54	52.65	105.13	21.63
4	82.45	99.64	91.06	102.96	47.82	95.23	24.96
5	84.67	96.68	93.80	82.13	48.85	97.86	24.85
6	89.50	97.96	95.31	66.95	49.75	99.86	27.46
7	82.16	99.36	92.56	112.75	54.04	107.97	25.35
8	92.47	97.52	91.94	99.59	50.13	100.60	24.74
9	86.89	101.57	82.38	109.24	53.01	106.36	23.72
10	74.66	97.09	90.45	67.40	52.60	105.03	24.44
11	75.53	108.87	82.02	102.07	45.31	89.91	25.87
12	88.31	112.44	86.33	104.18	54.59	108.85	23.13
13	84.98	102.39	94.24	93.32	50.51	101.38	24.84
14	96.37	109.64	96.12	67.14	48.09	97.82	24.34
15	75.40	114.58	96.12	80.57	51.16	102.13	23.46
16	77.11	101.13	87.15	96.42	53.44	106.39	24.48
17	96.97	106.28	87.00	93.97	52.51	105.61	24.41
18	97.28	100.16	88.58	103.08	45.22	90.38	24.08
19	97.87	111.48	87.78	100.79	42.64	85.98	25.15
20	85.38	97.89	92.42	99.26	53.80	108.32	24.15
平均	86.02	103.17	91.51	92.75	50.79	101.74	24.72

表 3-6　口虾蛄各个组织的 DNA 含量绝对值

不同组织	DNA 相对含量	比值	DNA 绝对含量（pg，2 组 DNA）	基因组大小（Mbp）
血液	86.02±8.02[c]	3.48	8.70	8 508.05
肌肉	103.17±5.92[a]	4.17	10.43	10 200.54
肝胰腺	91.51±5.39[bc]	3.70	9.25	9 046.50
卵巢	92.75±15.27[b]	3.75	9.38	9 173.64
精巢	101.74±7.05[a]	4.12	10.29	10 063.62
平均值	95.04±11.02	3.84	9.61	9 398.58

注：同列中标有不同小写字母者表示组间有显著性差异（$P<0.05$），标有相同小写字母者表示组间无显著性差异（$P>0.05$）。精巢细胞 DNA 测量值为二倍体细胞的测量值。

参考文献

陈咏霞，刘静，刘龙，2014. 中国鲷科鱼类骨骼系统比较及属种间分类地位探讨[J]. 水产学报，38（9）：1360-1374.

戴继勋，张全启，包振民，1989. 中国对虾的核型研究[J]. 青岛海洋大学学报，19（4）：97-104.

邓景辉，韩光祖，叶昌臣，1982. 渤海对虾死亡的研究[J]. 水产学报，2（6）：119-127.

堵南山，1993. 甲壳动物学[M]. 北京：科学出版社.

龚世园，吕建林，孙瑞杰，等，2008. 克氏原螯虾繁殖生物学研究[J]. 淡水渔业，38（6）：23-26.

谷德贤，洪星，刘海映，2008. 口虾蛄的繁殖行为[J]. 河北渔业，1：37-40

黄海霞，谈奇坤，郭延平，2001. 秀丽白虾精子发生的研究[J]. 动物学杂志，36（2）：2-6.

刘海映，秦玉雪，姜玉声，2011. 口虾蛄胚胎发育的研究[J]. 大连海洋大学学报，26（5）：437-441.

梅文骧，王春琳，徐善良，1993. 口虾蛄耗氧量、耗氧率及窒息点的初步研究［J］. 浙江水产学院学报，12（4）：249-255.

梅文骧，王春琳，张义浩，等，1996. 浙江沿海虾蛄生物学及其开发利用研究报告[J]. 浙江水产学院学报，15（1）：60-62.

乔之怡，董仕，王茜，2004. 黑龙江水系二、三倍体鲫鱼遗传组成的比较研究[J]. 动物科学与动物医学，21（2）：61-63.

王波，张锡烈，1998. 口虾蛄人工育苗生产技术［J］. 齐鲁渔业，15（6）：14-16.

王青，孔晓瑜，于珊珊，等，2005. 十足目染色体研究进展[J]. 海洋科学，29（6）：60-65.

王艺磊，张子平，李少菁，1998. 甲壳动物精子学研究概况：Ⅱ精子发生与精子的生化组成[J]. 动物学杂志，33（4）：52-57.

吴耀泉，张宝琳，1990. 渤海经济无脊椎动物生态特点的研究[J]. 海洋科学，2：48-52.

相建海，1988. 中国对虾染色体的研究[J]. 海洋与湖沼，19（3）：205-209.

徐善良，王春琳，梅文骧，等，1996. 浙江北部海区口虾蛄繁殖和摄食习性的初步研究[J]. 浙江水产学院学报，15（1）：30-36.

薛梅，2016. 大连皮口海域口虾蛄 *Oratosquilla oratoria* 群体繁殖生物学研究[D]. 大连：大连海洋大学.

赵云龙，堵南山，赖伟，1997. 日本沼虾精子发生的研究[J]. 动物学报，43（3）：23-26.

朱冬发，王桂忠，李少菁，2006. 东方扁虾卵子的超微结构[J]. 水生生物学报，30（4）：439-445.

Brown M，Sieglaff D，Rees H，2009. Gonadal ecdysteroidogenesis in Arthropoda：occurrence and regulation [J]. Annual Review of Entomology，54：105-25.

Fanjul-Fernān M，Folgueras A R，Cabrera S，2010. Matrix metalloproteinases：evolution，gene regulation and functional analysis in mouse models [J]. Biochim Biophys Acta，1803（1）：3-19.

Gregory T R，Nicol，et al.，2007. Eukaryotic genome size databases [J]. Nucleic Acids Research，35：D332-D338.

Hamano T，1988. Mating behavior of *Oratosquilla oratoria*（de Haan，1844）（Crustacea：Stomatopoda）[J]. Journal of Crustacean Biology，8（2）：239-244.

Hamano T，1990. Growth of the stomatopod crustacean *Oratosquilla oratoria* in Hakate Bay [J]. Nippon Suisan Gakkaishi，56：1529.

Hamano T，Matsuura S，1984. Egg laying and egg mass nursing behavior in the Japanese mantis shrimp [J]. Nippon Suisan Gakkaishi，50（12）：1969-1973.

Hamano T，Matsuura S，1987. Egg size，duration of incubation，and larval development of the Japanese mantis shrimp in the laboratory [J]. Nippon Suisan Gakkaishi，53：23-39.

Jennifer L，Wortham-Neal，2002. Reproductive morphology and biology of male and female antis shrimp（stomatopoda：squillidae）[J]. Journal of Crustacean Biology，22（4）：728-741.

Maheswarudu G，Rajkumar U，Sreeram MP，2015. Effect of Testosterone Hormone on Performance of Male Broodstock of Black Tiger Shrimp *Penaeus monodon* Fabricius，1798 [J]. The Journal of Veterinary Science Photon，116：446-456.

Ohtomi J，Shimizu M，1988. Spawning season of the Japanese mantis shrimp *Oratosquilla oratoria* in Tokyo Bay [J]. Nippon Suisan Gakkaishi Bull. Jap. Soc. Fish，54（11）：1929-1933.

大富潤，清水誠，1989. 東京湾産シャコの性比および肥満度の季節変化[J]. 水産増殖，37（2）：143-146.

第四章

口虾蛄生态学特征

第一节　温度对口虾蛄的影响

在海洋生物赖以生存的水域环境条件中，温度是最重要的物理环境因素之一。陆地上的最高气温可达65℃，最低气温为−65.5℃，相差130.5℃，但海水温度通常最高只有35℃，最低仅为−2℃，相差37℃，温差范围为陆地的28%。与陆地温差比，同样的温度变化幅度，即使几摄氏度，对海洋环境而言也已经属于较大的波动。水温变化对于海洋生物资源的栖息、洄游、生活和生理等都有很大影响，直接或间接地影响海洋生物的存活、摄食、生长、繁殖、耗氧率、排氨率、抗氧化能力和免疫力等（朱小明等，1998），甚至可以说，海洋生物的一切生活习性和行为表现都直接或间接受温度的影响。

大多数海洋生物都是变温的，随着环境水温的变化，变温海洋生物被动地调节分布区域和生理机能对温度的变化产生适应。对海水环境温度的适应范围因种类、分布、生长发育阶段等而异，有的能适应较广的温度范围并忍受较大的水温变化幅度，有的只能适应较窄的水温范围且仅能忍受较为狭窄的水温变化幅度。通常海洋生物对温度变化的刺激所产生的行为是主动选择最适的温度环境而避开不良的温度环境，以使其体温维持在一定范围之内。海洋生物对温度的耐受界限以及最适温度范围因种类而有所差异。研究显示，黑斑口虾蛄的存活水温为14～35℃，生活的适宜水温为24～33℃（吴耀华等，2015）；凡纳滨对虾的生活适宜温度为17～23℃，最适温度为20～23℃；浙南海捕口虾蛄在水温4～17℃范围内的暂养存活率最高（陈孝涨等，2010）。同一种类因栖息水域不同或种群不同，其适应的水温也不相同。例如，东海岱衢族大黄鱼（*Larimichthys crocea*）产卵期适温为14～22℃，最适水温16～19.5℃；闽粤族大黄鱼产卵期适温为18～24℃，最适水温为19.5～22.5℃；硇洲族大黄鱼产卵期适温为18～26℃，最适水温为22℃左右。同一种类在不同发育阶段对温度的适应性也有所不同。据调查，吕泗洋小黄鱼（*Larimichthys polyactis*）幼鱼的适应水温为16～24℃，成鱼的适应水温一般为6～20℃，这种幼体比成鱼对较高水温更具适应性的现象在广东大亚湾蓝圆鲹（*Decapterus maruadsi*）群体也存在。但就发育阶段而言，一般情况下，温度对幼体的生存和生活有较大的影响，随着幼体的生长，其对温度的耐受能力不断增强（Heasman and Fielder 1983；Collinge，Holyoak；Barr et al.，2001）。对温度适应性的差异，不仅存在于种间、不同地理分布和不同发育阶段，甚至处于同一发育阶段的同一种类。在不同生活期，对温度的适应性也不同，如烟威渔场产卵的鲐（*Scomber japonicus*）其产卵盛期水温为13～17℃，产卵完毕在海洋岛水域索饵时的最适水温为17～19℃。另外，有些海洋生物还可以通过改变生活方式以实现对水温的适应，如中华虎头蟹（*Orithyia sinica*）能在5～30℃的温度范围内存活，20～30℃为其生活的适宜温度，25℃为最适温度，当温度过低或过高时，中华虎头蟹通过冬眠或夏眠的形式以适应相对极端的水温而存活（廖永岩等，2007）。

本节论述了温度对口虾蛄Ⅺ期假溞状幼体、Ⅰ期仔虾蛄和成虾的适应能力、摄食、生长和耗氧的影响。研究显示，在连续变温的环境中，口虾蛄Ⅺ期假溞状幼体主动适应温度的最适范围为23.5～28.6℃；随水温的升高，口虾蛄Ⅺ期假溞状幼体的摄食量呈逐渐增加的趋势，水温32℃时，平均摄食量达到最大，24h内为9.40mg，但随着温度的升高，死亡率也随着增大，48h的死亡率达到了33.34%；干露状态下，随暴露的时间延续，存活率逐渐降低，相比于高温，较低的暴露温度（16℃）可减缓存活率减少的速率，但过低的温度会产生胁迫。随着个体发育，口虾蛄Ⅰ期仔虾蛄相较于Ⅺ期假溞状幼体具有更强的温度适应能力，其最适温度范围是19.6～28.6℃。而对于口虾蛄成虾，水温16～28℃范围内，体重都有较好的增长量，其中24℃条件下的体重增长量最大；温度16～24℃范围内，单位体重耗氧率较平稳。

一、温度对口虾蛄Ⅺ期假溞状幼体的影响

主动适温实验装置由内外两个水槽形成套式结构，外层水槽为流水，起降温作用；内层水槽侧壁为导热的金属材料，在外侧降温流水作用下，内层水槽形成连续降温的水体。20尾口虾蛄Ⅺ期假溞状幼体（平均体重0.046 57g，平均体长21.67mm）作为实验对象被放入内层水槽进行实验。每隔10min观察并记录分布情况，实验重复6次，统计实验对象在各温度区域分布的尾数占总尾数的比例。

摄食实验于智能培养箱中进行，设置12℃、17℃、22℃、27℃和32℃共计5个温度组，每组3个平行，每个平行的实验对象为10尾口虾蛄Ⅺ期假溞状幼体（平均体重0.010 6g，平均体长11.76mm）。培养箱中的温度从室温开始，每两个小时升高或降低2℃，直至达到目标温度，经12h适应后开始实验计时，实验持续48h。每天19：00投饵，饵料为鲜活糠虾30尾，第二日7：00记录摄食量及实验对象的死亡数，并清理残饵和粪便。精确称量50尾鲜

活糠虾的湿重体重，计算个体平均体重，结合根据实验对象摄食糠虾的尾数计算平均摄食量。

干露存活实验于智能培养箱中进行，设置8℃、16℃、24℃和32℃共计4个温度组，每组设置干露时间3h、6h、9h和12h共4个梯度，每梯度的实验对象为30尾口虾蛄Ⅺ期假溞状幼体（平均体重为0.049 5g，平均体长为16.45mm），幼体置于纱网上，放入运输袋中，充氧但不加水。干露时间结束，实验对象从智能培养箱中取出放入水环境，计算3h后的死亡率。

（一）口虾蛄Ⅺ期假溞状幼体对温度的适应

适温实验装置的内层水槽水体形成明显的温度梯度变化，最高温度为30℃，最低温度为16.5℃，最高和最低温度达到13.5℃的温度差。口虾蛄Ⅺ期假溞状幼体已经具有一定程度的游泳运动能力，在连续变温的内层水槽中，具有主动选择适宜的温度区活动的特征，因此可以根据口虾蛄Ⅺ期假溞状幼体主动适应温度后的分布状况确定其适温范围。根据口虾蛄Ⅺ期假溞状幼体的分布特点（图4-1），在水温27.4℃区域，口虾蛄Ⅺ期假溞状幼体的出现频率最高，为30%；其次为28.6℃区域和26.9℃区域，出现频率均为27.5%；出现频率最低的水温范围是25.2～25.9℃，出现频率为12.5%。由此可以确定，口虾蛄Ⅺ期假溞状幼体最适温度范围为23.5～28.6℃。

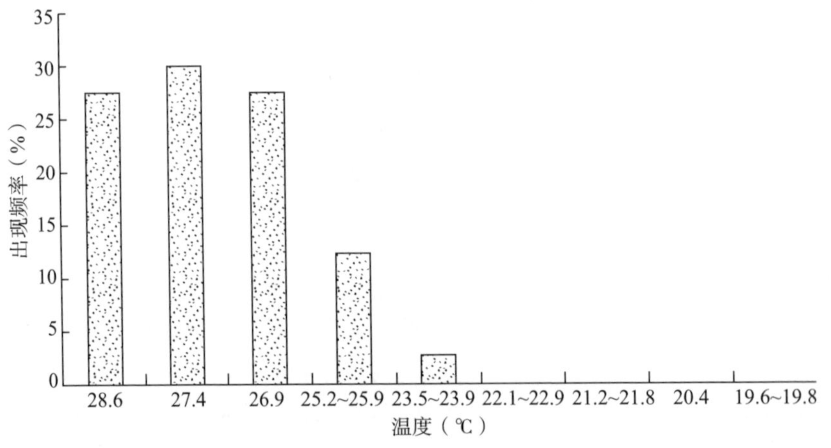

图4-1 口虾蛄Ⅺ期假溞状幼体的温度选择

（二）温度对口虾蛄Ⅺ期假溞状幼体摄食的影响

水温对口虾蛄Ⅺ期假溞状幼体的摄食存在影响（图4-2）。在实验温度范围内，水温32℃组的口虾蛄Ⅺ期假溞状幼体24h平均摄食量最高，为9.40mg，显著高于其他温度组实验对象的摄食量（$P<0.05$）。其他温度组间的实验个体的摄食量无显著差异（$P>0.05$），摄食量从高到低依次为17℃组

(6.19mg)、27℃组(5.50mg)、22℃组(4.94mg)和12℃组(3.20mg)。其中，22℃组的口虾蛄Ⅺ期假溞状幼体白天平均摄食量为1.97mg，低于夜晚的平均摄食量，差异不显著($P>0.05$)；32℃组口虾蛄Ⅺ期假溞状幼体白天平均摄食量为6.88mg，高于夜晚平均摄食量，差异不显著($P>0.05$)。12℃组和17℃组口虾蛄Ⅺ期假溞状幼体白天平均摄食量分别为1.84mg和3.68mg，明显高于各自组实验对象夜晚的平均摄食量，且差异显著($P<0.05$)。27℃组口虾蛄Ⅺ期假溞状幼体白天平均摄食量为1.79mg，明显低于夜晚的平均摄食量，差异显著($P<0.05$)。

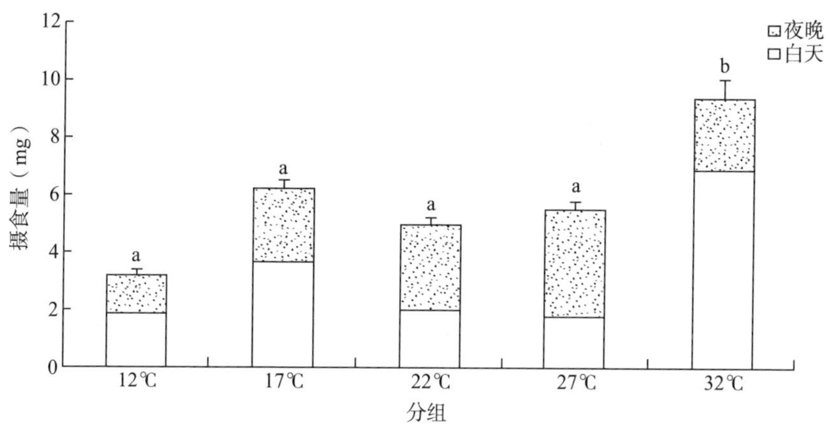

图4-2　不同温度下Ⅺ期假溞状幼体摄食情况

摄食实验中，不同温度下口虾蛄Ⅺ期假溞状幼体均出现了死亡的现象(图4-3)。其中，水温32℃组的口虾蛄Ⅺ期假溞状幼体死亡率最高，为33.34%，

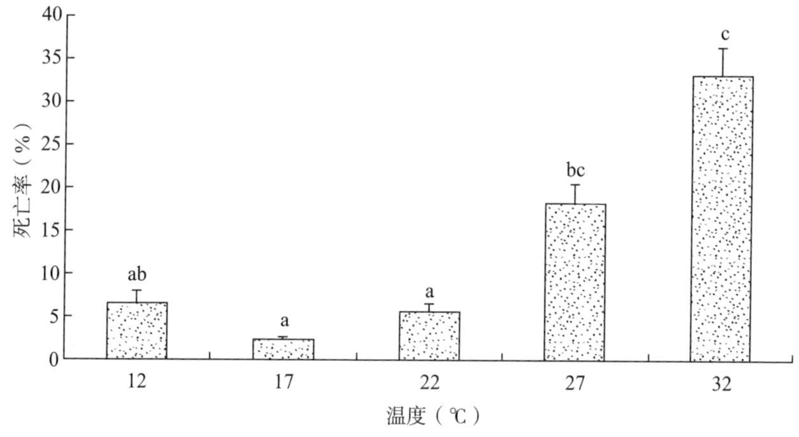

图4-3　不同温度下Ⅺ期假溞状幼体死亡率

与27℃组的死亡率无显著差异（$P>0.05$），与12℃组、17℃组、22℃组的死亡率存在显著差异（$P<0.05$）。除水温32℃组外，口虾蛄Ⅺ期假溞状幼体死亡率从高到低依次为27℃组（18.33%）、12℃组（6.67%）、22℃组（5.84%）、17℃组（2.49%），其中，12℃组与27℃组的组间死亡率差异不显著（$P>0.05$），12℃组与17℃组、22℃组的组间死亡率差异也不显著（$P>0.05$），17℃组与22℃组的组间死亡率差异亦不显著（$P>0.05$），但27℃组与17℃组、22℃组的组间死亡率差异显著（$P<0.05$）。

（三）温度对口虾蛄Ⅺ期假溞状幼体干露存活的影响

干露状态下，温度对口虾蛄Ⅺ期假溞状幼体的存活率存在明显的影响（图4-4）。当干露状态持续3h时，16℃组实验对象的存活率最大（100%）；其他组分别是8℃组的存活率为73.33%、24℃组的存活率为96.67%、32℃组的存活率为93.33%。干露状态持续6h时，16℃组和24℃组口虾蛄Ⅺ期假溞状幼体存活率水平一致，均为93.33%，为6h时的最高值；次之是8℃组，存活率为70%，最低值是32℃组的33.33%。干露状态持续9h时，24℃组口虾蛄Ⅺ期假溞状幼体存活率维持在80%的水平，高于其他组；此阶段8℃组的存活率略高于16℃组的，这两组口虾蛄Ⅺ期假溞状幼体的存活率分别是63.33%和56.67%，而32℃组的存活率仅为6.67%。干露状态持续时间达到12h时，存活率最大值出现在16℃组，为60%；24℃组的存活率出现较大幅度的下降，仅为36.67%，但仍是8℃组（16.67%）的2.20倍；32℃组的个体全部死亡，存活率为0。说明温度过高或过低都会降低口虾蛄Ⅺ期假溞状幼体的存活率，且随着时间的延续，存活率下降幅度有增加到趋势。

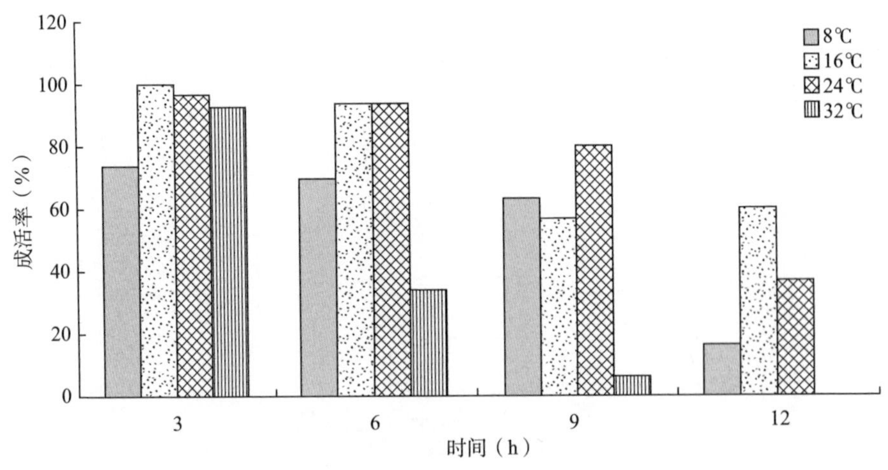

图4-4　口虾蛄Ⅺ期假溞状幼体干露状态下的存活率

二、温度对口虾蛄Ⅰ期仔虾蛄分布的影响

适温实验装置由内外两个水槽形成套式结构，外层水槽为流水，起降温作用；内层水槽侧壁为导热的金属材料，在外侧降温流水作用下，内层水槽形成连续降温的水体。20 尾口虾蛄Ⅰ期仔虾蛄（平均体重为 0.168 3g，平均体长为 22.52mm）作为实验对象被放入内层水槽进行实验，实验对象在连续变温的内层水槽中，具有主动选择适宜的温度区活动的特征。每隔 10min 观察并记录分布情况，实验重复 6 次，统计实验对象在各温度区域分布的尾数占总尾数的比例。

随着个体发育，口虾蛄Ⅰ期仔虾蛄相较于口虾蛄Ⅺ期假溞状幼体具有更强的游泳能力，对温度的选择能力也更强；同时，随着个体生理功能的完善，口虾蛄Ⅰ期仔虾蛄相较于口虾蛄Ⅺ期假溞状幼体对温度的适应能力也更强，适温范围也更广泛。实验过程中观察到口虾蛄Ⅰ期仔虾蛄在水温范围 19.6～28.6℃的区域中均有分布（图 4－5）。其中，在 28.6℃水温区域，口虾蛄Ⅰ期仔虾蛄的出现频率最高，为 18%；其次为 27.4℃水温区域和 26.9℃水温区域，出现频率均为 16%；水温 25.2～25.9℃和 21.2～21.8℃区域，出现频率均为 12%；水温 22.1～22.9℃和 19.6～19.9℃区域，出现频率均为 10%；出现频率最低的水温范围是 23.5～23.9℃，出现频率仅为 6%。基于口虾蛄Ⅰ期仔虾蛄的分布特点，说明其最适温度范围是 19.6～28.6℃。

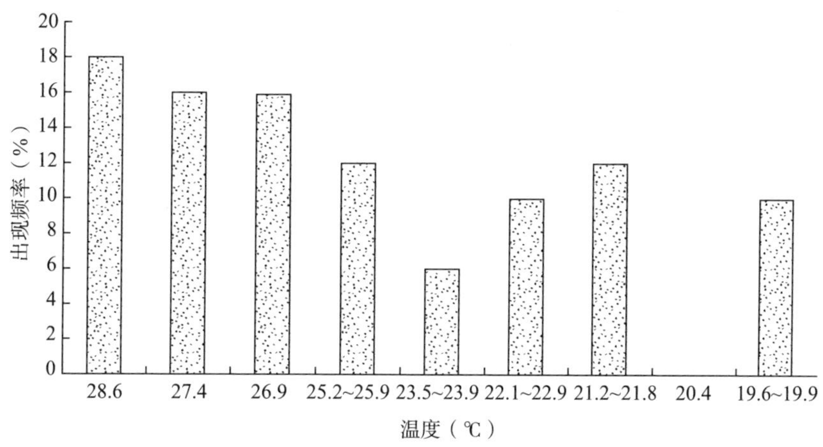

图 4－5　口虾蛄Ⅰ期仔虾蛄的温度选择

三、温度对口虾蛄成虾的影响

实验用口虾蛄成虾取自大连沿海，体重 13～35g，用过滤海水暂养。暂养密

度 50 尾/m^3，水温 23～26℃，盐度 32±1，pH7.8～8.2，溶解氧大于 5mg/L。

生长实验设置 14℃、16℃、20℃、24℃和 28℃共 5 个温度组。为减小温度变化的影响，实验前通过温度渐变使实验对象从暂养水温逐渐适应实验温度，温度渐变速度为 12℃/d，待温度达到实验要求后，继续暂养 3d 增加适应性。挑选活力强、大小一致的个体，测量体长和体重后进行实验。实验持续 30d，每 10d 测量体重。

耗氧实验的水温设置为 15℃、18℃、21℃、24℃、27℃、30℃和 33℃共 7 个组，水浴控温（温差在 0.5℃之内）。每组 4 个平行，其中 2 个为空白对照组，2 个为实验组，实验组的呼吸瓶内放实验对象个体 1 尾。实验前，实验对象在实验温度条件下暂养 16h。实验过程中，7 组实验同时进行，持续 1h。实验结束后，滤纸拭干实验对象体表水分，称量体重，每组取双水样，进行水样分析和数据统计。采用密封呼吸瓶与对照瓶水体中溶氧量之差的方法计算耗氧量。溶解氧（*DO*）含量利用碘量法测定。单位体重耗氧率计算式为：

$$P=(m_0-m_1)/(W\times t)$$

$$m=DO\times V$$

式中，P 为单位体重耗氧率［mg/（g・h)］，m_0 和 m_1 为同温度条件下实验瓶和对照瓶的含氧量平均值（mg），W 为试验样瓶口虾蛄体重（g），V 为呼吸瓶容积（L），t 为实验持续时间（h），DO 为溶解氧含量（mg/L），m 为含氧量（mg）。

温度与实验对象代谢速率的关系用温度系数 Q_{10} 描述，Q_{10} 被定义为温度每升高 10℃的代谢反应速率变化值。随着温度的升高，代谢速率加快这一总的规律是确定的，但在适温范围内，代谢速率的水平较为稳定。Q_{10} 的计算式为：

$$Q_{10}=(r_2-r_1)^{\frac{10}{t_2-t_1}}$$

式中，r_1 和 r_2 为温度 t_1 和 t_2 时的耗氧量。

（一）温度对口虾蛄成虾生长的影响

温度对口虾蛄成虾体重生长有明显影响。整体呈现随温度的升高，实验对象的体重增长量先增加后下降的趋势，温度 24℃组，体重出现最大增长量（图 4-6）。具体表现为水温 14℃组实验对象体重增长率最小，实验期间体重增长率仅为 5.68%；温度增加到 16℃时，体重增加率达到 22.73%；温度继续增加到 24℃时，体重增加率达到最大值，为 28.72%，之后随温度继续增加，体重增长率略有下降，28℃时的体重增长率为 22.23%。从体重增长看，适宜口虾蛄成虾生长的温度范围是 16～28℃。实验期间，平均体重增长量最大值出现在 10d 的称量结果中，为 24℃组，增长量达到 2.6g；单体体重增长量最大值出现在 20d 的称量结果中，为 20℃组，增长量达到 5.2g；单体体重增长率最大值出现在 10d 的称量结果中，为 24℃组，单位体重增长率为 23.1%。实验期间发现，虽然温度28℃组的体重增长率明显高于温度14℃组，但当用手抓住实验对象身体两侧时，14℃组实验对象的活力明显强于28℃组的。

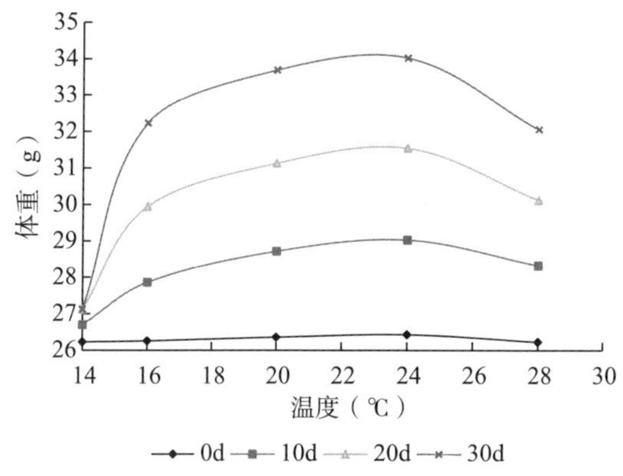

图4-6 不同温度下体重增长试验结果

（二）温度对口虾蛄成虾呼吸和代谢的影响

随温度的升高，口虾蛄成虾的耗氧量和耗氧率均上升趋势。根据变化趋势，在温度16～24℃范围内，口虾蛄成虾的单位体重耗氧率较平稳，受温度影响不大，说明该温度范围是其生活的适宜温度；温度过低（14℃）或过高（26℃），都会产生胁迫影响。利用统计学原理对单位体重耗氧率相对平缓的16～24℃范围内的单位体重耗氧率和温度关系进行分析，口虾蛄成虾的耗氧率和温度存在极显著的线性正相关关系（$t=15.726\ 56>t_{0.05/2}$（3）$=3.182\ 4$）（彩图23）。

在单位体重耗氧率相对平缓的16～24℃范围内，温度系数 Q_{10} 值均小于1.5。当温度由14℃上升至16℃和由24℃上升至26℃时，Q_{10} 都出现了明显增大，其中由14℃上升至16℃时，Q_{10} 为8.71；温度由24℃上升至26℃时，Q_{10} 值为4.55（表4-1）。

表4-1 不同温度梯度下口虾蛄温度系数

终点温度（℃）	初始温度（℃）					
	14	16	18	20	22	24
16	8.71	—	—	—	—	—
18	3.34	1.28	—	—	—	—
20	2.32	1.20	1.12	—	—	—
22	1.93	1.17	1.12	1.12	—	—
24	1.79	1.20	1.18	1.21	1.31	—
26	2.09	1.57	1.65	1.88	2.44	4.55

目前，水产动物的温度适应性实验尚无统一的研究方法，饲养条件不同也常会导致研究结论的差异。现有的水产动物适宜温度的研究多是通过设定不同温度组分组饲养，进行生长测定后获得的。但人为设定各温度处理组，温度梯度过大会导致实验结果不精确；而温度梯度过小则需要更多的养殖装置和实验动物，将大幅增加实验成本及工作量。同时，环境温度变化对小梯度温度的影响效应更大。通过建立连续变化温度环境研究实验对象对温度的适应性，实验对象可主动选择温度环境，得到的结果更可靠也更准确。在口虾蛄Ⅺ期假溞状幼体及Ⅰ期仔虾蛄的温度选择实验中，口虾蛄Ⅺ期假溞状幼体和Ⅰ期仔虾蛄在温度 23.5～28.6℃和温度 19.6～28.6℃的水域出现的频率最高，说明这两个温度范围对应着口虾蛄Ⅺ期假溞状幼体和Ⅰ期仔虾蛄的最适温度。两个温度范围存在差异，尤其表现为对低温的适应性，说明随着口虾蛄的发育，其适温范围也不同，对低温的适应能力在发育过程中逐渐增强，这种适应性在成虾阶段进一步增强（口虾蛄成虾生长的温度范围是 16～28℃）。

黄海北部口虾蛄成虾生长的最适温度范围是 16～28℃（徐海龙，2005），且在 8～9℃水温中可正常生活；而吴琴瑟等（1997）报道黑斑口虾蛄生存水温是 10～35℃，最适宜的生活温度是 22～30℃。生活水温的下限明显低于黑斑口虾蛄，造成此差异的原因一方面可能与种类有关，不同种类的生物对环境因子的适应性也不同。吴琴瑟等（1997）实验用黑斑口虾蛄取自广东省湛江市，湛江沿海与大连沿海的环境差异明显，水温普遍高于大连沿海，生活在湛江近海的黑斑口虾蛄长期生活在相对较高的水温环境，而黄海北部口虾蛄长期生活在温度较低的水域，因此对低温的适应能力强于长期生活在高温水域的黑斑口虾蛄。梅文骧等（1996）报道浙江沿岸口虾蛄适温范围 6～31℃，最适生活温度 20～27℃，对比黄海北部口虾蛄体重增长的最适温度范围 16～28℃，黄海北部口虾蛄生活的最适温度范围较浙江沿岸口虾蛄的最适温范围低，可能与口虾蛄的地理分布不同有关。

温度系数作为表征生物体内生化反应与温度关系的指标，在生理温度范围内，Q_{10}被认为介于 2～3，也有资料认为 2～4 的，无论范围如何，一般情况下，随温度升高，变化较为稳定（沈国英等，2002）。根据温度对口虾蛄成虾耗氧实验结果（徐海龙，2008），当温度介于 16～24℃时，无论温度变化幅度大小，Q_{10}的值均小于 2，说明水温 16～24℃范围为口虾蛄成虾呼吸的最适范围。此结果略低于舟山近海口虾蛄的呼吸温度范围（梅文骧等，1993），可能是地理分布的不同，口虾蛄对相应环境因子的适应性也不同。在最适温度范围内，口虾蛄体内器官组织的活动性能相对稳定，体内的各种生化反应速度平稳，身体代谢处于基本稳定状态。当温度超过 24℃并继续升高时，口虾蛄的耗氧率增加较大，温度由 24℃上升到 26℃时，Q_{10}值达 4.55，超出了普遍认为的生物学温度系数最大值，这时口虾蛄成虾的器官组织的活动性能提高，体内的各种生化反应速度加快，致使呼吸加快，这是变温动物的一般特征，其他甲壳类动物的耗氧率与温度也有类似的规律（林小涛等，1999；陈琴等，2001；温小波等，2003）。温度由14℃上升到16℃区间，口虾蛄的耗氧率也出现了明显的增加趋势，Q_{10}的值达到了8.71，明显超出了生物学温度系数最大值。这是由于温度较低，抑制了口虾蛄的器官组织的活动性能，致使体内的各种生化反应速度处于较低水平，随着温度的适宜，组织器官的活动性能迅速恢复，呼吸量也随之增加。

温度系数值不仅受耗氧量的比值影响，还与二者所对应的温度差有关。口虾蛄成虾耗氧实验显示（徐海龙，2008），当以14℃为起始温度逐渐升温时，Q_{10}的值逐渐减小；温度升高到20℃时，Q_{10}的值开始小于3；温度增加到22℃时，Q_{10}的值小于2；温度继续增加到24℃时，Q_{10}的值达到以14℃为起始温度的最小值1.79；然后随温度的增加，Q_{10}的值又开始增大。生物经过长期的进化，对温度呈现了不同的适应性。以往利用Q_{10}作为衡量温度与生物代谢速率关系的指标的报道中（王芳等，1998；范德朋等，2002），没有关于温差设定差异对研究对象耗氧率影响的讨论。但应用温度系数研究生物耗氧与温度关系时，温差的设定应根据研究对象的不同而有所差异，就黄海北部口虾蛄成虾而言，温差值应介于2～4℃（徐海龙，2008）。

基于耗氧率得到的口虾蛄成虾最适温度范围与基于体重增长得到最适温度范围有所差别，是因为生物的生长不仅与呼吸有关，还与排泄有关，即O∶N（用于表示生物体内蛋白质与脂肪、碳水化合物分解代谢的比率）。尽管尚未证明O∶N比值差异对有机体的生长速率及生长结束时所能达到的个体大小有直接的影响，但有报道（Widdows，1978；范德朋等，2002）指出O∶N的变化与有机体所受到的环境因子紧密相关，当O∶N达到最大值时，生物体内脂肪和碳水化合物的分解代谢比例与蛋白质的代谢水平差值最大，理论上讲，此时生物的体重质量增长速率应为最大。这说明，口虾蛄成虾的耗氧率、排氨率及体重增长的最适温度可能存在差异。

第二节　盐度对口虾蛄的影响

盐度作为海洋生态环境的重要组成，是决定甲壳动物行为、变态、生长和繁殖的重要因素之一（路允良等，2012；韩晓琳等，2014）。研究显示，盐度对凡纳滨对虾蜕壳具有显著影响，过高或过低的盐度都会导致蜕壳率下降（申玉春等，2012）；当盐度条件适宜时，从Ⅶ期生长到Ⅹ期的三疣梭子蟹的蜕壳时间最短，盐度过高会抑制蜕壳过程中新壳的硬化（路允良等，2012）；而随着生长，黑斑口虾蛄幼体对盐度耐受力会增加（尹飞等，2005）。盐度对甲壳动物的影响主要体现在对个体渗透压的影响。研究表明，保持体内渗透压平衡的主要离子是 Na^+ 和 Cl^-，甲壳动物鳃内薄层隔膜细胞内陷膜上的 Na^+-K^+-ATPase 可将细胞中的 Na^+ 转运到血淋巴当中，使细胞内 Na^+ 局部降低，促使外界的 Na^+ 进入体内，这一过程需要 ATP 释放能量，以增加体内的代谢水平（王悦如等，2012）。有报道指出，当外界盐度突变时，中华绒螯蟹的 Na^+-K^+-ATPase 的活性显著增加，而且活力随时间的延长而上升（王顺昌等，2003）。甲壳动物在调节体内的渗透压和离子平衡时，需要消耗大量的能量，使体内营养物质的代谢增加。当盐度发生变化时，中华绒螯蟹雌性亲蟹的耗氧率和排氨率受到显著影响，此时，个体渗透调节作用中的能源物质以脂肪供能为主（庄平等，2012）。在急性盐度胁迫条件下，机体优先分解糖类物质以获得所需的能量，且盐度越高，体内葡萄糖的消耗越快，对蛋白质类物质利用次之，主要是将蛋白质分解为游离氨基酸以维持渗透压平衡（王悦如等，2012）。在外界盐度发生变化时，甲壳动物通过消耗体内更多的能源物质来获取能量，用以调节自身的渗透压，使之保持平衡，从而减少盐度变化对个体内环境的影响，达到保持内环境稳定的目的。

依据对外界环境盐度的适应能力，甲壳类动物可分为狭盐性甲壳动物和广盐性甲壳动物。狭盐性甲壳动物只能被动寻找与自身渗透压相同、盐度较稳定的环境生存；广盐性甲壳动物可以通过调节自身渗透压水平，来适应环境中盐度的变化（冯广朋等，2013）。无论是狭盐性还是广盐性甲壳动物，都对盐度有一定的耐受范围，如果超出这个范围，甲壳动物就会因体内渗透压调节不及时或无法调节而死亡（焦海峰等，2004；张玉玉等，2010）。不同的生物对盐度的耐受范围不同，日本囊对虾的盐度适应范围为 7～42，最适生长盐度范围为 17～32，盐度 27 时生长最快（蒋湘等，2017）。黑斑口虾蛄的存活盐度范围为 14～36，较适宜的盐度为 18～30（吴耀华等，2015）。盐度对口虾蛄的存活、摄食和生长发育同样有着明显的影响，且这些影响与个体所处的发育阶段有关。本节论述了盐度对口虾蛄 Z_9～Z_{11} 期假溞状幼体、仔虾和成虾的适应能力与摄食的影响。研究结果显示，口虾蛄 Z_9～Z_{11} 期假溞状幼体（体长19.82～25.51mm）在初始盐度 27 的条件下，能适应盐度幅度 9 的突然变化；在渐变条件下，存活的盐度下限为 6，上限为 54（刘海映等，2012）。而仔虾阶段的口虾蛄，能适应盐度突变幅度为 6，即盐度从 27 突变至 21 或 33 时，12h 内几乎没有死亡现象，摄食率也没有显著变化；在渐变条件下，盐度分别从 24 降到 11 和从 30 增加到 44，口虾蛄仔虾的活动均不受影响。相比于 Z_9～Z_{11} 期假溞状幼体和仔虾，口虾蛄成虾的行为在盐度 24～36 范围内不受波动的影响；而渐变条件下，成虾的生存范围为 12～46（刘海映等，2006）。

一、盐度对口虾蛄后期假溞状幼体存活和摄食的影响

在室内实验条件下，观察了盐度对口虾蛄 Z_9～Z_{11} 期假溞状幼体（体长 19.82～25.51mm）存活和摄食的影响。实验对象暂养条件为盐度为 27、pH8.45～8.60、水温 22～24℃，投喂体长 5.19～8.91mm、平均体重 0.058g 的鲜活糠虾。

盐度是海洋生物生活的一个重要环境因素，海洋生物通过体液渗透压的调节机能，对盐度有着一定的适应性。它包括两个方面：一是盐度渐变状态下的适应性，二是盐度突变状态下的适应性。通过设置盐度突变和盐度渐变两种类型实验观察盐度影响。其中，盐度突变实验为实验对象生活环境从盐度 27 直接变为盐度 51、48、45、42、39、36、33、30、27、24、21、18、15、12 和 9。每个盐度组设 3 个平行组，每个平行被观察实验对象为 15 尾。实验期间，每 12h 换水量为总量的 1/6～1/5。记录盐度变化后实验对象的生活状态、存活情况及摄食情况，其中死亡的判定标准为实验对象丧失游泳能力、附肢不能活动、对外来刺激无反应。实验持续 24h，其间，实验对象全部死亡的最高和最低盐度被认定为实验对象的极值盐度。盐度渐变实验分为高盐渐变和低盐渐变两部分，高盐渐变为实验对象的生活环境盐度从 33 逐渐升高，速率为每 12h 增加 1；低盐渐变为实验对象的生活环境盐度从 24 逐渐降低，速率为每 12h 减少 1；两部分实验均以实验对象全部死亡为结束标志。

以 24h 半致死盐度（Median Lethal Salinity-24，MLS-24）和平均存活时间（Mean Survival Time，MST）衡量实验对象的耐盐能力。其中，MLS-24 定义为盐度骤变后 24h 实验对象平均 50%个体死亡的盐度，MST 被定义为盐度骤变后实验对象的平均存活时间。实验对象 12h 的平均摄食量根据投饵量、残饵量和饵料的平均体重估算，公式表达为：摄食量（g）＝（投饵量－残饵量）×0.058。投饵 12h 后观察糠虾被摄食情况，当糠虾剩余部分多于其身体的一半时，认为未被摄食；剩余部分少于身体一半时，认为完全被摄食，以此统计残饵量。

（一）盐度突变对口虾蛄溞状幼体存活的影响

盐度变幅及耐受时间对口虾蛄 Z_9～Z_{11} 期假溞状幼体的活力、行为和存活均存在影响（表 4－2），表现为随变幅增加和耐受时间的持续，实验对象出现活力下降和死亡率升高的趋势。当盐度从 27 突变至 18 或 36，口虾蛄 Z_9～Z_{11} 期假溞状幼体 2h 内无个体死亡，且绝大多数个体的生活状态正常；随着盐度变幅增加，实验对象在 2h 内开始出现死亡的现象；当实验目标盐度达到 9 或 51，实验对象在 2h 内全部死亡。而随着耐受时间的延续，盐度变幅 9 的范围内 2h 未出现个体死亡现象的实验组，在 24h 实验结束时，死亡率较对照组

（目标盐度 27）增加了 1～3 倍。

表 4-2　盐度突变对口虾蛄溞状幼体存活的影响

目标盐度	时间（h）			
	2	6	12	24
9	15min 内全部沉入水底，2h 内全部死亡	—	—	—
12	活力明显减弱，死亡率达 60%	躺在水底基本不动，死亡率为 87%	全部死亡	—
15	活力减弱，死亡率为 11.1%	多数躺在水底基本不动，死亡率为 15.6%	死亡率为 37.8%，个别的存活个体游泳足可动	死亡率为 66.7%，存活的个体活力很差，躺在水底不动
18	大多数个体状态正常，无死亡	出现死亡，存活个体活力正常，死亡率为 6.7%	存活个体活力较好，死亡率为 17.8%	死亡率为 22.2%，个别存活个体活力较差，游泳能力减弱
21	状态正常，无死亡	出现死亡，死亡率为 6.7%，存活个体活力很好	死亡率为 15.6%，存活个体无异常	死亡率为 20%，存活个体无异常
24	状态正常，无死亡	状态正常，无死亡	出现死亡，死亡率为 8.9%，存活个体活力很好	死亡率为 15.6%，存活个体无异常
27	状态正常，无死亡	状态正常，无死亡	出现死亡，死亡率为 2.2%，存活个体活力无异常	死亡率为 6.7%，存活个体表现正常
30	状态正常，无死亡	出现死亡，死亡率为 2.2%，存活个体活力很好	死亡率为 6.7%，存活个体活力很好	死亡率为 17.8%，存活个体表现正常
33	状态正常，无死亡	出现死亡，死亡率为 2.2%，存活个体无异常	死亡率为 8.9%，存活个体表现正常	死亡率为 17.8%，存活个体无异常
36	状态正常，无死亡	出现死亡，死亡率为 6.7%，存活个体无异常	死亡率为 17.8%，存活个体活力较好	死亡率为 22.2%，存活个体表现正常
39	死亡率为 4.4%，存活个体状态正常	死亡率为 11.1%，个别存活个体活力减弱	死亡率为 20%，存活个体多数正常，个别活力较差	死亡率为 31.1%，存活个体多数正常，少数游泳能力较弱
42	活力减弱，死亡率为 15.6%	死亡率为 20%，存活个体游泳能力明显变弱	死亡率为 35.6%，多数存活个体躺在水底基本不动，少数的个体可稍游动	死亡率为 42.2%，多数存活个体躺在水底基本不动

（续）

目标盐度	时间（h）			
	2	6	12	24
45	活力明显减弱，死亡率为 28.9%	死亡率为 46.7%，存活个体躺在水底基本不动，个别的游泳足在动	死亡率为 77.8%，存活个体躺在水底基本不动	死亡率达 91.1%，存活个体躺在水底基本不动
48	半小时内全部沉入水底，2h 死亡率为 80%	死亡率为 93.4%，存活个体活力很差，躺在水底基本不动	全部死亡	—
51	半小时内死亡率超过 50%，2h 内全部死亡	—	—	—

统计盐度突变实验结束时的实验对象存活数据（图 4-7），盐度在 18～36，口虾蛄 Z_9～Z_{11}期假溞状幼体呈现了较好的适应性，存活率超过 77.8%，且存活的个体活力很好。实验期间，对照组（盐度 27）实验对象出现了 6.7%的死亡率，可能是实验对象的自然死亡造成的。当突变的目标盐度低于 18 或高于 36 时，实验对象的存活率显著下降（$P<0.05$）；盐度降到 12 或升到 48 时，实验对象在 12h 内全部死亡；盐度降到 9 或升到 51 时，实验对象在短时间内全部沉到水底，30min 内死亡率超过 50%，2h 内全部个体死亡。由此认为口虾蛄 Z_9～Z_{11}期假溞状幼体的适盐范围为 18～36，适应突变盐度的下限为 12，上限为 48。

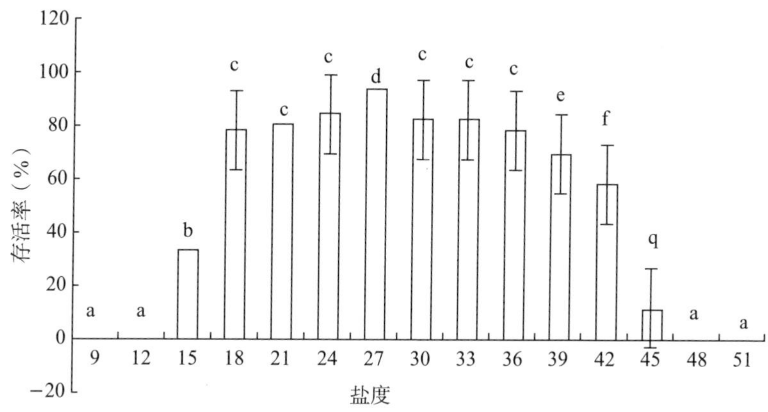

图 4-7 盐度突变下口虾蛄假溞状幼体 24h 的存活率

根据实验结束时仍有存活个体的实验组（盐度 15～45）的实验对象死亡率数据，利用回归方程计算得到口虾蛄 Z_9～Z_{11}期假溞状幼体的 24h 半致死盐度分别为 15.94 和 41.13。基于实验开始 2h 后仍有存活个体的极限盐度实验组（盐度 12 和盐度 48）信息，得到口虾蛄 Z_9～Z_{11} 期假溞状幼体平均存活时间分别为 4.4h 和 3.2h。

（二）盐度突变对口虾蛄溞状幼体摄食的影响

盐度突变对口虾蛄 Z_9～Z_{11} 期假溞状幼体摄食量的影响体现在高盐和低盐条件下，摄食减弱或停止摄食（图 4-8）。实验期间发现，盐度为 27、30 和 33 时，口虾蛄 Z_9～Z_{11} 期假溞状幼体的平均摄食量无组间差异，但显著高于其他组（$P<0.05$）；盐度降至 18 或升至 42，实验对象的摄食明显减弱，而当盐度低于 15 或高于 45 时，实验对象基本不摄食。

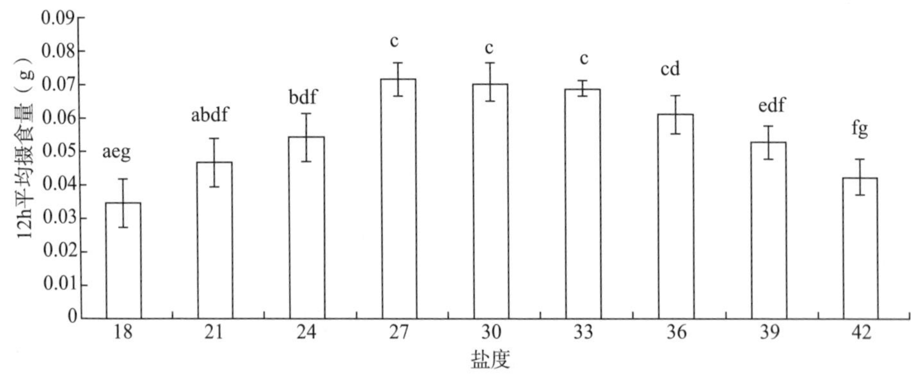

图 4-8　盐度突变下口虾蛄假溞状幼体 12h 个体平均摄食量

（三）盐度渐变对口虾蛄溞状幼体存活的影响

在盐度渐变实验中，当盐度从 24 逐渐降低到 21 和从 33 逐渐升高到 36 时，口虾蛄 Z_9～Z_{11} 期假溞状幼体开始出现死亡的现象（图 4-9）；盐度继续降低到 11 或升高到 44 时，实验对象的死亡率超过 50%；盐度降到 6 或升到 54 时，实验对象在 12h 内全部死亡。因此，可认为口虾蛄 Z_9～Z_{11} 期假溞状幼体存活的盐度范围是 6～54。

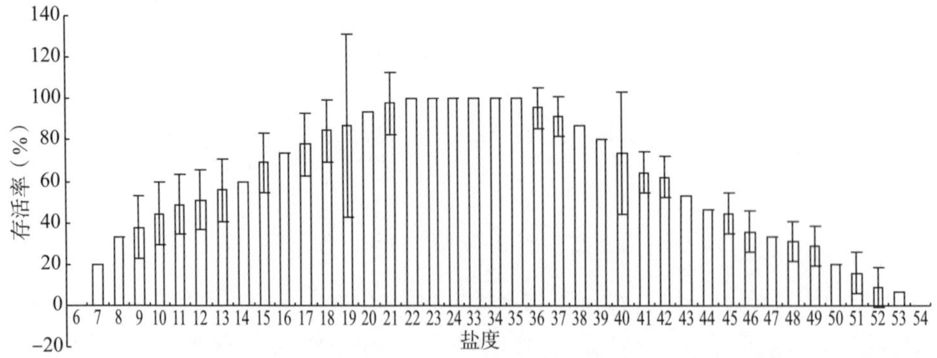

图 4-9　盐度渐变下口虾蛄假溞状幼体 12h 的存活率

二、盐度对口虾蛄仔虾生长和存活的影响

实验对象来源于盘锦光合蟹业公司池塘生态育苗无损伤、活力好的假溞状幼体，经室内人工饲育至具有掘穴性的口虾蛄仔虾进行实验，实验个体平均湿重 4.2mg，饵料为鲜活黑褐新糠虾。实验海水经充分曝气和砂滤，盐度 28，pH 6～7，水温 23～24℃，溶氧约 6mg/mL。试验用容器为长方形白色塑料盒（长×宽×高：280mm×220mm×110mm），高锰酸钾溶液消毒处理后使用。

实验设置盐度突变和盐度渐变两组。其中，盐度突变实验为实验对象生活环境从盐度 27 直接变为盐度 51、48、45、42、39、36、33、30、27、24、21、18、15、12 和 9。每个盐度组设 3 个平行组，每个平行被观察实验对象为 15 尾。实验期间，每 12h 换水量为总量的 1/6～1/5。记录盐度变化后实验对象的生活状态、存活情况及摄食情况，其中死亡的判定标准为实验对象丧失游泳能力、附肢不能活动、对外来刺激无反应。实验持续 24h，其间，实验对象全部死亡的最高和最低盐度被认定为实验对象的极值盐度。盐度渐变实验分为高盐渐变和低盐渐变两部分，高盐渐变为实验对象的生活环境盐度从 30 逐渐升高，速率为每 12h 增加 1；低盐渐变为实验对象的生活环境盐度从 24 逐渐降低，速率为每 12h 减少 1；两部分实验均以实验对象全部死亡为结束标志。

（一）盐度突变对口虾蛄仔虾存活的影响

口虾蛄仔虾对盐度突变的适应性呈现阶梯状特点（图 4－10）。当生活环境的盐度从 27 直接变化到 21～33，实验对象在 12h 内几乎没有死亡的现象，24h 只有少量个体死亡，与变化前（盐度 27）的对照组比，存活率无显著性差异（$P>0.05$）；当突变的目标盐度为 18、36 和 39 时，实验对象表现出对盐度变化的不适应性，24h 的死亡率约为 50%，与初始盐度组（盐度 27）的存活率差异显著（$P<0.05$）；当将实验对象直接投入盐度 15、42 和 45 的环境

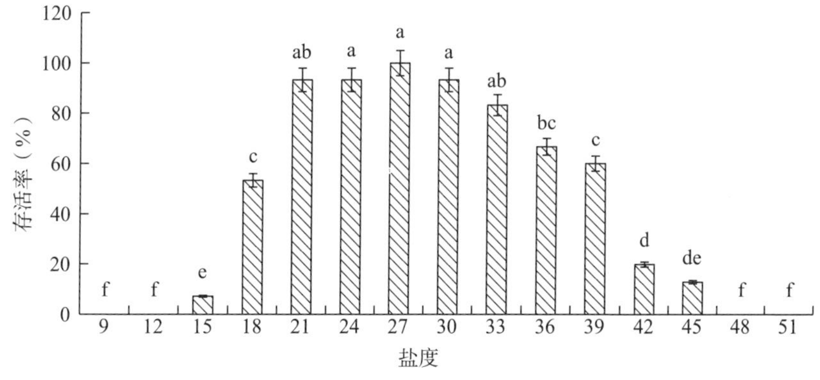

图 4－10　盐度突变 24h 口虾蛄仔虾存活率

后，个体蛰伏于水底，出现活力降低和运动行为受限的特征，12h 内大量死亡，24h 内仅有极少数个体存活，与初始盐度组比，存活率出现极显著差异（$P<0.01$）；当盐度低于 12 或者高于 48 时，实验对象在短时间内完全死亡。实验说明盐度 21～33 是口虾蛄仔虾生活的最适盐度范围；盐度 15～18 和36～45 是适应盐度突变的耐受范围，在这个范围之内，口虾蛄仔虾的运动行为受到一定的限制性影响；盐度 12 和 48 是极限突变盐度，当盐度突变超出 12～48，口虾蛄仔虾因无法适应对应的盐度条件或无法适应剧烈变化的盐度而出现死亡。

（二）盐度突变对口虾蛄仔虾摄食的影响

盐度突变条件下的口虾蛄仔虾摄食率呈现与存活率类似的阶梯状特点（图 4－11）。当突变的目标盐度在范围 21～33 时，口虾蛄仔虾的平均摄食率差异不显著（$P>0.05$），此时表现为实验对象的摄食欲望强烈，摄食行为活跃；当盐度突变为 18 和 36 时，盐度的影响开始显现，此时实验对象的平均摄食率显著下降（$P<0.05$），表现为个体的活跃度下降和摄食量减少；当盐度降至 15 或升高至 39～45 时，实验对象的平均摄食率明显降低，与对照组（盐度 27）有极显著差异（$P<0.01$），此时表现为个体匍匐于水底，较少游泳和捕食；当盐度低于 15 或高于 45 时，实验对象几乎没有摄食行为的发生，此时表现为个体对目标盐度和盐度变化幅度无法适应，濒临死亡。

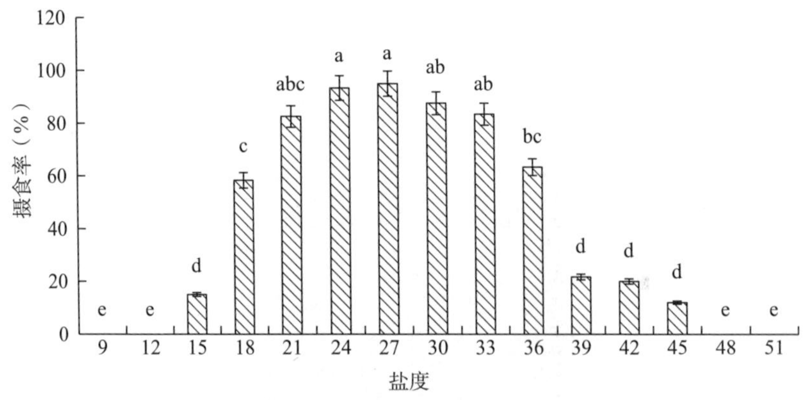

图 4－11　盐度突变对口虾蛄仔虾摄食的影响

（三）盐度渐变对口虾蛄仔虾存活的影响

无论是盐度从 30 升高还是从 24 降低，口虾蛄仔虾的存活率均出现随盐度变化逐渐降低的现象（图 4－12、图 4－13）。在盐度渐变升高过程中，当盐度从 30 逐渐升高至 32，实验对象的存活率呈现小幅下降；之后随盐度升高至 39，存活率降低的速率略有减小；盐度继续升高至 44，存活率降低的速率较盐度 32～39 略增加；盐度在 45～54，存活率随盐度的增加呈快速下降的趋势；当盐度超过 55 时，实验对象全部死亡，存活率降为 0。在盐度渐变降低过程中，当盐度从 24 降至 19，虽然存活率持续降低，但降速较小，存活率保持在较高的水平；盐度在 11～19 的范围内，实验对象的存活率维持在较稳定的水平；当盐度低于 11，实验对象死亡数量激增，存活率急剧下降；在盐度低于 5 时，实验个体全部死亡。实验说明，在盐度 11～44 范围内，口虾蛄仔虾对盐度渐变具有较好的适应性，运动和摄食行为基本不受影响；盐度 5～54 是口虾蛄仔虾的存活范围，低于 5 或高于 54，口虾蛄仔虾完全不能适应。

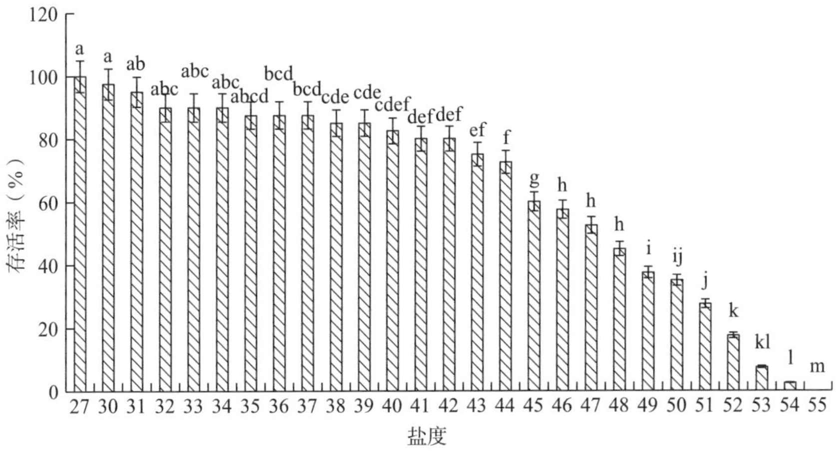

图 4-12　盐度渐变升高条件下口虾蛄仔虾的存活率

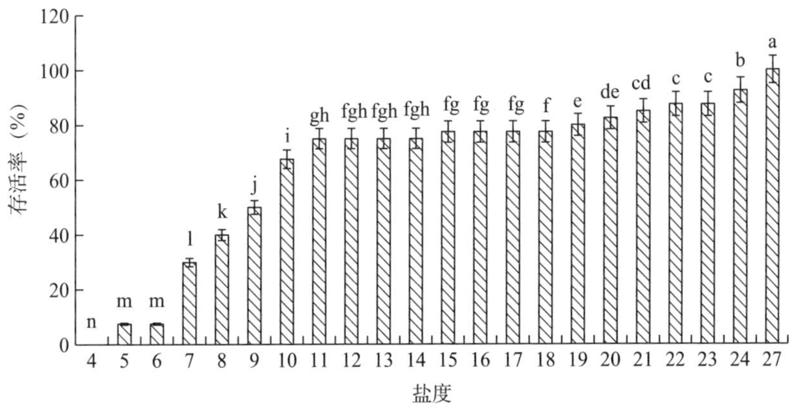

图 4-13　盐度渐变降低条件下口虾蛄仔虾的存活率

（四）盐度渐变对口虾蛄仔虾摄食的影响

随盐度的变化，无论是升高还是降低，口虾蛄仔虾的摄食率均呈减小的趋势（图4-14、图4-15）。当盐度从24降低至19，实验对象的摄食率基本没有变化，个体表现为摄食欲望强烈，摄食量较大；盐度下降至18～9时，实验对象的摄食明显受到盐度条件的抑制，摄食率急剧减少；盐度降至8，实验对象基本不摄食，濒临死亡；盐度降至5，全部个体死亡。当盐度从30开始升高，在30～33范围内，实验对象的摄食基本不受影响，摄食率没有明显变化；随着盐度升高至44，实验对象的摄食率持续下降；盐度45时，摄食率突然出现明显降低的现象直至盐度49，此时盐度条件对实验对象的摄食行为表现出明显的抑制作用；盐度50～54，实验对象几乎不摄食；盐度高于55，全部死亡。

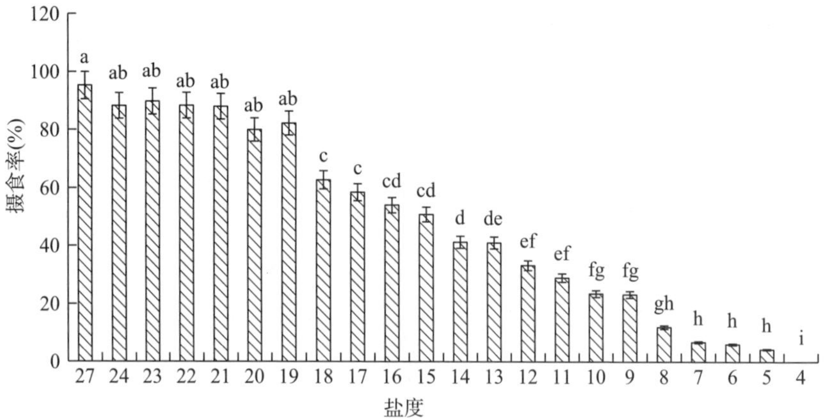

图4-14　盐度渐变降低条件下口虾蛄仔虾的摄食率

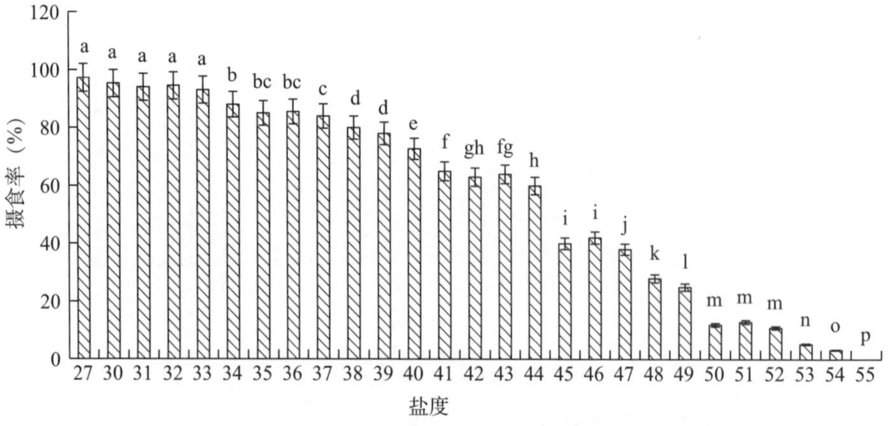

图4-15　盐度渐变升高条件下口虾蛄仔虾的摄食率

三、盐度对口虾蛄成虾存活和生长的影响

实验用口虾蛄取自大连沿海，体重13～35g。过滤海水暂养，暂养密度50尾/m^3，水温23～26℃，盐度32±1，pH 7.8～8.2，溶解氧大于5mg/L。

盐度突变和盐度渐变两种环境下观察口虾蛄成虾的状态。其中，盐度突变实验分别以起始盐度32、28和24各进行一次，盐度瞬间变化幅度分别为4、6、8、10、12、14、16；每组6尾个体，记录实验对象的生活状态、活力以及存活等情况。盐度渐变实验的高盐起始盐度为32，低盐的起始盐度为24；每隔2d改变水体盐度值，变化幅度为1；每组6尾个体，每次调整盐度后记录实验对象的状态、活力以及存活等情况，直至个体全部死亡。

盐度对生长影响的实验，设置20、24、28、32和36共5个盐度组，每组6尾个体，平均体重（21.8±4.0）g。实验持续30d，每10d测量体重。

（一）盐度突变对口虾蛄成虾存活的影响

高盐突变实验中，随着盐度上升，实验对象逐渐出现不适直至死亡的现象（表4－3）。盐度变化在36范围内，实验对象无不适和死亡的现象；当盐度升高到38，实验对象出现个体不适症状，表现为部分个体身体微弓，侧卧水底，但无死亡现象。当盐度升到40时，盐度24组内出现死亡个体，其他组未有个体死亡现象，可能与盐度突变幅度有关。当盐度升到44时，3组实验对象全部死亡。

表4－3　盐度突变上升条件下口虾蛄成虾的存活状况

终点盐度	初始盐度		
	24	28	32
28	状态正常，无死亡	—	—
32	状态正常，无死亡	状态正常，无死亡	—
36	状态正常，48h无死亡	状态正常，48h无死亡	没有异常表现，96h之内无死亡
38	身体微弓，活力较弱，静伏于水底，48h内无死亡	个别出现不安现象，持续游泳1h，然后静伏于水底，存活48h	活力较弱，48h内正常存活
40	活力较弱，身体微弓伏于水底，48h内死亡1尾	静伏于水底，活力较弱，48h内无死亡	15min后恢复活力，48h之内无死亡
42	身体微弓，侧身或仰身于水底，1h后个别恢复游泳能力，24h死亡4尾，其他存活48h	个别身体微弓伏于水底，20分钟恢复活力，24h内死亡3只，其他存活48h	身体微弓伏于水底，30min后恢复游泳能力，半数以上出现不安，不断游泳，持续近一个小时，48h之内死亡1尾

（续）

终点盐度	初始盐度		
	24	28	32
44	侧身或仰身于水底，6h 全部死亡	身体微弓，侧身或仰身于水底，24h 全部死亡	4h 之内 6 尾全部死亡

盐度突变下降实验中，随着盐度降低和变幅增大，实验对虾呈现逐渐不适和死亡的现象（表 4－4）。当盐度降到 24，实验对象无异常反应。当盐度降到 20，个别实验对象出现活力减弱的现象，但经过短时间的适应，可重新恢复游泳能力，在盐度 28 和盐度 32 组，各出现 1 尾死亡的现象。当盐度降到 18，实验对虾呈现持续的活力减弱，个别身体微弓的现象，死亡数量相应地增加。当盐度降到 16 时，实验对虾全部死亡。

表 4－4　盐度突变下降条件下口虾蛄成虾的存活状况

终点盐度	初始盐度		
	24	28	32
28	—	—	没有异常表现，96h 之内无死亡
24	—	状态正常，48h 无死亡	没有异常表现，96h 之内无死亡
20	个别活力弱，10min 内恢复游泳能力，48h 无死亡	15min 内恢复游泳能力，30min 后静伏于水底，6h 死亡 1 尾，其他存活 48h	20min 内恢复游泳能力，30min 后静伏于水底，6h 死亡 1 尾，其他存活 48h
18	活力减弱，个别身体微弓，48h 内死亡 2 尾	20min 内恢复游泳能力，24h 内无死亡，24～48h 死亡 5 尾	10min 内恢复游泳能力，个别个体持续游动 1h，24h 内死亡 1 只，24～48h 死亡 3 只
16	身体微弓，全部侧身或仰身于水底，仅个别能恢复游泳能力，但游泳能力较弱，6h 后 6 尾全部死亡	身体微弓，全部侧身或仰身于水底，6h 后 6 尾全部死亡	身体微弓，侧身或仰身于水底，6h 后 6 尾全部死亡

（二）盐度渐变对口虾蛄成虾存活的影响

随盐度变化，实验对象对不同盐度呈现不同的适应性。当盐度从 24 逐渐降到 16 时，实验对象出现死亡现象，死亡 1 尾。当盐度降到 12 时，实验个体在 24h 内全部死亡。当盐度从 32 升高到 38 时，实验对象开始出现不适症状，部分个体身体微弓，侧卧于水底，但无死亡现象。盐度继续升高到 44 时，出现死亡现象，死亡 2 尾。当盐度上升到 46 时，剩余实验个体全部死亡。由此可见，口虾蛄存活的低盐度极限为 12，高盐度极限为 46。

（三）盐度对口虾蛄成虾生长的影响

盐度对口虾蛄体重增长有较明显的影响（图 4－16）。盐度在 24～36，实验对象的体重随时间的延续均呈增长的趋势，盐度 32 组个体的体重增长最快，盐度低于或高于 32 时，随着盐度的升高和降低，与盐度为 32 时相比，体重的增长速率均呈下降趋势。因此认为，口虾蛄生长的最适盐度在 32 左右。

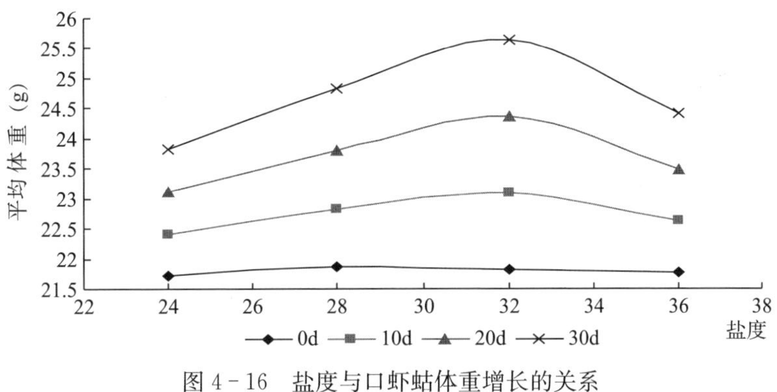

图 4－16　盐度与口虾蛄体重增长的关系

四、结　　语

盐度是影响海洋生物生长与存活的重要自然环境因子，不同种类的生物对环境因子有不同的适应性。据报道，黑斑口虾蛄存活最适宜的盐度是 24.20～29.51，存活的低盐度极限为 6.02，高盐度极限为 38.64（吴琴瑟等，1997）。与黑斑口虾蛄的生存盐度范围相比，大连沿岸口虾蛄生存盐度范围更广，生存盐度范围下限比黑斑口虾蛄的低 4.20，上限比黑斑口虾蛄的高 10.49，同时高盐度极限也要高出 5.36（此数字是以突变状态结果计算，而相关的黑斑口虾蛄生存极限盐度研究报道中，未对实验的状态进行说明），生存的低盐度极限也较黑斑口虾蛄的盐度下限高 9.98。对盐度环境的适应，差异不仅存在于不同种类间，即使同一生物，因地理分布和栖息地环境的不同，也会产生不同的适应性（梅文骧等，1993）。关于口虾蛄的研究报道，浙江沿岸口虾蛄适盐范围是 12～35，最适宜的盐度 23～27；而大连沿海口虾蛄对盐度的适应范围略高于浙江沿岸的口虾蛄的适应范围，生存盐度范围是 20～40，生活适宜盐度范围是 24～36。主要表现为大连沿岸口虾蛄生存盐度下限较浙江沿岸口虾蛄的高 8，上限高 5；两个不同地理种类生活适宜的盐度下限基本相同，而下限却有着 9 的差距。研究结果再次证明，不同种的生物对环境因子会有不同的适应性，而对于同种类生物，地理分布和环境因子的不同，是影响适应性的主要因素（徐海龙，2005）。

盐度作为重要的非生物因子，对甲壳类动物个体的生命活动的影响，还与生物的发育阶段有关。实验结果表明，相比于口虾蛄成虾，Z_9～Z_{11}期假溞状幼体和仔虾对盐度的适应范围更广。在盐度突变条件下，口虾蛄Z_9～Z_{11}期假溞状幼体和仔虾的耐受范围为15～45，广于成虾的耐受范围16～44。这可能是由于口虾蛄成虾的运动能力强，从而其主动适应环境的能力也强，更容易寻找到适宜生存的环境，进而对外界环境的感知更为敏感。另外，口虾蛄的成虾在洞穴内生活，洞穴也会对其起到较好的保护作用。而口虾蛄Z_9～Z_{11}期假溞状幼体和仔虾的游泳能力弱，更多时候处于被动适应环境的状态，对环境的适应能力差，因此只有通过适应更宽幅度的盐度环境以增加存活概率。另外，相比于成虾，口虾蛄Z_9～Z_{11}期假溞状幼体营浮游生活，海水上层的盐度变化与海底相比变化幅度大，生活环境的差异造成Z_9～Z_{11}期假溞状幼体的盐度耐受范围比成虾宽。口虾蛄仔虾由假溞状幼体蜕皮变态而来，个体在变态初期保存了假溞状幼体的部分特性，所以前期的口虾蛄仔虾的盐度耐受范围与假溞状幼体相同。但渐变实验结果显示，口虾蛄仔虾的耐受范围为5～54，宽于假溞状幼体的7～53（刘海映等，2012）。说明随着个体的发育，幼体自身的调节机制逐渐完善，对外界盐度变化的适应能力逐渐增强（郑美芬，1999；魏国庆等，2013）。同时，口虾蛄仔虾由假溞状幼体变态发育而来，个体结构已经与成虾相差无几，与假溞状幼体相比，仔虾外表新生的硬壳可以很好保护仔虾，抵抗外界盐度变化对个体内环境的影响能力更强，即仔虾对盐度变化具有更强的适应能力，所以口虾蛄仔虾盐度的耐受范围比假溞状幼体广。然而，口虾蛄仔虾对渐变盐度的耐受范围也宽于成虾的耐受范围（12～46），认为这可能与仔虾的生活环境有关。口虾蛄仔虾是从浮游生活向底栖生活过渡的阶段，个体所面临的生存环境更加复杂，需要对盐度的适应范围更广。

盐度主要通过影响渗透压而对虾蟹类生物产生影响，虾蟹类一般通过调节自身渗透压来适应环境的变化，调节过程需要消耗能量，从而影响个体的摄食和生长（王冲等，2010）。在盐度突变的条件下，口虾蛄仔虾的适宜摄食盐度范围为21～33。在此范围内的仔虾个体摄食活跃，食欲旺盛，盐度对个体的摄食影响不显著。随着盐度突变范围的扩大，口虾蛄仔虾的摄食显著降低，体内代谢更多的能量供给机体对外界盐度的抵抗作用，从而影响到个体的摄食行为，而且大幅度的盐度变化对个体体内的酶等物质的活性产生影响，个体代谢平衡被打破，内环境的稳定被破坏，也影响到了其摄食的行为。与盐度环境突变相比较，渐变环境中口虾蛄仔虾适宜摄食的盐度范围更广，为19～38，且摄食率均在80%以上，说明口虾蛄仔虾对于盐度渐变环境的适应性要强于突变。说明增加适应时间和减小变化的梯度，口虾蛄仔虾能够较平稳地将能量用于抵抗盐度的变化，与盐度突变相比，对个体摄食的影响较为平缓。王冲等（2010）在盐度对三疣梭子蟹幼蟹的摄食研究中显示，盐度突变比盐度渐变更明显地影响幼蟹的摄食，与本试验所得的结果相吻合。另外，与口虾蛄 Z_9～Z_{11}期假溞状幼体的最佳摄食盐度 27～33（刘海映等，2012）相比，仔虾的最佳摄食范围（21～33）更广，说明随着个体生长和生理功能完善，口虾蛄能更好地适应低盐度的环境，对外界环境变化的抵抗力更强。

参考文献

陈琴，陈晓汉，罗永巨，等，2001. 南美白对虾耗氧率和窒息点的初步测定[J]. 水生态学杂志，21（2）：14-15.

陈孝涨，鲍新国，2010. 温度、盐度对海捕口虾蛄暂养成活率的影响[J]. 现代渔业信息，25（8）：22-23.

范德朋，潘鲁青，马甡，等，2002. 盐度和 pH 对缢蛏耗氧率及排氨率的影响[J]. 中国水产科学，9（3）：43-47.

冯广朋，卢俊，庄平，等，2013. 盐度对中华绒螯蟹雌性亲蟹渗透压调节和酶活性的影响[J]. 海洋渔业，35（4）：468-473.

韩晓琳，王好锋，高保全，等，2014. 低盐度对不同三疣梭子蟹群体幼蟹发育的影响[J]. 大连海洋大学学报，29（1）：31-34.

蒋湘，谢妙，彭树锋，等，2017. 盐度对日本囊对虾生长与存活率的影响[J]. 江苏农业科学，45（16）：152-155.

焦海峰，尤仲杰，竺俊全，等，2004. 嘉庚蛸对温度、盐度的耐受性试验[J]. 水产科学，23（9）：7-10.

廖永岩，吴蕾，蔡凯，等，2007. 盐度和温度对中华虎头蟹（*Orithyia sinica*）存活和摄饵的影响[J]. 生态学报，27（2）：627-639.

林小涛，余浩德，1999. 不同体重罗氏沼虾亲虾的代谢[J]. 暨南大学学报：自然科学与医学版，20（5）：107-111.

刘海映，王冬雪，姜玉声，等，2012. 盐度对口虾蛄假溞状幼体存活和摄食的影响[J]. 大连海洋大学学报，27（4）：311-314.

刘海映，徐海龙，林月娇，2006. 盐度对口虾蛄存活和生长的影响[J]. 大连水产学院学报，21（2）：180-183.

路允良，王芳，赵卓英，等，2012. 盐度对三疣梭子蟹生长、蜕壳及能量利用的影响[J]. 中国水产科学，19（2）：237-245.

梅文骧，王春琳，徐善良，等，1993. 口虾蛄耗氧量、耗氧率及窒息点初步研究[J]. 海洋渔业，6：250-255.

梅文骧，王春琳，张义浩，等，1996. 浙江沿海虾蛄生物学及其开发利用研究报告[J]. 浙江海洋学院学报：自然科学版，1：1-8.

申玉春，陈作洲，刘丽，等，2012. 盐度和营养对凡纳滨对虾蜕壳和生长的影响[J]. 水产学报，36 (2)：290-299.

沈国英，施并章，2002. 海洋生态学[M]. 北京：科学出版社.

王冲，姜令绪，王仁杰，等，2010. 盐度骤变和渐变对三疣梭子蟹幼蟹发育和摄食的影响[J]. 水产科学，29 (9)：510-514.

王芳，董双林，1998. 菲律宾蛤仔呼吸和排泄规律的研究[J]. 海洋科学，2：2-4.

王顺昌，于敏，2003. 中华绒螯蟹在不同盐度下鳃 Na^+/K^+-ATPase 和 ALP 活性的变化[J]. 安徽技术师范学院学报，17 (2)：117-120.

王悦如，李二超，陈立侨，等，2012. 急性高渗胁迫对中华绒螯蟹雄蟹组织中可溶性蛋白质、血蓝蛋白、血糖与肝糖原含量的影响[J]. 水生生物学报，36 (6)：1056-1062.

魏国庆，李晓冬，曹琛，等，2013. 盐度，温度对中华虎头蟹溞状幼体存活及变态的影响[J]. 水产科学，32 (12)：706-712.

温小波，库夭梅，罗静波，2003. 温度，体重及摄食状态对克氏原螯虾代谢的影响[J]. 华中农业大学学报，22 (2)：152-156.

吴琴瑟，赵延霞，1997. 黑斑口虾蛄生态因子的试验观察[J]. 湛江海洋大学学报，17 (2)：13-16.

吴耀华，赵延霞，2015. 黑斑口虾蛄对水温、盐度和 pH 的耐受性研究[J]. 水产科学，34 (8)：502-505.

徐海龙，2005. 黄海北部口虾蛄生活最适温、盐环境研究[D]. 大连：大连海洋大学.

徐海龙，刘海映，林月娇，2008. 温度和盐度对口虾蛄呼吸的影响[J]. 水产科学，27 (9)：443-446.

尹飞，王春琳，周帅，等，2005. 黑斑口虾蛄幼体不同发育阶段的温度、盐度耐受性研究[J]. 水产科学，24 (11)：4-6.

张玉玉，王春琳，李来国，2010. 长蛸的盐度耐受性及盐度胁迫对其血细胞和体内酶活力的影响[J]. 台湾海峡，29 (4)：452-459.

郑美芬，1999. 河蟹早期大眼幼体对海水盐度突变的适应性试验[J]. 河北渔业，5：9-10.

朱小明，李少菁，1998. 生态能学与虾蟹幼体培育[J]. 中国水产科学，5 (3)：105-108.

庄平，贾小燕，冯广朋，等，2012. 不同盐度条件下中华绒螯蟹亲蟹行为及血淋巴生理变化[J]. 生态学杂志，31 (8)：1997-2003.

Collinge S K，Holyoak M，Barr C B，et al.，2001 Riparian habitat fragmentation and population persistence of the threatened valley elderberry longhorn beetle in central California [J]. Biological Conservation，100 (1)：103-113.

Heasman M P，Fielder D R，1983. Laboratory spawning and mass rearing of the mangrove crab，*Scylla serrata* (Forskal)，from first zoea to first crab stage [J]. Aquaculture，34 (3-4)：303-316.

Widdows J，1978. Physiological indices of stress in *Mytilus edulis* [J]. Journal of the Marine Biological Association of the United Kingdom，58 (1)：125-142.

第五章

口虾蛄生理学研究

第一节　口虾蛄血淋巴细胞形态分析

甲壳动物血淋巴细胞根据细胞质中颗粒的有无、多少及大小分为 3 大类：将完全没有颗粒或者只有极少数颗粒的血细胞称为无颗粒细胞或透明细胞，能看到小型颗粒的细胞称为小颗粒细胞或半颗粒细胞，能观察到大量大型颗粒的细胞称为大颗粒细胞或颗粒细胞。可以按照此分类法对口虾蛄血淋巴细胞进行分析，将其分为无颗粒细胞、小颗粒细胞和大颗粒细胞（彩图 24）：

（1）无颗粒细胞，细胞相对较小，多数呈球形或卵圆形。细胞核居中位置，胞质较少，无颗粒或颗粒不明显。核质比最大，核到壁的距离很小，有些细胞的核膜几乎与细胞膜贴在一起。细胞染色较深。

（2）小颗粒细胞，细胞较无颗粒细胞大，多数呈球形、卵圆形或椭圆形。细胞质明显较无颗粒细胞厚，可见明显的颗粒，但颗粒较少。核质比介于两者之间。

（3）大颗粒细胞，细胞相对较大，形状呈多样化，除卵圆形、椭圆形外，还有梭形、水滴形和不规则形（杭小英等，2007）。

扫描电镜观察结果与光镜观察结果一致，其中以小颗粒细胞居多（图 5-1）。

不同个体的口虾蛄其血细胞的组成有所不同。在口虾蛄的雄性个体中，大颗粒细胞所占比例最小，但是在雌性个体中，无颗粒细胞的比例最小，这可能是因为血细胞在不同个体中所占比例与个体所处的内在生理状态以及外界环境条件等因素有关。杭小英等（2007）研究表明，口虾蛄血淋巴细胞密度为雄性（1.604±1.005）$\times10^3$ 个/mL，雌性（1.906±1.120）$\times10^3$ 个/mL，其中小颗粒细胞在循环血细胞总数中所占的比例最大。甲壳动物营养状态发生变化时，血细胞密度随之发生变化。蔡雪峰等（2000）关于日本沼虾的饥饿研究发现，饥饿 7d 后，大颗粒细胞较对照组增加 92.06%，而小颗粒细胞和无颗粒细胞较对照组减少 54.21%，可能是由于造血原粒不足，造血机能下降所致。另外，机体在养殖密度、水温发生变化或被细菌感染时，血细胞的组成也会改变（于建平，1993），血细胞密度下降意味着机体抗病能力的减弱。无颗粒细胞、小颗粒细胞都具有吞噬能力，且小颗粒细胞对外源物质非常敏感，在防御

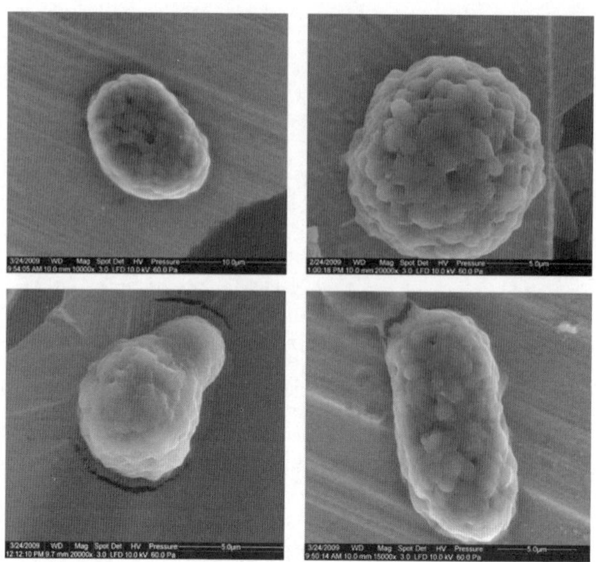

图 5-1　扫描电镜下口虾蛄血淋巴细胞形态

反应中有重要作用。

甲壳动物没有特异性的免疫系统，其非特异性免疫主要通过血淋巴细胞的吞噬、包囊和形成结节等功能来完成，因此血淋巴细胞在其免疫系统中扮演关键角色。血淋巴细胞对自身生理状态变化和外界环境因子刺激十分敏感，对口虾蛄血淋巴细胞的观察有助于了解虾蛄类的健康状况及其生活水域的环境状况，利于寻找增强抗病力的方法预防疾病。

第二节　口虾蛄的超氧化物歧化酶活力与表达

超氧化物歧化酶（Superoxide Dismutase，SOD）是生物抗氧化酶类的重要成员，超氧自由基（O_2^-）对各种生物大分子及其他细胞组分具有严重损伤作用，而超氧化物歧化酶能催化超氧自由基发生歧化反应，作为机体内对抗自由基的一道防线备受关注。目前，已知的 SOD 主要分为 Fe-SOD，Mn-SOD，Cu/Zn-SOD 和 Ni-SOD。它广泛存在于生物体内，能对外界刺激产生应答，清除机体内活性氧自由基，与生物的抗逆性和对逆境产生的活性氧的消除密切相关，因此常被作为免疫学研究的指标。可通过 NBT 测定方法对不同温度及不同变温方式下 SOD 活力的测定，探讨温度对口虾蛄免疫机能的影响。

一、温度对口虾蛄血淋巴细胞超氧化物歧化酶活性的影响

Hennig 和 Andreatta（1998）认为温度是影响甲壳动物繁殖、代谢、免疫

等生理活动主要因子之一。口虾蛄为广温性种类，其生活区域水温范围在 6～31℃有报道的最适繁殖温度在 20～27℃（王波，1998）。当口虾蛄长期处于温度应激状态必然导致机体免疫防御能力下降，抗病能力减弱，影响生长、繁殖等正常的生理行为。

如图 5-2 所示，温度在 12～24℃的范围内缓慢升降对口虾蛄血淋巴总 SOD 酶活力影响不显著，但迅速改变温度时（骤升到 30℃或骤降到 6℃），血淋巴总 SOD 活力显著下降（$P<0.05$）。

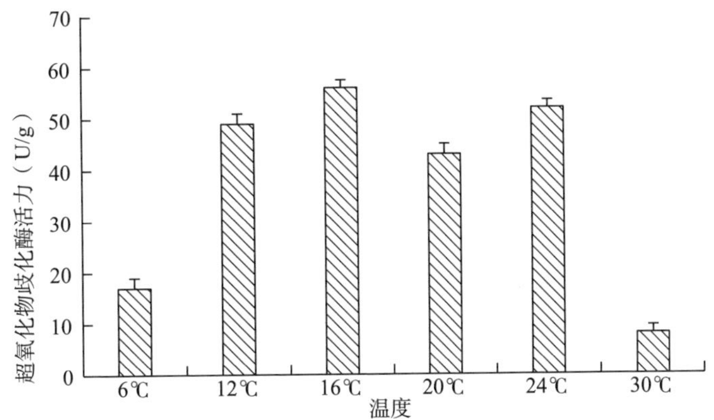

图 5-2　温度对口虾蛄血淋巴总 SOD 活力的影响

超氧化物歧化酶作为一种重要的抗氧化物质，对增强吞噬细胞防御能力、提高机体免疫功能有重要的作用。当超氧化物歧化酶活力降低时，机体免疫能力随之下降。本实验采用 NBT 光化还原法测定 SOD 活力，其原理是在有可氧化物质存在条件下核黄素可被光还原，被还原的核黄素在有氧条件下极易再氧化而产生 O_2^-，O_2^- 可将氮蓝四唑还原成蓝色物质，在波长 560nm 处有最大吸光度值。SOD 酶可消除 O_2^- 从而抑制 NBT 被还原，吸光度值发生改变，因此依据超氧物歧化酶抑制氮蓝四唑在光下的还原作用来计算 SOD 酶活力大小。实验同时还采用了邻苯三酚自氧化法和黄嘌呤氧化酶法与 NBT 法就同一样品的测定进行了比较。结果表明，黄嘌呤氧化酶法实验过程较复杂，反应启动时间一致性不理想，易产生误差；而邻苯三酚自氧化法对操作者操作技能要求较高，不适合同时测定大量样品；而 NBT 光化还原法反应时间短仅需 20min，实验过程中反应液无需混合节约时间，NBT 药品中的核黄素需遇光反应，容易控制，但是 NBT 法药品配制所要求的精确度较高，反应液稳定性较差，反应过程中对光的控制要求严格。

养殖生产实践表明，大多数海水养殖生物的病害都发生在温度较高季节，并且在温度发生急剧变化时更易发生病害。口虾蛄属变温动物，虽然是广温性种类，但是温度急剧变化对其生长发育和生理活动影响较大。温度从16℃骤升至30℃或骤降至6℃，SOD酶活力急剧下降，说明温度骤变时，抗氧化系统受到一定程度的影响，超氧阴离子自由基等迅速增加。而这些本具有防御功能的超氧阴离子同时也作用于机体细胞，使细胞膜中不饱和脂肪酸和磷脂的比例发生改变及膜内蛋白的破坏，引起机体的氧化损伤，造成细胞结构和功能的损害，使机体免疫防御功能下降（Winston，1991），而此时也正是口虾蛄容易受到病原生物感染而发病的时刻。可见，口虾蛄繁育与养殖过程中可以有一定范围内的温度变化，但是必须考虑变化速度与幅度。

二、荧光标记对口虾蛄血淋巴细胞超氧化物歧化酶活性的影响

如图5-3所示，注射荧光标记液的口虾蛄血淋巴中SOD酶的活力均低于未注射的口虾蛄，在注射后6～24h时SOD酶活力较低，且在注射后12h时，SOD活力达到最低值，之后慢慢回升。在注射后2h和注射后48h时SOD酶的活力值较接近分别为75.29和70.24。由此可见，体表荧光标记对口虾蛄免疫能力具有一定的影响作用。

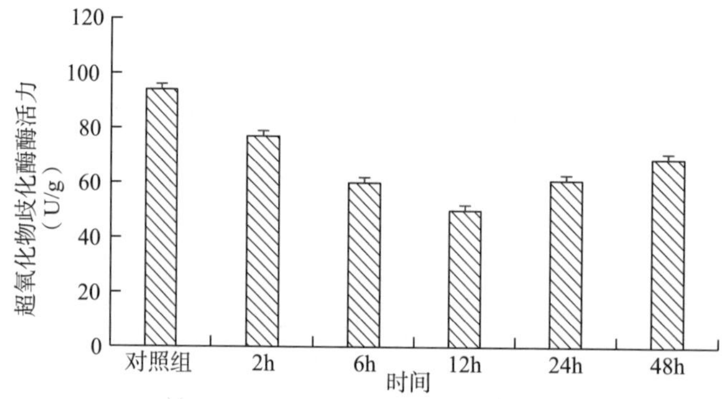

图5-3　荧光注射对口虾蛄血淋巴SOD酶活力的影响

三、口虾蛄 *Mn-SOD* 基因全长cDNA的克隆与序列分析

为了深入了解口虾蛄先天免疫状况，我们利用已经报道的其他物种中*Mn-SOD*基因的mRNA序列设计了寡聚核苷酸兼并引物，利用RT-PCR方法，从口虾蛄血液中扩增并克隆*Mn-SOD*基因。应用快速扩增cDNA末端（3’，5’RACE）技术，获得了口虾蛄*Mn-SOD*基因的全长cDNA序列，为以后研究此基因在口虾蛄体内的表达奠定了基础。

根据已测序的cDNA序列设计2对引物，采用巢式PCR技术获得了口虾蛄血细胞*Mn-SOD*基因cDNA的3’端和5’端。琼脂糖凝胶电泳检查结果表

明，3’和5’RACE扩增产物分别在1 200bp和500bp左右（图5-4）。

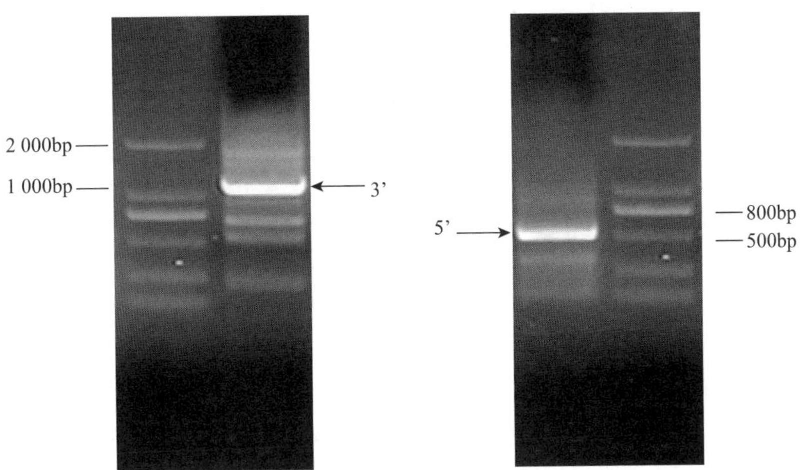

图5-4　口虾蛄 *Mn-SOD* 基因3’和5’RACE PCR扩增产物

回收目的条带克隆测序，与已获得的部分拼接得到含有完整编码框的口虾蛄血细胞 *Mn-SOD* 基因cDNA全序列为1 766bp（去除polyA）。其中，开放阅读框（ORF）为955bp，编码350个氨基酸，5’非翻译区（5’-UTR）为68bp，3’非翻译区（3’-UTR）为888bp。编码蛋白的相对分子质量为28ku，理论等电点为5.09。口虾蛄血细胞Mn-SOD全序列见图5-5。

```
1     AGCAGTGGTATCAACGCAGAGTACGCGGGGGACTGACGATAATTTCAAAGCCCTTGACGGAAGGTGCGTGAACGCCGTGAAGTAAGCTAG  90
91    TTATTCACAATGGCAGAAAAGGATGCATATATCGCAGCTTTGGAGAAGAAGCTGTGGGAGTTGTCAGGAATTGAGGTTGACCAAATAAAG  180
         M  A  G  L  A  A  T  I  A  A  L  G  L  L  L  T  G  L  S  G  I  G  V  A  G  I  Lys  59
181   AAAAATCAGCTGGCAAATGCAGCAGATGAAGCCCAAGCCATTCAGGAGATGGCAACTTACATCTCTGGCATTACTGTCCAGAAACCAGCT  270
60    L  A  G  L  A  A  A  A  A  G  A  G  A  I  G  G  M  A  T  T  I  S  G  I  T  V  G  L  P  A  89
271   GTTGCACTTGCTGGTCAGGTAGACCCTCAGATTGCAACTATTTTCAACCACATAAGGGCAGAGCTTGGTGAAGAACGTGGCGCACATAGT  360
90    V  A  L  A  G  G  V  A  P  G  I  A  T  I  P  A  H  I  A  A  G  L  G  G  G  A  G  A  H  S  119
361   CTCCCACCTTTGAAGTATGATTACAAGGGATTAGAACCGCATATTTCAGGGCTTATTATGGAAATTCATCACACAAAGCACCATCAGGCC  450
120   L  P  P  L  L  T  A  T  L  G  L  G  P  H  I  S  G  L  I  M  G  I  H  H  T  L  H  H  G  A  149
451   TACATTAACAACCTCAAGGCTGGCGTTGAAAAGTTGAATGCAGCAGAAGAAGCAGGTGATACGGCTGCAATTAATGCTCTTTTACCTGCC  540
150   T  I  A  A  L  L  A  G  V  G  L  L  A  A  A  G  G  A  G  A  T  A  A  I  A  A  L  L  P  A  179
541   ATCAAGTTTAATGGAGGAGGACATTTGAACCACACCATTTTCTGGACCAACATGGCACCTGGTGGAGGTGGTACTCCTGAGGGACCATTA  630
180   I  L  P  A  G  G  G  H  L  A  H  T  I  P  T  T  A  M  A  P  G  G  G  G  T  P  G  G  P  L  209
631   GCAGAAGCATTGAATAAAGATTTTGGCTCGTTTCAGGGATTCAAGGACAAGTTTTGTGCTGCAAGTGTTGGTGTTAAGGGGTCAGGTTGG  720
210   A  G  A  L  A  L  A  P  G  S  P  G  G  P  L  A  L  P  C  A  A  S  V  G  V  L  G  S  G  T  239
721   GGCTGGCTTGGTTACTGTCCAAAGGATGACAAATTGGCAGTTGCTACCTGCCAGAATCAAGATCCTCTTCAGCTGACACATGGTCTAGTC  810
240   G  T  L  G  T  C  P  L  A  A  L  L  A  V  A  T  C  G  A  G  A  P  L  G  L  T  H  G  L  V  269
811   CCTCTACTTGGCCTTGATGTGTGGGAACATGCCTACTACCTGCAGTACAAGAATCTGCGTGCAGATTACGCTAAAGCCTTCTTTAATGTT  900
270   P  L  L  G  L  A  V  T  G  H  A  T  T  L  G  T  L  A  L  A  A  A  T  A  L  A  P  P  A  V  299
901   ATCAACTGGTCTAACGTCGGTGAACGTTACACCAAGGCTCGTAAGGAAGCTGGTCATTGACTACCATGTAGCAGAAACTCGCCACTAAAC  990
300   I  A  T  S  A  V  G  G  A  T  T  L  A  A  L  G  A  G  H  E  L  P  C  S  A  A  S  P  L  A  329
991   AAGAATCTTGTGCATAGTGGCGTGCCAGTCCCAAAGGTCACGTCAGCTGTATGTTCTCATCTGTAGATTTTCTTTTTCCCTTTGTTATTG  1080
330   L  A  L  V  H  S  G  V  P  V  P  L  V  T  S  A  V  C  S  H  L                             350
1081  TTTTTGTTTACCTATAATGGCATAAATATTAGTTTTTCCCTTCGTCTTTGAGTATGAAAACCAGTAAGAATAATGTAACCAGAATTACAA  1170
1171  GAAAGTACTTTGCGTTGTTGTATGTTTAAGGATATGGTATTTTCATCAATTGTATGCCTTCAAAATTGTGGCAATATACTTTGGTTTACA  1260
1261  TTTCATATCTGTTAGAAAGTAGTCTTCAGTTTCAAAGGAGCCTTTGGAATCATCCAGCTGAAACTATAGTGAACCCTTAACATTATGCTG  1350
1351  GGATTTGGGGGACGCTGGACTCTGTGATTGTTTAAAGATATATATATTGCTGGTACACCTAAAAAAAAATGGACTACTACTTTATACGTA  1440
1441  CAGGGTGTATAAATAGGTGACAAACACTGTGGATCTTTAAAATAATTGACCAAAATATGAATCTACAGTATGTGGTAGTGAAAACCTGAG  1530
1531  TGGTGACTTCTCTTGTATGGTGGACGAGTACAGTCTGTCGCCTCACCTCTCCCTGCTCACTACCACCCTCCCCACTTCCCACTGCACATC  1620
1621  CTGTTCACAGCTGATGTAGACGAGATGGTATCTGAATGTGTTCCTGGGGGAGGTTCTTCAGTAGGATGGGCAACCTGTAATCATTCCATG  1710
1711  TTGCAAAATCTTTGTGGTGCTGATCTTCAACCCATATGAATAAAGCCTTCATCTAATAAAAAAAAAAAAAAAAAAAAAAAAAAAAAA    1797
```

图5-5　口虾蛄 *Mn-SOD* 基因cDNA序列及其推导的氨基酸序列

应用 Clustal X（1.8）软件对口虾蛄（*Oratosquilla oratoria*）、克氏原螯虾（*Procambarus clarkii*）、罗氏沼虾（*Macrobrachium rosenbergii*）、凡纳滨对虾（*Litopenaeus vannamei*）、日本囊对虾（*Marsupenaeus japonicus*）、斑节对虾（*Penaeus monodon*）、三疣梭子蟹（*Portunus trituberculatus*）、暗纹东方鲀（*Takifugu obscurus*）、虾夷扇贝（*Mizuhopecten yessoensis*）、白斑狗鱼（*Esox lucius*）、肺吸虫（*Paragonimus westermani*）、人（*Homo sapiens*）、猪（*Sus scrofa*）、绵羊（*Ovis aries*）、小鼠（*Mus musculus*）、猕猴（*Macaca mulatta*）进行氨基酸序列比对，口虾蛄各种类同源性分别为：与甲壳类89%、哺乳类62%、鱼类61%、贝类63%，表明口虾蛄与甲壳类具有较高的同源性。

应用 ClustalX（1.8）软件对口虾蛄（*Oratosquilla oratoria*）、鳙（*Hypophthalmichthys nobilis*）、斑马鱼（*Danio rerio*）、暗纹东方鲀（*Takifugu obscurus*）、人（*Homo sapiens*）、线虫（*Caenorhabditis elegans*）、锈斑蟳（*Charybdis feriatus*）、罗氏沼虾（*Macrobrachium rosenbergii*）、斑节对虾（*Penaeus monodon*）、条斑紫菜（*Porphyra yezoensis*）、大肠杆菌（*E. coli*）等物种的 *Mn-SOD* 基因序列进行同源性分析。采用 MEGA 2.1 中 NJ 法构建进化树（Kumar et al.，2001）。结果显示，口虾蛄与罗氏沼虾同源性较强（图 5-6）。

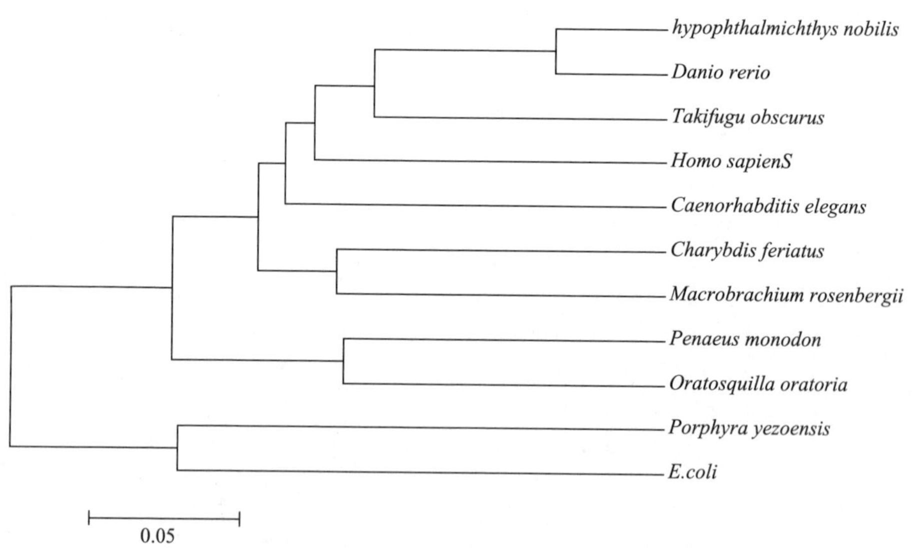

图 5-6 口虾蛄 *Mn-SOD* cDNA 序列与其他物种的分子系统进化树分析

四、口虾蛄 *Mn-SOD* 基因在不同组织的表达

Actin 基因在口虾蛄体内稳定表达，外界环境的变化一般不会改变它的表达水平。分别以不同口虾蛄不同组织中的 *Actin* 基因作为内标对该组织中的 *Mn-SOD* 基因表达水平进行半定量 RT-PCR 分析。应用 BandScan 凝胶分析软件测出每组各条带的完整光密度值（IOD）具有很好的数据重复性。*Mn-SOD* 条带的光密度值与 *β-actin* 的光密度值比作为 *Mn-SOD* 的相对表达量。结果显示，口虾蛄 *Mn-SOD* 在肌肉、肠、触角、颚足、性腺中均有表达。通过 *Mn-SOD* 与 *β-actin* 扩增产物电泳条带灰度值的比较，表明 *Mn-SOD* mRNA 在各组织中表达量相近（图 5－7）。

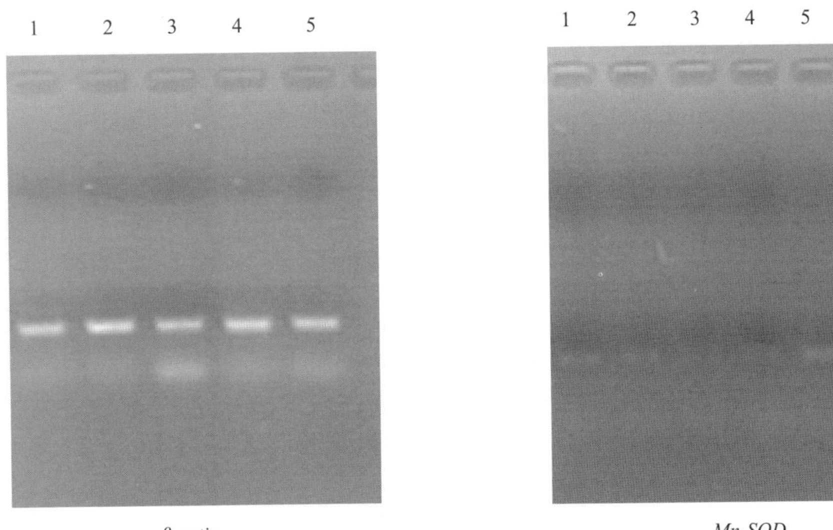

图 5－7　口虾蛄不同组织 *Mn-SOD* 的表达水平

注：1～5 依次为口虾蛄的肌肉、肠、触角、颚足、性腺中 *Mn-SOD* 基因的相对表达水平，M 为 Marker。

第三节　口虾蛄酚氧化酶原基因的克隆与表达分析

酚氧化酶原激活系统是甲壳纲和昆虫纲以及少数脊椎动物的识别和防御系统（Soderhall et al.，1998）。酚氧化酶是一种含铜的氧化酶，广泛存在于微生物、动物和植物体内。作为酚氧化酶原激活系统的重要一员，它在无脊椎动

物的先天免疫机制中起着重要的作用，有关其生物化学、免疫学和分子生物学特性的研究一直以来受到广泛关注。作为口虾蛄免疫系统的重要组分，进行酚氧化酶原基因结构研究，是深入研究酚氧化酶原在体内的表达调控机制和免疫功能等的基础。

一、口虾蛄酚氧化酶原基因克隆

以口虾蛄血淋巴总 RNA 反转录的第 1 链 cDNA 为模板，引物 UPhF 和 UPhRr、UPh5C 和 NUP、UPhRf 和 AU 分别进行 PCR 反应，PCR 产物经 1.0%琼脂糖凝胶电泳，显示的扩增条带为箭头所指位置（图 5－8）。

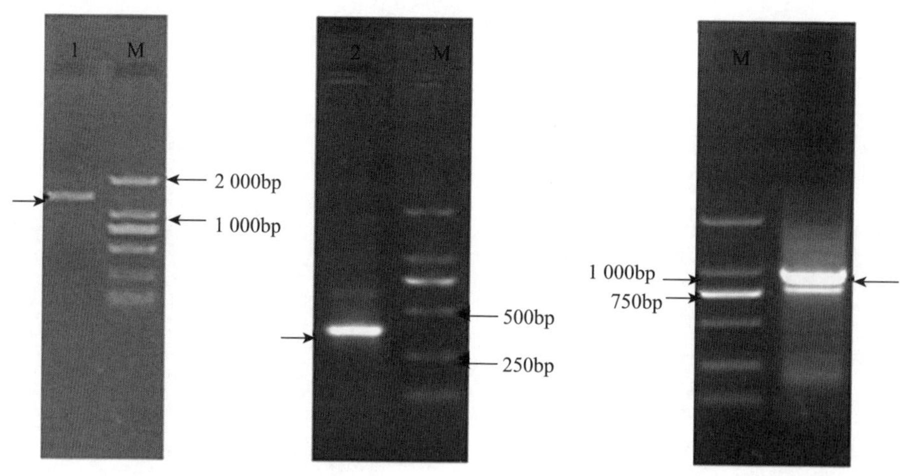

图 5－8　口虾蛄 *ProPO* cDNA 特异片段、3’RACE PCR 产物及 5’RACE PCR 产物

1. *ProPO* 基因特异片段 2. 3’RACE PCR 产物 3. 5’RACE PCR 产物 M. DL2000Marker

二、口虾蛄酚氧化酶原基因序列分析

如图 5－9 所示，口虾蛄酚氧化酶原基因全长为 2 436bp，含起始密码子 ATG 到终止密码子 TGA 的 2 142bp，编码 713 个氨基酸；方框中的碱基 ATG 为起始密码子，aataaa 为多聚腺苷酸信号序列，＊为终止密码子；下划线标出的序列为引物部分。

```
1    acgcgggtacttgaaaagacgggcaaacccgaagatttcaacagttggtccgccgccacacgtgcctcccgtcgc  75
76   ccctctggacaccaacaacgatttctctattcactaggaggtgaaaagaggtgagcgagatggcgggg [ATG] TCA  149
1                                                                          M   S    2
150  GAGGACCAGAGAGGCCTGCTCTACCTCTTCGAGCAGCCCTCCAGGGCTATTGCCTTCCCACGCGCCGCGGGGTCT  224
3     E  D  Q  R  G  L  L  Y  L  F  E  Q  P  S  R  A  I  A  F  P  R  A  A  G  S   27
```

225 GTCGTCTACGACATGCCCCCAGAACAAATGCCCCCTGGAATGGAACTGGCGCCTCGATCCGGGCCCAGCCCCGGG 299

28 V V Y D M P P E Q M P P G M E L A P R S G P S P G 52

300 AGAACCGTCGTGACCGTGTCCCCTGTTGACAACCTGAAAGACGAGCTCGGAAGCGCCCTGTCCATCCCCAAGGGG 374

53 R T V V T V S P V D N L K D E L G S A L S I P K G 77

375 GCCGTCTTCTCCGTCTTCCTGAAGCAACACCGGCAAGCGGCCAAGGACCTCATCGCTTGCTTCCTAAAACGCCGT 449

78 A V F S V F L K Q H R Q A A K D L I A C F L K R R 102

450 TCACCCGCCGAGCTGAGGAATATCGCGGCGAACGTGCATGACATGGTCAACGAGAGCCTCTTCGTGTACTCGCTC 524

103 S P A E L R N I A A N V H D M V N E S L F V Y S L 127

525 TCCTTCGTCATCATCCGGAGATCGGACTTGAGGAATGTTCGCTTACCTCCCATCTACGAGACTTTCCCGTCTTGG 599

128 S F V I I R R S D L R N V R L P P I Y E T F P S W 152

600 TTTGTTCCCGAACCCACAATAGCCAAGGCCAGGGAAGAGGTGTCCAAACAACGGTACATGCCCAAGACGGAGAGG 674

153 F V P E P T I A K A R E E V S K Q R Y M P K T E R 177

675 ATCGTGGTGGACCACGGCCTCGAGTTCTCCGGGACCGACGAGAACCCGGAGCACCGCGTGGCCTACTGGCGCGAG 749

178 I V V D H G L E F S G T D E N P E H R V A Y W R E 202

750 GACTACGGGATCAACGCC CACCACTGGCACTGGCACATCGTCTTCCCCGCCGAGATCGAGATAGCCTTACATCGG 824

203 D Y G I N A H H W H W H I V F P A E I E I A L H R 227

825 GACAGGAAGGGCGAACTCTTCTATTACATGCATCAACAGATGATGGCCAGGTACGACATGGAGCGGATGAGTGTT 899

228 D R K G E L F Y Y M H Q Q M M A R Y D M E R M S V 252

900 GGTCTTGGAAGGATTGTCAAGCTGGACAACTGGAGAGAACCCATCCCAGAGGGCTATTTCCCCAAGCTCACCACT 974

253 G L G R I V K L D N W R E P I P E G Y F P K L T T 277

975 GGCAACAGCAGCCTAAACTGGGGC TCCCGTCCCGATGGCCTGAGCGTCAAGAACTTGACTCGGCACAGGATACGC 1049

278 G N S S L N W G S R P D G L S V K N L T R H R I R 302

1050 ATCAATATCAACGAGATGGAGATGTGGAGAGACCGAATATTTGAGGCCATCCATTTGAAGAAAGTTGTGCAGGAG 1124

303 I N I N M E M W R D R I F E E A I H L K K V V Q E 327

1125 GACGGGAAGGAGATCCAGCTCACGGACGACCTCGATCCGGACCGTGGACAGAAGCGTGGCATCGACATCGTGGGC 1199

328 D G K E I Q L T D D L D P D R G Q K R G I D I V G 352

1200 GATATGTTGGAGGCCGACACGAGGCTGAGTCCCAACTACACTTTCTATGGGGACATGCACAACTTTGGCCACGTC 1274

353 D M L E A D T R L S P N Y T F Y G D M H N F G H V 377

1275 CTTCTTGCCCTTGCTCACGACCCCGATGGTGTCCACAGGGAGGAGATGGGTGTGATGGGCGACAGTGGAACAGCC 1349

378 L L A L A H D P D G V H R E E M G V M G D S G T A 402

1350 ATGCGAGATCCCGTCTTCTACCGCTGGCATCGTTACATCGACGACATCTTTCAGGAGTACAAGTTCTTGCAGAAG 1424

403 M R D P V F Y R W H R Y I D D I F Q E Y K F L Q K 427

1425 CCCTACACTGAAGACCAGTTGAACTTCCCTGAAGTGTCTGTGGATAAAGTTACAGTGACTGCTGGCCTGGAGAAC 1499

428 P Y T E D Q L N F P E V S V D K V T V T A G L E N 452

1500 AATGTCCTGTATACATATTTCAATATGCGCGAGATTGAAGCTTCTCGTGGTCTCGATTTTGATTCAGACACCCCT 1574

453 N V L Y T Y F N M R E I E A S R G L D F D S D T P 477

1575 GTCATCGTCCGCCTCACCCATCTCGACCACAAGCCCTTCAAGTACCACTTCCAGATCTCGAACAAGAGCAGGAGT 1649

478 V I V R L T H L D H K P F K Y H F Q I S N K S R S 502

1650 AAAGTGGAAGCGACAATTAGGGTCTTCATCGCCCCCATGTTGAACATCCGTAACATGAGGATGAATTTCTTCGAA 1724

503 K V E A T I R V F I A P M L N I R N M R M N F F E 527

1725 CAGCGCACGCTCTTTGCTGAAATGGACAAGTTCCAGATCAGTCTCAAGCCTGGAAAGAACATCATCGAGAGAAGG 1799

```
528  Q R T L F A E M D K F Q I S L K P G K N I I E R R 552
1800 GACGATGAATCCTCCATCACGCTCCCGCGGGAGTTCAACTTCAGGAACATTGAAAGGGGCGAGGTGTACGAAGAT 1874
553  D D E S S I T L P R E F N F R N I E R G E V Y E D 577
1875 GGCACTGTCGCACCACCTGAGAGCGACGGGTCCTTCTGTGCCTGCGGCTGGCCTCAGCATGTGCTCTTACCGAGG 1949
578  G T V A P P E S D G S F C A C G W P Q H V L L P R 602
1950 GGGAAACCTGAGGGCATGCCCTTCCAGCTTGTTGTCATGGTTACTGACTGGAATGAAGATAAGGTGAACCAACCC 2024
603  G K P E G M P F Q L V V M V T D W N E D K V N Q P 627
2025 ACCCCGCGGGCCTGCGGCAATGCGGCCTCCTTCTGCGGCATCCTCAACGGCAAGTATCCGGACAAGAAGCCCATG 2099
628  T P R A C G N A A S F C G I L N G K Y P D K K P M 652
2100 GGCTTCCCGTTCGATCGTCTGCCGATCACCCGACGAACGGTCCCTGGATGGTGGAGGAGTACTTGGGGCGTTTCA 2174
653  G F P F D R L P I T R R T V P G W W R S T W G V S 677
2175 GCAACGTGTCCGTCACAGAAATCAACATCAAGTTCTCGAAGAAAAAAATCGCAGAGGAATAGACGCCATCTTGGG 2249
678  A T C P S Q K S T S S S R R K K S Q R N R R H L G 702
2250 AAGTGTTACTCCAAAAAAAGAGCACATGGCAGATGAaaagtatataagtaagaataaatgagtgaataggtaaaa 2324
703  K C Y S K K R A H G R *                                      713
2325 att [aataaa] gaaaagtaaataacaacaataaatgaaaataggtaaaaatgaataaagaaatatagataaataaca 2399
2400 acaataaacaagaacaatagataaaaaaaaaaaaaaa                        2436
```

图 5-9　口虾蛄 *ProPO* 基因全序列及其编码的氨基酸序列

在 NCBI 上 Blastn 比对，发现该序列与 Genbank 登录的 *Penaeus monodon*（AF099741.1）、*Procambarus clarkii*（EF595973.1）、*Litopenaeus vannamei*（EU373096.1）、*Macrobrachium rosenberqii*（DQ182596.1）、*Fenneropenaeus Chinensis*（FJ594415.1）、*Penaeus semisulcatus*（AF521949.1）、*Marsupenaeus japonicas*（AB073223.1）酚氧化酶原基因碱基序列具有高度同源性，分别为 82%、78%、76%、76%、74%、72%、70%。通过 Blast 与 GenBank 数据库上部分氨基酸序列进行比较，所推测的口虾蛄酚氧化酶原氨基酸序列与斑节对虾、短沟对虾、凡纳滨对虾和日本对虾的同源性分别是 51%、51%、50%和 49%。

通过 BLAST 蛋白同源分析程序对口虾蛄的 2 个铜结合位点及其相邻氨基酸序列与数据库序列进行比较，显示口虾蛄与多种类的酚氧化酶原、血蓝蛋白均具有同源性，尤其是铜结合位点内的 6 个组氨酸高度保守（表 5-1）。其中，H 显示推测的铜结合位点内的 6 个高保守组氨酸——211bp、215bp、239bp 为 A 位点，375bp、379bp、415bp 为 B 位点。进一步说明组氨酸在酚氧化酶活性中的重要作用。研究表明（叶星，2003），整个 Hemocyanin 基因家族酚氧化酶原、酪氨酸酶和血蓝蛋白可能不同程度地参与节肢动物的携带氧气和蜕皮功能。

表 5－1　口虾蛄及其他甲壳动物酚氧化酶原铜结合位点推测氨基酸序列同源性比较

物种	A 位点	B 位点
Oratosquilla oratoria	YGIN A H**H**WHW**H**IVFPAEIE IA LHRDRKGELFYYM**H**QQMMARY	DM**H**NFG**H**VLLALA HDPDGVHREEMGVMGDSGTAMRDPVFYRW**H**RYID
Penaeus monodon	YGIN H**H**WHW**H**+++P + RDRKGELFYYM**H**QQ++ARY	D +**H**N G**H** +LA +HDPD H+EEMGV+GD GT++RDPVF+R **H**++D
Penaeus semisulcatus	YGIN H**H**WHW**H**+++P + I RDRKGELF+YM**H**QQ++ARY	D +**H**N G**H** +LA +HDPD H+EEMGV+GD GT++RDPVF+ **H**++D
Litopenaeus vannamei	YGIN H**H**WHW**H**+++P + + RDRKGELFY YM**H**QQ++ARY	D +**H**N G**H** +LA +HDPD H+EEMGV+GD GT++RDPVF+R **H**++D
Marsupenaeus japonicas	YG++ H**H**WHW**H**+++P + ++ RDRKGELFY YM**H**QQ++ARY	+**H**N G**H** +LA +HDPD H+EEMGV+GD G ++DP FYR **H**++D

三、ProPO 系统发生分析

根据 ProPO 推测的氨基酸序列，选择同源性较高的其他节肢动物 ProPO 氨基酸序列进行 NJ 聚类分析，得到的种系发生树反映了上述物种进化关系的远近。如图 5-10 所示，口虾蛄与罗氏沼虾的进化关系较近。

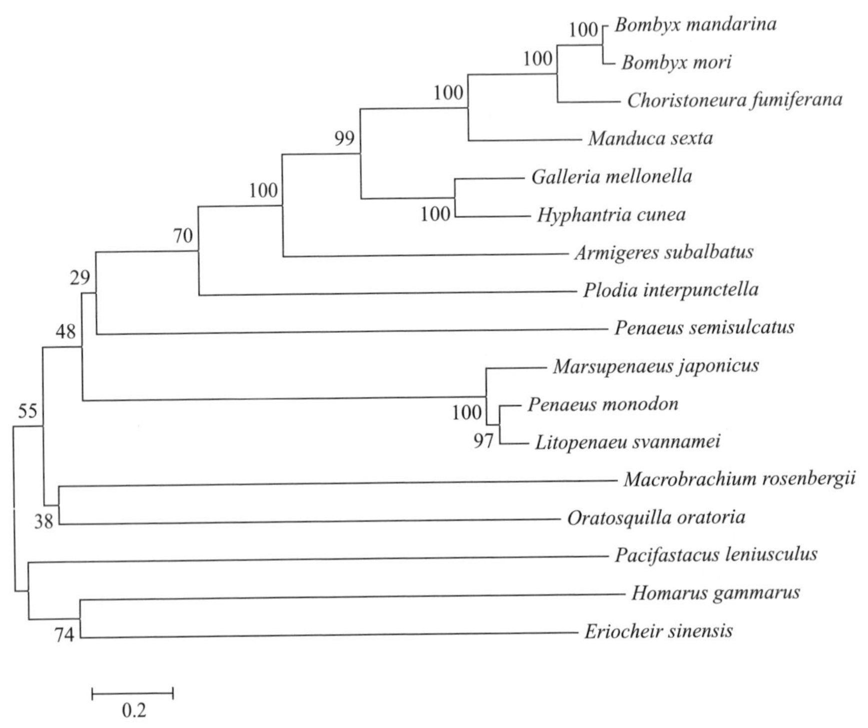

图 5-10 根据口虾蛄和其他节肢动物酚氧化酶原的推测氨基酸序列建立的 NJ 种系发生树

四、酚氧化酶基因在不同组织中的表达分析

半定量检验 *ProPO* 基因在血细胞、肌肉、肠、卵巢、眼柄及触角中的 mRNA 表达分析结果如图 5-11 所示，口虾蛄 *ProPO* 基因特异片段在口虾蛄的血淋巴中和肠中表达，在血淋巴中的表达显著。研究表明（Sritunyalucksana et al.，1999；Wang et al.，2006；Lai et al.，2005；Ko et al.，2007）斑节对虾和罗氏沼虾的 *ProPO* 基因是在血细胞中合成而不在肝胰腺合成；而凡纳滨对虾的 *ProPO* 基因广泛表达于血淋巴、前肠盲肠、神经节、中肠、胃、鳃、心脏及淋巴器官，在肌肉、肝胰腺和表皮角质层表达很少。锯缘青蟹

ProPO 基因在血细胞中显著表达，在肝、肠、卵巢、心脏、眼柄、鳃、胃和肌肉中不表达。但是中华绒螯蟹 *EsProPO* 的 mRNA 转录及 PO 酶活力在实验各个组织中都检测到，特别在肝胰腺中检测到高水平。

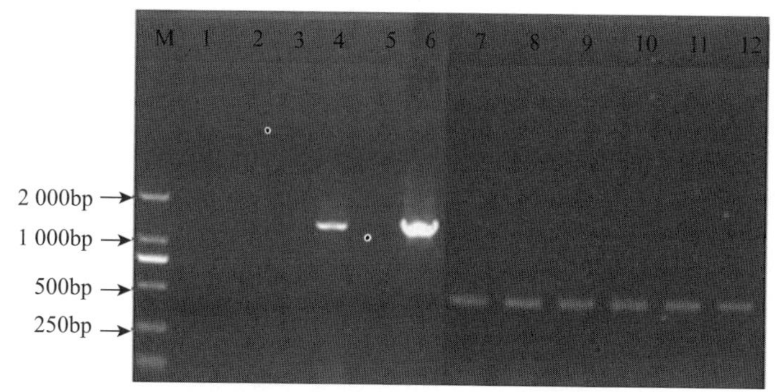

图 5-11　口虾蛄各组织总 RNA RT-PCR 扩增得到的 *ProPO* 基因特异片段和 *β-actin* 基因片段电泳结果

1、7. 触角　2、8. 眼柄　3、9. 卵巢　4、10. 肠　5、11. 肌肉　6、12. 血淋巴

第四节　温度、盐度、胁迫对口虾蛄消化酶的影响

消化酶活力的大小不仅与甲壳动物种类、生理状态等自身因素有关，还与环境因素密切相关。其中，温度、盐度是主要影响因素。在虾类生存环境中，温度、盐度作为重要的影响因子，直接或间接地影响动物的存活、摄食、生长和繁殖等。温度、盐度通过影响消化道中消化酶活力进而影响食物的消化吸收，最终影响动物的生长发育。因此，研究温度、盐度胁迫对口虾蛄消化酶活力的影响，可为进一步揭示口虾蛄的生理生态学特征提供基础数据，分析口虾蛄最适生长发育环境，提高存活率和生长速率。

一、盐度对口虾蛄消化酶活力的影响

如 5-12 所示，随着盐度的逐步增加，淀粉酶活力先增大，在盐度 30 达到最高峰，为 0.703U/mg，显著高于其他盐度组（$P<0.05$），随后淀粉酶活力逐渐减小；36 盐度组与 39 盐度组差异不显著（$P>0.05$），其余各盐度组之间差异显著（$P<0.05$）。纤维素酶活力先增大，盐度 27 时酶活力增至 0.366U/mg，之后纤维素酶活力上下波动；21、24、27 盐度组，30、36、39 盐度组之间差异不显著（$P>0.05$），其余各组差异显著（$P<0.05$）。

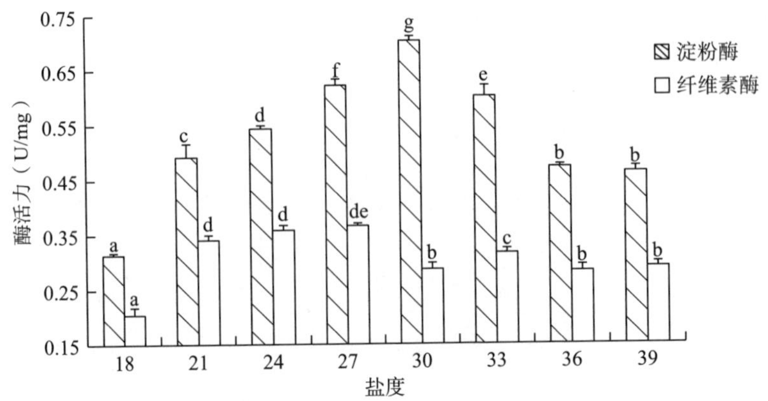

图 5－12　盐度对口虾蛄淀粉酶和纤维素酶活力的影响

如图 5－13 所示，随着盐度的增加，蛋白酶活力表现出先增大后减小的趋势。胰蛋白酶在盐度 30 时活力最大，为 3.126U/mg，显著高于其他盐度组酶活力（$P<0.05$）；随着盐度的继续增加，胰蛋白酶活力减小，33、36、39 盐度组酶活力变化不显著（$P>0.05$）。胃蛋白酶活力在盐度 27 时最大，为 1.26U/mg，各组之间变化差异不大（$P>0.05$）。

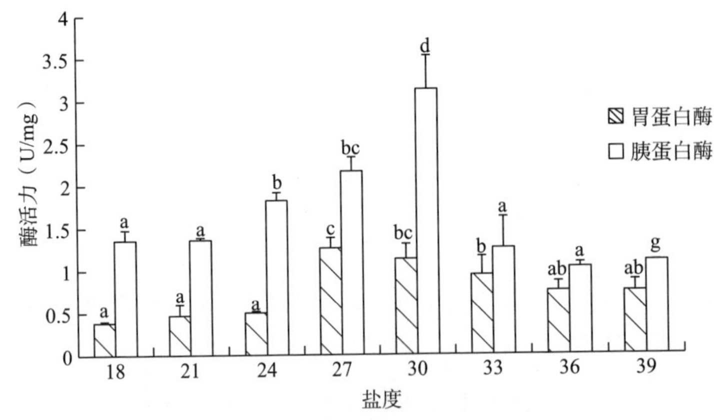

图 5－13　盐度对口虾蛄胃蛋白酶和胰蛋白酶活力的影响

如图 5－14 所示，脂肪酶活力随着盐度的增加也表现出先增大后减小的趋势；脂肪酶活力在盐度 27、30 时较大，27 盐度组（33.875U/g）略高于 30 盐度组（32.886U/g），且两组之间差异不显著（$P>0.05$）。酶活力在盐度 18、39 时较小，与其他盐度组差异显著（$P<0.05$），18 盐度组（14.537U/g）略低于 39 盐度组（17.56U/g），且两组之间差异不显著（$P>0.05$）。

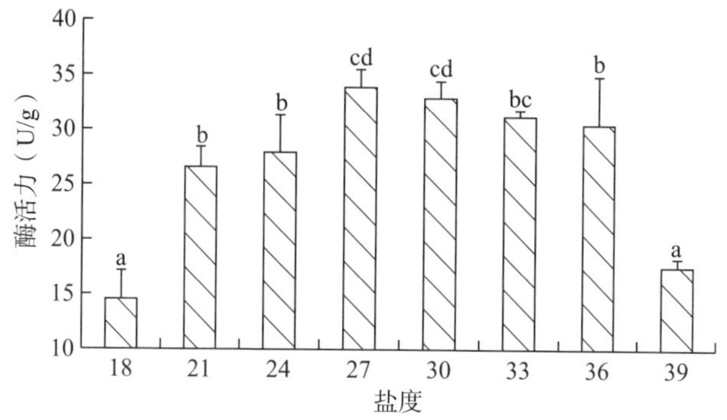

图 5-14　盐度对口虾蛄脂肪酶活力的影响

二、温度对口虾蛄消化酶活力的影响

如图 5-15 所示，随着温度的升高，淀粉酶活力和纤维素酶活力都呈上升的趋势。淀粉酶活力在水温 30℃时活力最大，为 0.52U/mg；5℃和 10℃组，15℃、20℃、25℃组、30℃之间差异不显著（$P>0.05$）。纤维素酶在水温 30℃时活力最大，为 0.47U/mg；5℃、10℃和 15℃组，20℃、25℃和 30℃组差异不显著（$P>0.05$）。

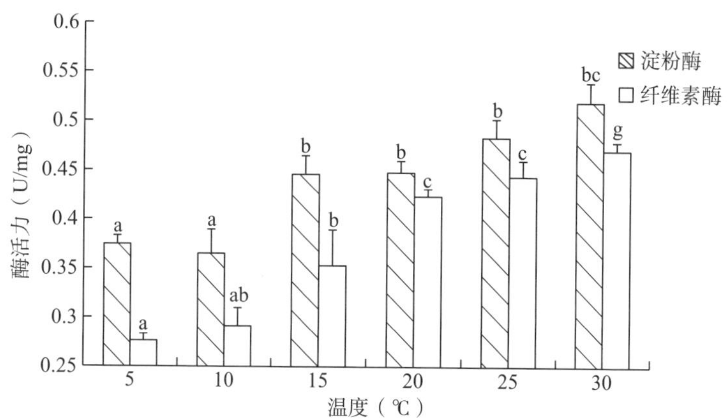

图 5-15　温度对口虾蛄淀粉酶和纤维素酶活力的影响

如图 5-16 所示，随着温度的升高，胃蛋白酶活力逐渐增大，30℃时活力最大，为 2.73U/mg，明显高于其他温度胃蛋白酶活力（$P<0.05$）；5℃和 10℃，15℃和 20℃之间差异不显著（$P>0.05$），20℃、25℃、30℃之间差异显著（$P<0.05$）。胰蛋白酶活力在 30℃较大，为 4.23U/mg，和其他温度组差异显著（$P<0.05$）；5℃、10℃、15℃和 20℃之间差异不显著（$P>0.05$），25℃、30℃之间差异显著（$P<0.05$）。在 20～30℃，温度对蛋白酶活力有显

著影响（$P<0.05$）。

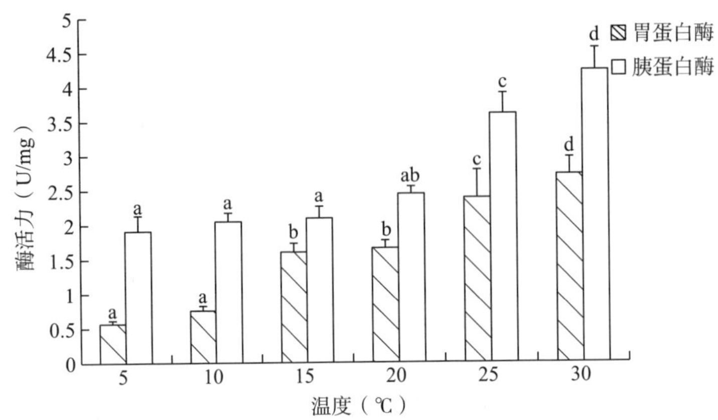

图 5-16　温度对口虾蛄胃蛋白酶和胰蛋白酶活力的影响

如图 5-17 所示，水温为 30℃时，脂肪酶活力最高，为 76.98U/g；脂肪酶活力从高到低依次为 30℃、20℃、25℃、15℃、10℃、5℃，15℃和其他温度组差异显著（$P<0.05$），30℃、25℃和 20℃组差异不显著（$P>0.05$）。

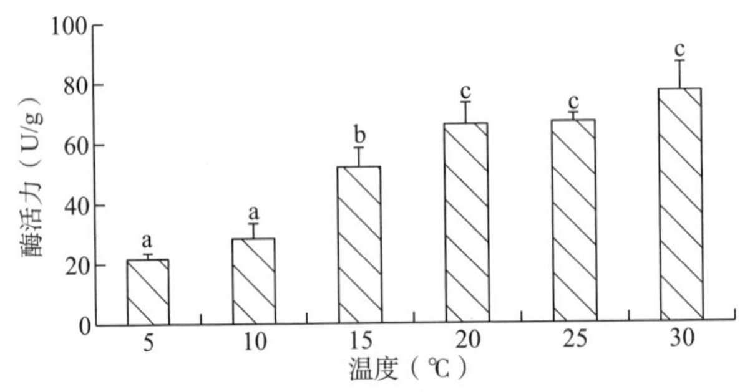

图 5-17　温度对口虾蛄脂肪酶活力的影响

三、盐度、温度对口虾蛄消化酶活力的影响

盐度是甲壳类动物生活环境中的重要因素，许多研究结果表明盐度会对消化酶活力产生影响。实验表明，除纤维素酶外，淀粉酶、蛋白酶和脂肪酶活力均随盐度升高而增大，在某一盐度出现峰值后，酶活力又随盐度的升高而呈下降趋势。可见，盐度对口虾蛄的消化酶活力有显著影响。有学者认为，盐度是通过影响水生动物的生理状态，如渗透压的调节来影响其消化酶活性的（李希国等，2006）。外界盐度改变，水生动物能主动将其体液渗透压调节到正常范围内，盐度过低进行高渗调节，盐度过高进行低渗调节；而渗透压调节是需要

耗费能量的生理过程，外界盐度过高或过低，渗透压调节消耗的能量就越多，生长发育受其影响，消化吸收能力减弱，表现为消化酶活力降低（臧维玲等，2002；黄凯等，2004）。

口虾蛄淀粉酶、胰蛋白酶活力在盐度30时最高，纤维素酶、胃蛋白酶和脂肪酶活力在盐度27时最高。本试验认为，口虾蛄摄食的最适盐度为27～30。口虾蛄处在最适盐度范围内，用于渗透压调节的能量少，口虾蛄生长迅速，消化吸收能力强，消化酶活力达到最高。刘海映等（2012）研究发现口虾蛄幼体最佳摄食盐度为27～33。廖永岩等（2007）在对中华虎头蟹摄饵的研究中发现盐度25～35为蟹摄饵适宜盐度，盐度30为最佳盐度。上述试验得出的最适盐度与本研究得出的结果基本一致。

纤维素酶活力在达到最大后呈波动变化，可能是因为其对盐度的一种适应能力。由试验可以看出，盐度对口虾蛄的消化酶活力影响较大，因此在养殖中应注意盐度的变化。蛋白酶、淀粉酶、纤维素酶及脂肪酶受温度的影响不如盐度那样明显，可能是因为试验设置的温度范围较窄，5～30℃范围处在消化酶的适宜作用温度范围之内。

学者对甲壳动物消化酶最适温度的研究主要是测定消化酶活力最大时的反应温度（祝尧荣等，2009；姜永华等，2009；沈文英等，2004；胡毅等，2006）。但酶活力的反应温度只反映了机体内部消化酶的热稳定性和温度对酶活力的影响规律，并不能准确反映温度对消化率的影响情况。沈文英等（2003）认为饲养温度比反应温度更显著地影响消化酶活性。口虾蛄属于变温动物，水温对口虾蛄所起的作用是整体性的，除了直接影响酶的活性外，还通过调节机体的代谢，影响营养物质及能量的利用效率，从而间接影响酶活性。在5～30℃范围内，随着温度的升高，口虾蛄体内各种生化反应速度加快，致使呼吸和代谢加快，耗能增大，维持生命活动所需的能量增加，口虾蛄的摄食量和消化率增加，消化酶的活力增大。梅文骧等（1993）、姜祖辉等（2000）等研究得出随着温度的升高，口虾蛄的耗氧率、排氨率均增加。田相利等（2004）指出在适宜的温度范围内，温度的升高能促进中国对虾摄食量和消化率的增加。在整个实验过程中投喂饵料为菲律宾蛤仔，口虾蛄为肉食性，所以蛋白酶显得特别重要。在低温环境下蛋白酶的变化不大（$P>0.05$），但温度升至20℃以上，口虾蛄的胃蛋白酶活力和胰蛋白酶活力均呈现较大的变化（$P<0.05$），口虾蛄主要靠消耗体内蛋白质来满足较大的能量需求。

在实际生产中，应根据环境温度变化的特点，合理调整饵料配方，尤其是注意蛋白的添加量，改进投喂方式，提高营养物质的消化吸收能力，将取得最佳的经济效益。

四、饥饿胁迫对口虾蛄消化酶活力的影响

口虾蛄会面临食物分布不均、季节更替或环境变化等因素造成食物的缺乏，从而受到饥饿胁迫；在暂养及活体运输过程中，常受到人为的饥饿胁迫。即使在养殖过程中，也会遭遇饵料缺乏，尤其是处于仔稚期的口虾蛄，由于个体相对较小更容易受到饥饿的胁迫。仔稚期的口虾蛄由于处于幼体发育的重要时期，其摄食阶段是影响其存活率的关键时期。饥饿作为一种重要的环境胁迫因子，对其生长、摄食及消化等方面都会产生一定影响。本研究测定了饥饿胁迫下口虾蛄仔虾消化酶活力的变化，从而了解饥饿对口虾蛄仔虾消化生理的影响，为开展口虾蛄的人工养殖及活体运输等提供相关的理论依据。

如图 5－18 所示，仔虾淀粉酶和纤维素酶活力均随着饥饿天数的增加呈现先增大后减小的趋势，在饥饿 1d 时达到最高峰，分别为 0.515U/mg、0.37U/mg，分别是对照组的 1.27、1.52 倍（$P<0.05$）；随着饥饿天数的增加，淀粉酶和纤维素酶活力又逐渐减小，饥饿 14d 时达到最小值，分别为 0.188U/mg、0.127U/mg，分别是对照组的 46.45%、52.05%（$P<0.05$）。饥饿 3d、5d 淀粉酶活力差异不显著（$P>0.05$），从 3d 起，纤维素酶活力差异不显著（$P>0.05$），其余各组酶活力差异显著（$P<0.05$）。

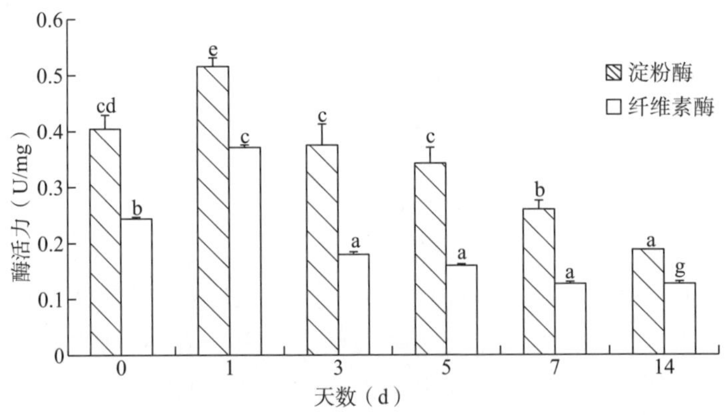

图 5－18　饥饿胁迫对口虾蛄淀粉酶和纤维素酶活力的影响

如图 5－19 所示，胃蛋白酶和胰蛋白酶活力均随着饥饿天数的增加呈现先增大后减小的趋势，两者趋势又略有不同。胃蛋白酶活力在饥饿 3d 时达到最大值，为 6.556U/mg，是对照组的 1.16 倍（$P<0.05$），随着饥饿天数的增加，胃蛋白酶活力显著减小（$P<0.05$），在饥饿 14d 时达到最小值，为 0.911U/mg，是对照组的 16.16%（$P<0.05$）。胰蛋白酶活力在饥饿 1d 时达

到最高峰，为 10.921U/mg，略高于对照组（$P>0.05$），随着饥饿天数的增加，胰蛋白酶活力逐渐减小，在饥饿 14d 时达到最小值，为 1.448U/mg，是对照组的 13.7%（$P<0.05$），饥饿 3d 和饥饿 5d 酶活力差异不显著（$P>0.05$）。

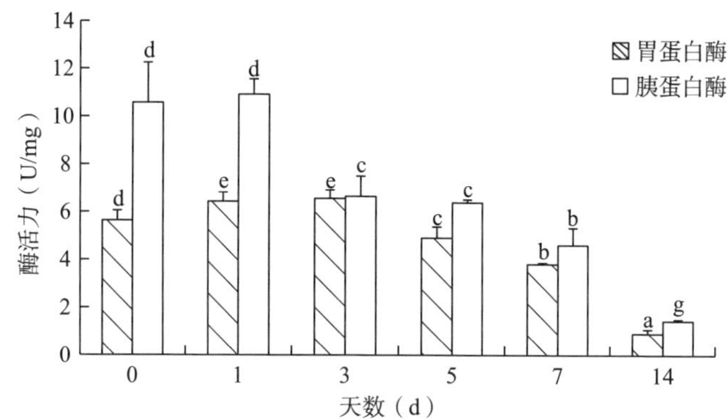

图 5-19 饥饿胁迫对口虾蛄胃蛋白酶和胰蛋白酶活力的影响

如图 5-20 所示，脂肪酶活力随着饥饿天数的增加也表现出先增大后减小的趋势。脂肪酶活力在饥饿 1d 时达到最大值，为 71.55U/g，是对照组的 1.15 倍（$P<0.05$）；随着饥饿天数的增加，脂肪酶酶活力逐渐减小，在饥饿 14d 时达到最小值，为 12.505U/mg，是对照组的 20.03%（$P<0.05$）；饥饿 3d 和饥饿 5d 酶活力差异不显著（$P>0.05$）。

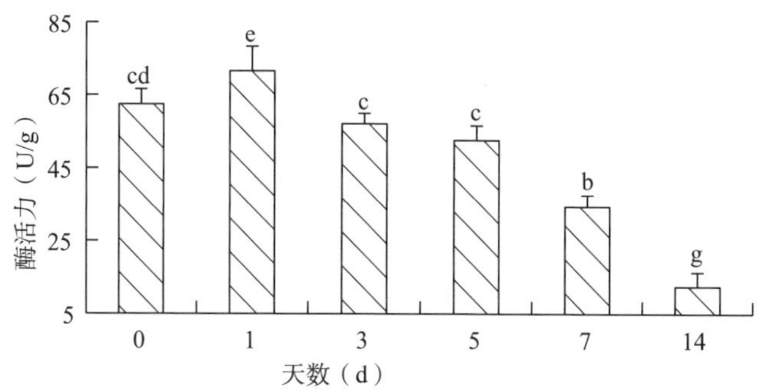

图 5-20 饥饿胁迫对口虾蛄脂肪酶活力的影响

可见，口虾蛄仔虾的消化酶活力均随着饥饿时间的增加呈现先增大后减小的趋势，这与凡纳滨对虾（孟庆武等，2006）、克氏原螯虾（赵朝阳等，2010）的变化模型一致，反映了仔虾在遭遇饥饿胁迫时所表现的一种自我调节机制。有学者认为甲壳动物在缺乏营养的状态下会寻求更多的营养来满足组织的能量需求（Arturo et al.，2006）。迫使口虾蛄仔虾不同程度地提高自身组织中的相关酶活力，吸收和利用消化道内残余的食物，以维持正常的生命活动，这是仔虾在饥饿胁迫初期所表现的一种应激反应。随着饥饿时间的增加，口虾蛄代谢减弱。口虾蛄幼体饥饿时其代谢水平显著降低，研究发现，饥饿 4d 后耗氧量和耗氧率显著下降，代谢率下降了 74%（刘海映，2012），这是甲壳动物对停食的适应反应。短暂的胁迫反应过后，由于没有受到外源食物的机械刺激，口虾蛄仔虾开始消耗自身存储的能量物质，为适应这种变化，口虾蛄体内各种生化反应速度减慢，致使呼吸和代谢减慢，耗能减小，维持生命活动所需的能量减小，消化酶分泌量下降。

甲壳动物处在饥饿状态时其生理代谢会发生适应性变化，通过调整体内各种酶的活性来积极利用体内的贮存物质，维持基本生命活动。遭遇饥饿胁迫时，甲壳动物会先消耗自身的糖类物质，随后是脂类，当糖类和脂类物质消耗完毕时，主要依靠消耗蛋白质来维持生命活动（周凡等，2013）。口虾蛄在饥饿初期，消化酶活力均出现了不同程度的增大，淀粉酶、纤维素酶、胃蛋白酶、胰蛋白酶以及脂肪酶酶活力分别为对照组的 1.27、1.52、1.16、1.03、1.15 倍。可见，饥饿初期口虾蛄主要依靠消耗糖类物质来适应饥饿胁迫。口虾蛄仔虾已经转变为肉食性，蛋白质和脂肪是生命活动中重要的能量物质。仔虾从 3d 开始，其纤维素酶活力变化不显著（$P>0.05$），直至 14d，依旧变化不大，可见口虾蛄仔虾从 3d 起，纤维素酶活力就维持在平稳状态，一方面说明其本身就含有少量的纤维素，另一方面也说明纤维素消耗完全。和其他几种消化酶变化趋势不同，胃蛋白酶活力增至 3d 时才开始降低，可见，蛋白质是口虾蛄幼体最重要的能量来源。因此，在对口虾蛄幼体暂养、活体运输和养殖中，应选择蛋白含量丰富的饵料。

五、饵料对口虾蛄消化酶活力的影响

饵料对生长与发育有着重要影响。国内外研究表明，饵料与甲壳动物幼体的营养积累和食物的消化吸收及消化酶活性的变化有直接关系。我国传统的水产苗种培育饵料主要使用的是生物饵料，如微藻、轮虫、卤虫幼体等，并辅以一些代用饵料（蛋黄、虾片等）。研究得出饵料某些组分的变化会引起消化酶活力的变化，饵料中某种成分的增加，消化该成分的消化酶的活力也会增强，而其他消化酶的活力也会发生相应的变化（Gangadhara et al.，1997）。可通过研究不同饵料所引起的消化酶活性变化，探索口虾蛄适应不同饵料条件下的生理生态学机制，为口虾蛄人工饵料配制及投喂提供理论指导。

如表 5-2 所示，口虾蛄幼体的变态率从高到低依次为 D、B、A、C、E。

表 5-2　不同饵料对口虾蛄幼体的变态率的影响

饵料组	A	B	C	D	E
Ⅺ期幼虾尾数	2	2	5	1	9
	3	2	2	0	8
	3	2	4	1	7
变态率（%）	73.3	80	63.3	93.3	20

如图 5-21 所示，Ⅺ期幼体的淀粉酶活力从高到低依次为 E、A、B、D、C 组；E 组淀粉酶活力为 1.77U/mg，约为 A 组（1.04U/mg）的 1.7 倍，和其他各组差异显著（$P<0.05$）；A、B、C、D 组之间差异不显著（$P>0.05$）。仔虾的淀粉酶活力从高到低依次为 E、A、B、C、D 组；E 组酶活力最大为 1.65U/mg，D 组酶活力最小为 0.398U/mg，差异显著（$P<0.05$）；A、B、C 组之间差异不显著（$P>0.05$）。Ⅺ期幼体的淀粉酶活力均高于仔虾期的。

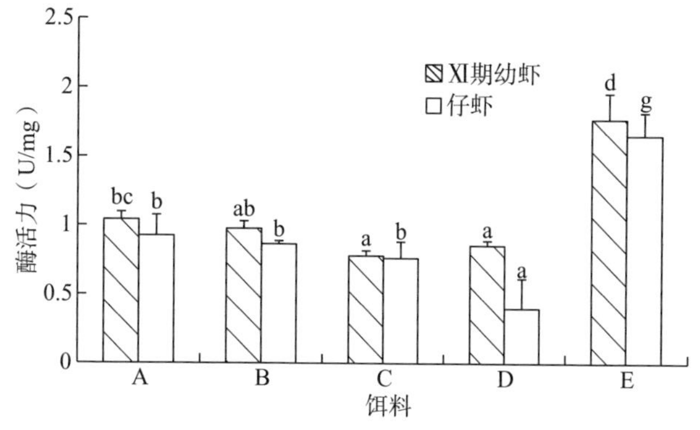

图 5-21　不同饵料对口虾蛄淀粉酶活力的影响

如图 5-22 所示，Ⅺ期幼体的纤维素酶活力从高到低依次为 E、A、D、C、B 组；B、C、D 组之间差异不显著（$P>0.05$），其余各组之间差异显著（$P<0.05$）。仔虾的纤维素酶活力从高到低为 E、D、B、A、C 组；E 组的纤维素酶活力最高为 0.548U/mg，约为其余各组酶活力的 1.5 倍；A、B、C、D 组差异不显著（$P>0.05$）。Ⅺ期幼虾的纤维素酶活力均高于仔虾期的。

如图 5-23 所示，D 组仔虾的胃蛋白酶活力最高为 1.096U/mg，其次是 B、C、A 组，E 组酶活力最低为 0.45U/mg，D 组酶活力约是 E 组的 2.5 倍；D 组与其他各组差异显著（$P<0.05$）。Ⅺ期幼虾中，投喂 D 组饵料的胃蛋白酶活力最高为 1.03U/mg，其次是 C、B、A 组，E 组最低为 0.484U/mg；B、C、D 组之间差异不显著（$P>0.05$），其余各组之间差异显著（$P<0.05$）。C、E 组Ⅺ期幼体的胃蛋白酶活力大于仔虾期的，其余均是Ⅺ期幼体的胃蛋白酶小于仔虾期的。

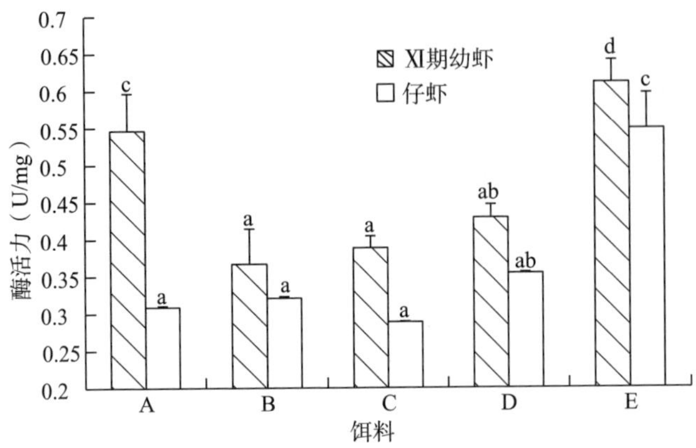

图 5-22　不同饵料对口虾蛄纤维素酶活力的影响

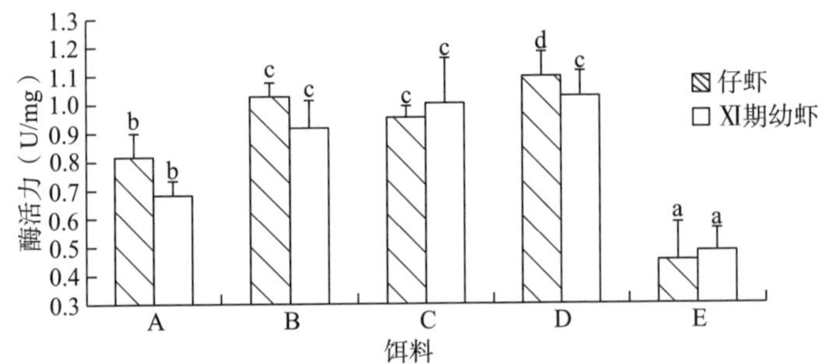

图 5-23　不同饵料对口虾蛄胃蛋白酶活力的影响

如图 5-24 所示，胰蛋白酶活力高低依次为 D、B、C、A、E 组，D 组酶活力最大，分别为 2.33U/mg、2.87U/mg，与其他各组差异显著（$P<0.05$）。仔虾期 D 组的胰蛋白酶活力是 A 组的 3 倍多，约是 B、C 组的 1.5 倍，比 E 组高出近 5 倍；而Ⅺ期幼体 D 组的胰蛋白酶活力约为 A、C 组的 2 倍，比 E 组高出近 4 倍。

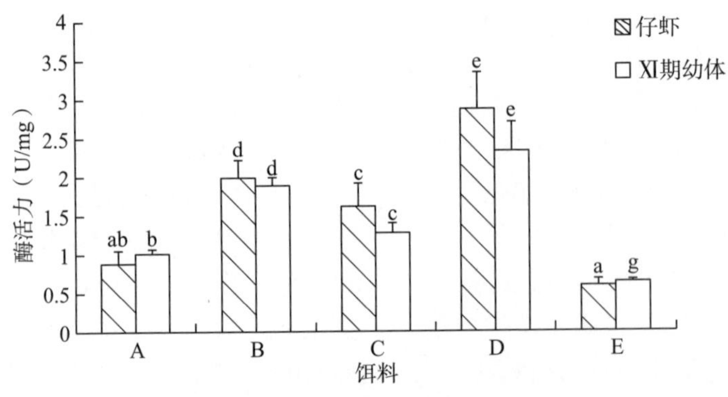

图 5-24　不同饵料对口虾蛄胰蛋白酶活力的影响

如图 5－25 所示，Ⅺ期幼虾和仔虾的脂肪酶活力从高到低依次为 D、B、C、A、E 组。B、C 组之间差异不显著（$P>0.05$），其余各组之间差异显著（$P<0.05$）。

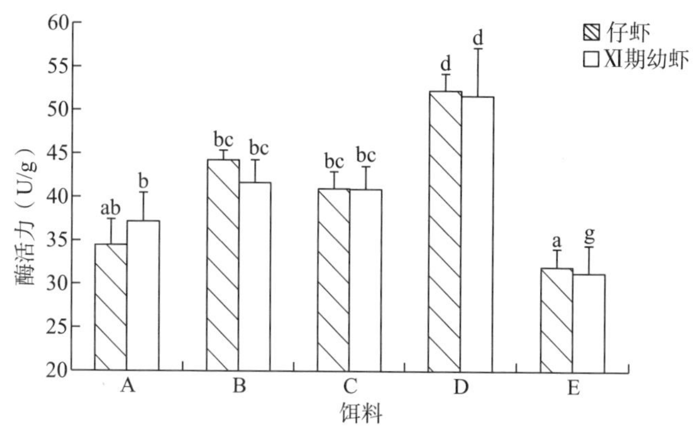

图 5－25　不同饵料对口虾蛄脂肪酶活力的影响

小球藻是鱼虾蟹等苗种直接或间接的生物饵料，具有生态分布广、生长速度快、易于培养的特点。小球藻细胞内含有蛋白质、氨基酸、维生素、矿物质和多种生物活性物质，并富含 *n*-3 高度不饱和脂肪酸，尤其是 DHA 和 EPA（周华伟等，2005；严佳琦等，2011）。投喂小球藻组的糖类水解酶的酶活力最高，蛋白酶和脂肪酶活力最低，且变态率也是最低的。小球藻内含有丰富的多不饱和脂肪酸，可以提高幼体的存活率，但是由于其细胞壁较厚，口虾蛄幼体摄食后容易消化不良，营养利用价值受到限制。摄食小球藻的口虾蛄幼体表现出了较高的消化糖类的能力，而消耗蛋白质和脂肪的能力较弱，所摄取的营养和能量不能满足幼体生长发育的需求。

卤虫无节幼体粗蛋白含量为 54.61%～59.92%（陈立新等，1996），Claus 等（1979）和黄旭雄等（2007）报道卤虫无节幼体的脂肪水平为其干重的 20.84%～23.53%；除此之外，它还有多种维生素，其中包括维生素 C、维生素 B_1、维生素 B_2、叶酸以及生物素等，营养极其丰富（吴垠等，2003）。卤虫是鱼虾蟹良好的饵料，但是卤虫无节幼体体内所含的不饱和脂肪酸含量很低，所以可以在投喂前要对其进行营养强化，以提高饵料中不饱和脂肪酸的含量。海洋红酵母粗蛋白含量约为 42.01%，粗脂肪约为 3.09%，总糖为 29.5%左右，必需氨基酸含量丰富、组成合理，并含有一定量维生素和微量元素；更为重要的是，它能合成和生产大量胡萝卜素和虾青素（Bhosale et al.，2001；李红等，2004；蔡诗庆等，2009）。有资料证实，海洋红酵母能显著提高幼苗的存活率、饲养效果，并能增强动物体的免疫功能，减少抗生素用量，是生态养殖的优良添加剂（杨世平等，2011）。用小球藻强化的卤虫组的消化酶活力和变态率都显著高于小球藻组（$P<0.05$）。卤虫组和用小球藻强化的卤虫组，两者的酶活力差异不显著（$P>0.05$），小球藻强化的卤虫组略高于卤虫组，而小球藻强化的卤虫组变态率更高。用酵母强化的卤虫组，除了纤维素酶活力在Ⅺ期幼虾时最低外，表现出较高的消化酶活力，卤虫对各消化酶的影响比较均衡，也表现出较高的变态率。消化酶活力受到饵料生化组成的影响发生促进诱导作用，实现了营养强化和不同饵料的营养互补。

糠虾蛋白质含量接近于干重的70%，脂肪量约占15%，具有生活周期短、生长快、易培养的特点，利用糠虾作为饵料来源是很好的途径（Stottrup et al.，1986）。投喂糠虾组的幼体变态率最高，幼体消化酶除淀粉酶外均表现出较高的酶活力，其中，蛋白酶和脂肪酶活力最大。可见，糠虾是口虾蛄幼体最合适的饵料。消化酶对饵料中的营养物质有着明显的适应性，这种特性可以作为饵料中各种营养物质消化吸收和利用的重要指标。

六、温度胁迫对口虾蛄免疫的影响

盐度作为一种与渗透压密切相关的环境因子，对甲壳动物生长、存活及免疫防御影响显著。在多雨或干旱季节，我国沿海盐度差异显著，同时，在河口等处易出现急性低盐状况，这成为制约水产动物生长存活的重要因素，因此，研究盐度胁迫对虾类的损伤成为必然。而环境温度是重要的外界因素之一，它直接影响变温动物的新陈代谢、耗氧率、生长速度、蜕皮和存活等，还可通过影响盐度、溶解氧、氨氮等其他环境参数间接产生影响（Moullac et al.，2000）。

如图5-26所示，血蓝蛋白浓度在水温5℃、10℃时差异不显著（$P>0.05$）；温度15℃时血蓝蛋白浓度达到最高峰，为149.33mg/mL，和其他各温度组差异显著（$P<0.05$）。之后随着温度的升高，血蓝蛋白浓度逐渐降低。

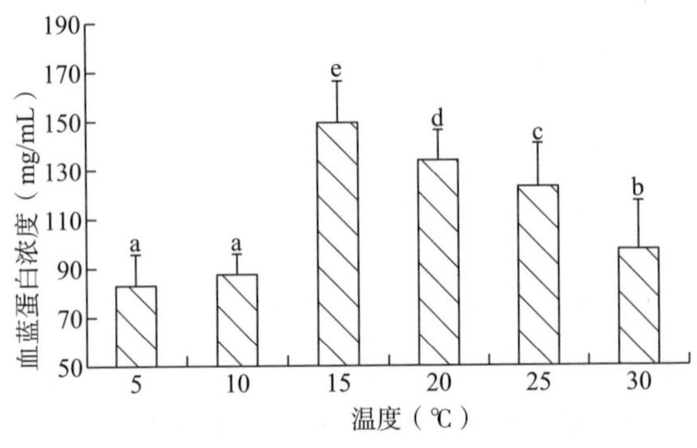

图5-26　温度对口虾蛄血蓝蛋白的影响

如图 5-27 所示，血细胞个数随着温度的升高先增加，在温度 15℃时达到最高峰，为 9.77×10^7 个/mL，显著高于其他各温度组个数（$P<0.05$）。之后随着温度的继续升高，血细胞个数逐渐减小，在 30℃最低，为 3.38×10^7 个/mL，相对于 15℃时降低了 65.40%。10℃、25℃差异不显著（$P>0.05$），其余各温度组差异显著（$P<0.05$）。

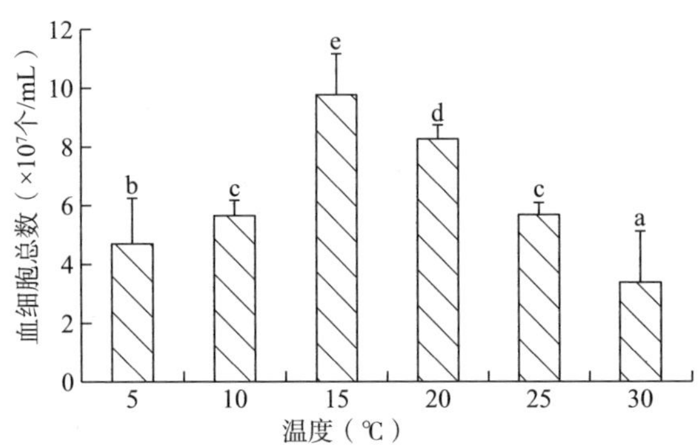

图 5-27　温度对口虾蛄血细胞总数的影响

如图 5-28 所示，酸性磷酸酶活力在水温 5℃和 10℃时差异不显著（$P>0.05$）；随着温度的升高，酶活力呈现先增大后减小的趋势，在 25℃时达到最大值，为 22.07U/g，略高于 20℃组，两温度组差异不显著（$P>0.05$）。

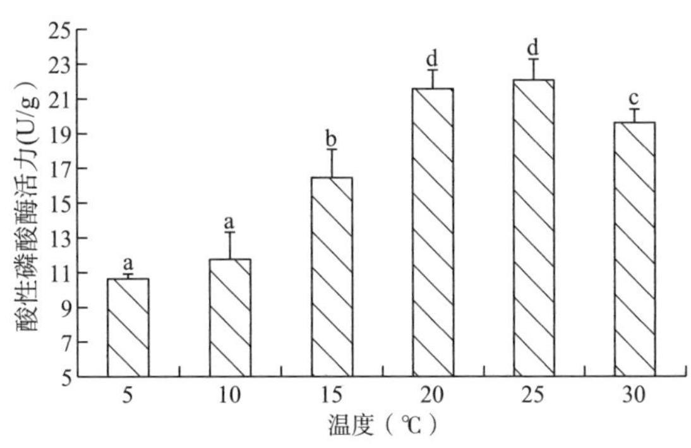

图 5-28　温度对口虾蛄酸性磷酸酶活力的影响

如图 5-29 所示，口虾蛄碱性磷酸酶活力随温度的升高呈现增大的趋势，在 30℃时达到最大值，为 7.93 金氏单位*/g，各温度组酶活力差异显著（$P<0.05$）。

* 金氏单位是一种磷酸酶效能单位。1 金氏单位=7.14U/L。

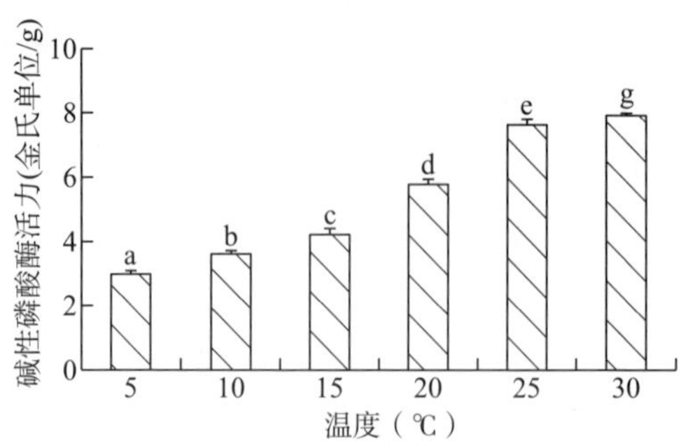

图 5-29　温度对口虾蛄碱性磷酸酶活力的影响

如图 5-30 所示，过氧化氢酶活力随着温度的增大呈现上升的趋势，至 30℃时达到最大值，为 2.12×10^3 U/g；15℃和 20℃组、25℃和 30℃组差异不显著（$P>0.05$）。

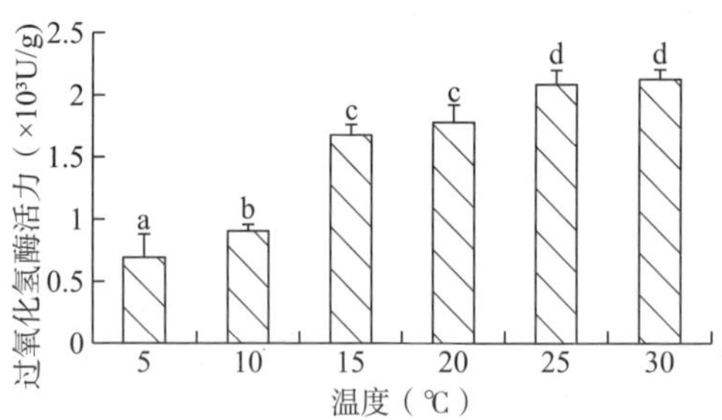

图 5-30　温度对口虾蛄过氧化氢酶活力的影响

如图 5-31 所示，溶菌酶活力在水温 5℃、10℃差异不显著（$P>0.05$）；随着温度的升高，酶活力呈现先增大后减小的趋势，在 20℃时达到最大值，为 17.61U/mL，15℃、20℃、25℃、30℃组差异不显著（$P>0.05$）。

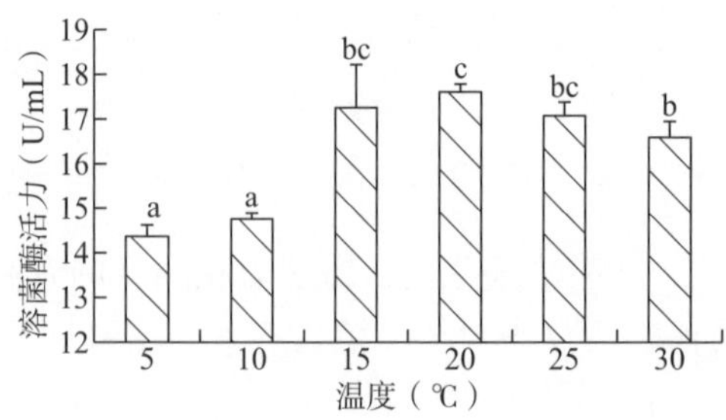

图 5-31　温度对口虾蛄溶菌酶活力的影响

如图 5-32 所示，过氧化物歧化酶活力在水温 5℃和 10℃以及 15℃、20℃

和 25℃时差异不显著（$P>0.05$），过氧化物歧化酶活力随着温度的增大呈现上升的趋势，至 30℃达到最大值，为 3.25×10^3U/g，显著高于其余各温度组（$P<0.05$）。

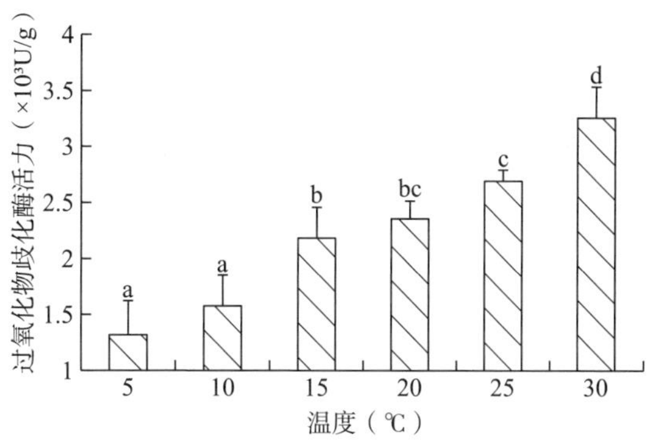

图 5-32　温度对口虾蛄过氧化物歧化酶活力的影响

温度能显著影响口虾蛄免疫机能。Moullac 等（2000）研究表明，在 24h 内水体温度由 27℃下降到 18℃，细角滨对虾血细胞数量明显降低；水温由 19℃降至 4℃时，测定龙虾的血细胞数只有原来的 50%（Perazzolo et al.，2002）；罗氏沼虾水体温度为 27℃和 30℃时的血细胞总数显著高于在 20℃和 33℃温度下的数量（Cheng et al.，2000）。吴丹华等（2010）在对温度胁迫对三疣梭子蟹的免疫因子的研究中得出 8℃下两种群体蟹的血蓝蛋白含量均高于 34℃胁迫组的含量。口虾蛄在 15℃时 THC 和血蓝蛋白浓度最高，偏离 15℃时 THC 随着温度的变化而逐渐降低。可见，甲壳动物 THC 和血蓝蛋白都与温度密切相关，超出适温范围，含量下降。

口虾蛄属于变温动物，其机体内温度会随着水体温度的升高而升高。已有研究表明，在 6～31℃范围内，随着温度增加，口虾蛄的耗氧率、排氨率均增加（廖永岩等，2007）；口虾蛄的呼吸随温度的升高，耗氧量和耗氧率均呈上升趋势，当温度为 16～24℃，口虾蛄的耗氧率受温度影响不大，耗氧率变化较平稳（徐海龙等，2008）。温度升高促进机体代谢加快，造血器官中的干细胞的分裂速度加快，细胞活动加剧，细胞吞噬活力增强，免疫力增大。但是当温度过高或过低时，也会对细胞免疫产生抑制作用，THC 下降，细胞吞噬活力减弱，免疫力降低，加大了对外界病菌的易感性。水体温度的升高，水体中溶氧降低，血蓝蛋白的亚基构象发生改变（潘鲁青等，2008）。此外，水体温度的升高，血淋巴 pH 随之减小，降低了血蓝蛋白与氧的结合性，导致口虾蛄处在缺氧的环境，降低虾的免疫反应。有学者认为斑节对虾在缺氧条件下其血细胞对哈维氏弧菌的吞噬能力和清除能力均减弱；水中溶解氧的下降是造成虾白斑综合征暴发的重要诱因之一（Cheng et al.，2002；王克行等，1998；管越强等，2008）。

七、盐度胁迫对口虾蛄免疫的影响

如图 5－33 所示，随着盐度的逐步增加，血蓝蛋白浓度先增大，在盐度 30 达到最高峰，为 122.973mg/mL，随后血蓝蛋白浓度逐渐减小；21 盐度组与 24 盐度组、27 和 30 盐度组差异不显著（$P>0.05$），其他各盐度组之间差异显著（$P<0.05$）。

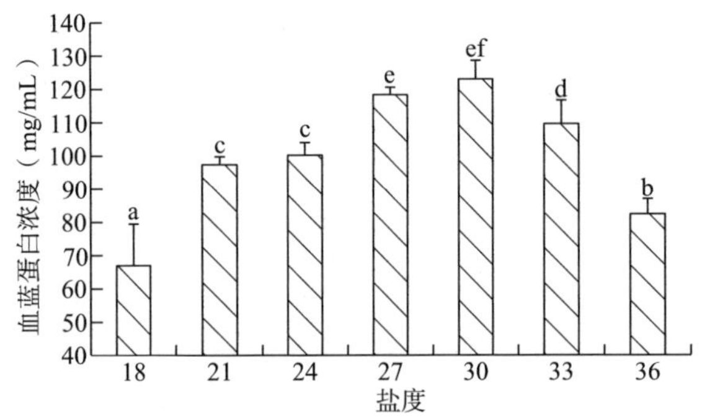

图 5－33　盐度对口虾蛄血蓝蛋白的影响

如图 5－34 所示，随着盐度的逐步增加，血细胞总数先增大，在盐度 30 达到最高峰，随后血细胞总数逐渐减小。

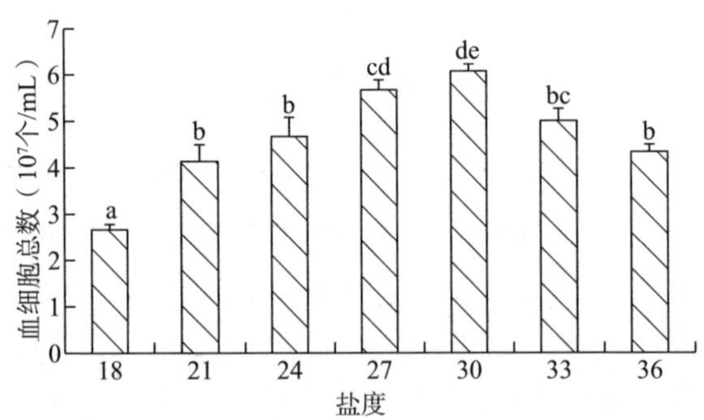

图 5－34　盐度对口虾蛄血细胞总数的影响

如图 5－35 所示，随着盐度的逐步增加，口虾蛄酸性磷酸酶活力先增大，在盐度 27 达到最高峰，为 24.759U/g，显著高于其他盐度组（$P<0.05$），随后酶活力逐渐减小；18、21、33、36 盐度组差异不显著（$P>0.05$），其他各盐度组之间差异显著（$P<0.05$）。

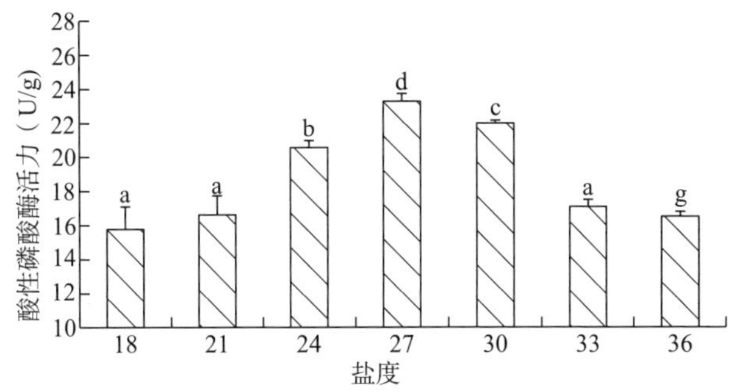

图 5－35　盐度对口虾蛄酸性磷酸酶活力的影响

如图 5－36 所示，随着盐度的逐步增加，口虾蛄碱性磷酸酶活力先增大，在盐度 30 达到最高峰，为 12.487 金氏单位/g，显著高于其他盐度组（$P<0.05$），随后碱性磷酸酶活力逐渐减小；18、21 和 36 盐度组以及 24、27 和 33 盐度组之间差异不显著（$P>0.05$），其他各盐度组之间差异显著（$P<0.05$）。

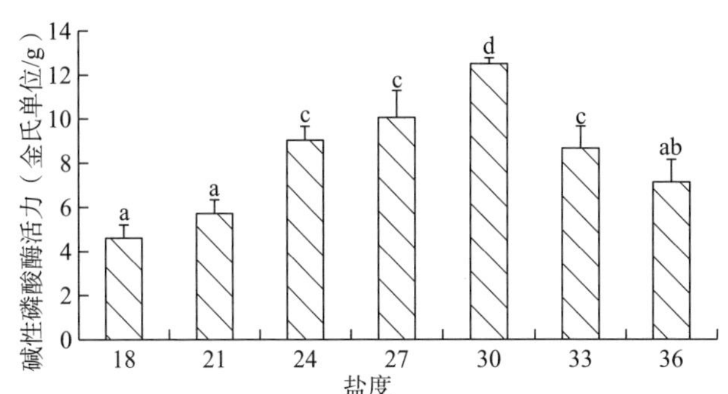

图 5－36　盐度对口虾蛄碱性磷酸酶活力的影响

如图 5－37 所示，随着盐度的逐步增加，口虾蛄过氧化氢酶活力先增大至

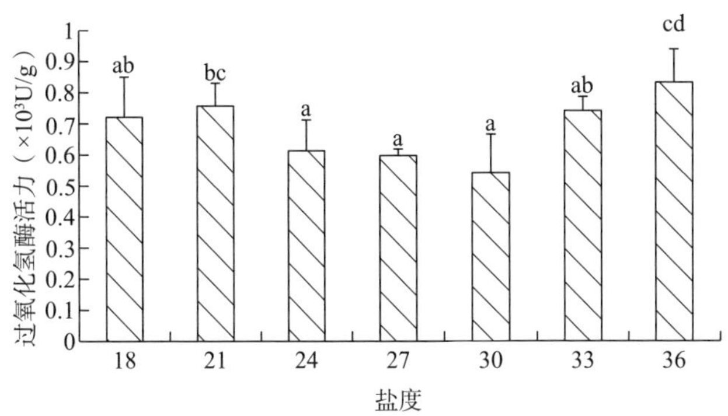

图 5－37　盐度对口虾蛄过氧化氢酶活力的影响

盐度 21 后开始逐渐减小。在盐度 30 时达到最低值，为 0.542×10^3U/g，三个盐度组酶活力从小到大依次为 30、27、24；随后过氧化氢酶活力逐渐增大，在盐度 36 时达到最大值，为 0.833×10^3U/g。

如图 5－38 所示，随着盐度的逐步增加，口虾蛄溶菌酶活力先减小，至盐度 27 时达到最低值，为 15.70U/mL，略低于 30 盐度组，两组差异不显著（$P>0.05$）；随后溶菌酶活力逐渐增大。

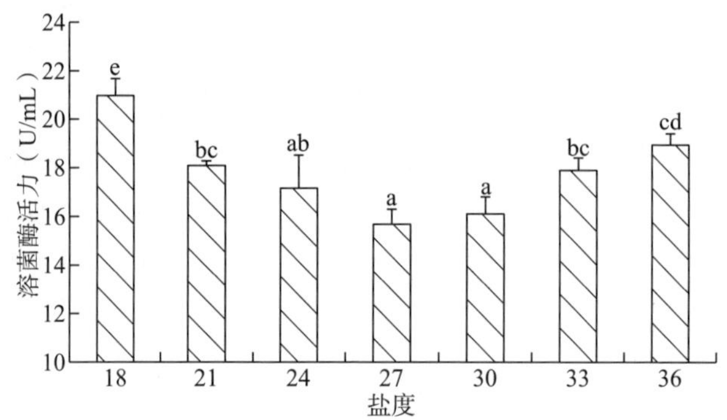

图 5－38　盐度对口虾蛄溶菌酶活力的影响

如图 5－39 所示，随着盐度的逐步增加，口虾蛄过氧化物歧化酶活力先减小，至盐度 30 时达到最低值，为 2.799×10^3U/g，显著低于其他各组的酶活力（$P<0.05$）；随后溶菌酶活力逐渐增大，在盐度 36 时达到最大值，为 4.923×10^3U/g。24、27、33 盐度组之间差异不显著（$P>0.05$），其他各盐度组之间差异显著（$P<0.05$）。

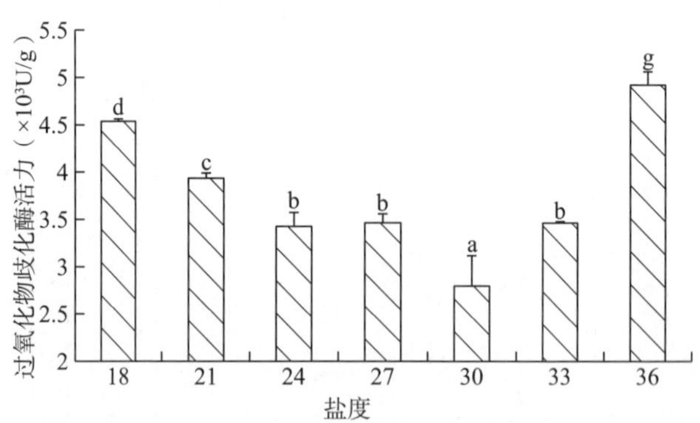

图 5－39　盐度对口虾蛄过氧化物歧化酶活力的影响

盐度的变化可影响血蓝蛋白的合成与代谢，除载氧外，还具有酚氧化物酶活性、抗菌活性和抗病毒活性、凝集活性、转运金属离子、渗透压调节等功能

(潘鲁青等，2008)。有学者认为甲壳动物血蓝蛋白在不同盐度下的合成代谢变化与其渗透调节过程密切相关，在高盐度下血蓝蛋白可裂解为游离氨基酸，维持血淋巴渗透压平衡；盐度发生改变时，血蓝蛋白浓度不仅受渗透压调节的影响，同时也和能量存储和能量代谢有关。当水体盐度过高或过低时，口虾蛄进行渗透压调节，机体为了维持渗透压平衡而启动糖异生机制，降解以血蓝蛋白形式储存在血液中的蛋白质作为能量的来源。所以，水体盐度过高或过低时，口虾蛄的血蓝蛋白浓度较低。

水体盐度改变使口虾蛄体内渗透压发生变化，造成了原来正常的生理机制的紊乱。磷酸酶是吞噬溶酶体重要的组成部分，ACP 和 AKP 的产生与血细胞吞噬和包囊作用相联系。实验中盐度胁迫下 ACP、AKP 变化趋势基本一致，表现为先升高后降低，分析这种变化趋势可能是由于盐度过高或过低造成的渗透压调节，使口虾蛄体内细胞吸水膨胀或失水缩小，细胞内与免疫相关的功能受到影响，磷酸酶活力降低，机体免疫力减弱。

实验结果中各盐度组口虾蛄肌肉中 CAT、LZM 和 SOD 活力均不同，盐度胁迫时，肌肉中酶活力升高，表明水体盐度胁迫对口虾蛄体内免疫酶活力影响显著（$P<0.05$）。CAT 可以减少自由基对正常细胞的损伤，对细胞生理代谢过程中产生的活性氧起消除作用。LZM 是吞噬细胞杀菌的物质基础，为碱性蛋白质，具有机体防御的功能，溶菌酶活性是衡量动物体非特异性免疫的一个重要指标（黄旭雄等，2007）。SOD 是生物体内一种重要抗氧化防御酶，其基本功能是清除由代谢产生的活性氧，防止活性氧病变。有学者认为当甲壳动物机体受到轻度逆境胁迫时活性被诱导，而受重度逆境胁迫时其活性则被抑制（陈宇锋等，2007）。研究表明口虾蛄最适盐度为 24～36（刘海映等，2006），所以，在受到正常范围内的高盐度或低盐度胁迫时，口虾蛄对能量的需求增加，尤其是盐度突变导致的代谢加速，体内产生大量的活性氧自由基，会产生一种应激和保护反应，诱导免疫酶活力以增强免疫力。

八、饥饿胁迫对口虾蛄免疫的影响

饥饿是甲壳动物在自然水域生态系中经常面临的一种生理胁迫现象，是影响正常生长、发育和生存的一个重要环境因子。饥饿对甲壳动物生理生态的影响研究受到国内外学者的高度重视，饥饿可以影响甲壳动物代谢、行为、组织结构、酶活性、生长和机体组成成分等（温小波等，2002；林小涛等，2004；Jones et al.，2000；Calado et al.，2008），还可影响免疫功能（田相利等，2004；Adriana et al.，2002；Verghese et al.，2008），严重时可引起动物神经内分泌功能紊乱，诱发各种疾病，甚至导致死亡，而有关饥饿胁迫对口虾蛄免疫影响的研究尚未见报道。因此，笔者测定了饥饿胁迫下口虾蛄成体的血细胞总数、血蓝蛋白浓度以及主要溶酶体酶的活力，探讨了口虾蛄各种免疫因子在饥饿胁迫下生理生化特性及作用机制，对于口虾蛄免疫防御机制的深入研究和疾病预防具有重要的现实意义。

如图 5－40 所示，随着饥饿时间的增加，血蓝蛋白浓度呈现减小的趋势。饥饿对照组的血蓝蛋白浓度最高，为 143.903mg/mL，饥饿 25d 后的血蓝蛋白浓度最低，为 26.312mg/mL，后者是前者的血蓝蛋白浓度的 18.28%。饥饿 5d 和饥饿 10d 差异不显著（$P>0.05$），饥饿 15d 和饥饿 20d 差异不显著（$P>0.05$），其余各饥饿组差异显著（$P<0.05$）。

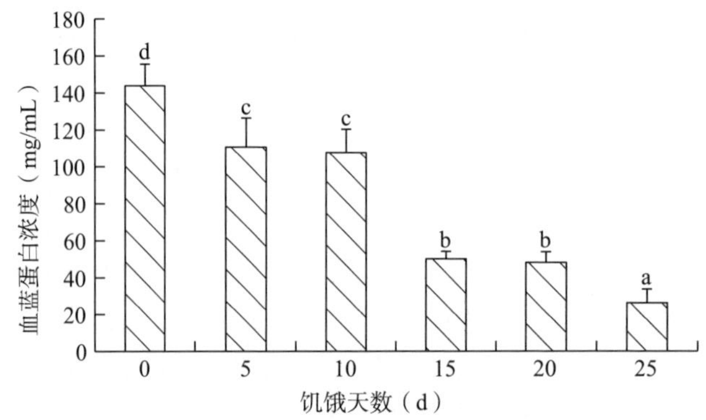

图 5－40　饥饿胁迫对口虾蛄血蓝蛋白的影响

如图 5－41 所示，随着饥饿天数的增加，血细胞总数逐渐减小，在饥饿 25d 时达到最小值，为 2.33×10^7 个/mL，显著低于其他饥饿组（$P<0.05$），饥饿 25d 的血细胞个数是对照组的 31.87%；饥饿 15d 和饥饿 20d 差异不显著（$P>0.05$），其他各饥饿组之间差异显著（$P<0.05$）。

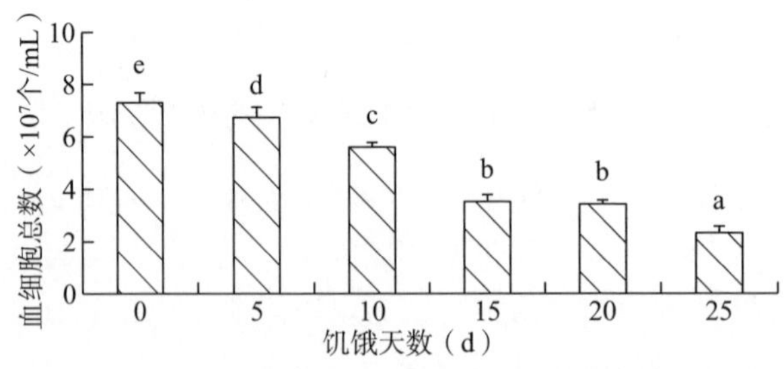

图 5－41　饥饿胁迫对口虾蛄血细胞总数的影响

如图 5－42 所示，随着饥饿时间的增加，口虾蛄酸性磷酸酶活力呈现减小的趋势，饥饿 25d 达到最小值，为 10.06U/g，饥饿 25d 的 ACP 活力是对照组的 47.2%；饥饿 5d 和饥饿 10d 酶活力差异不显著（$P>0.05$），其他各饥饿组之间差异显著（$P<0.05$）。

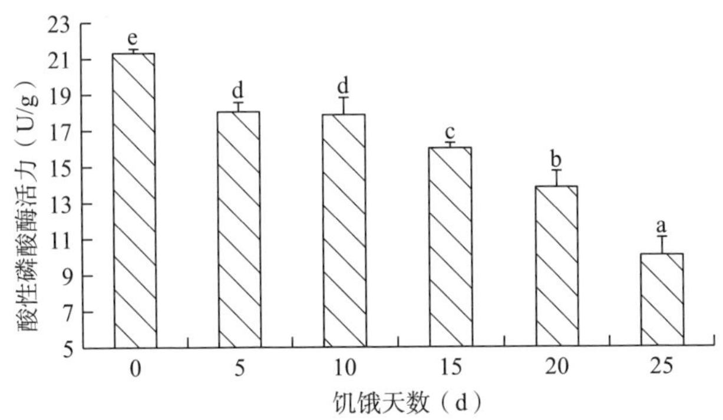

图 5－42　饥饿胁迫对口虾蛄酸性磷酸酶活力的影响

如图 5－43 所示，随着饥饿天数的增加，口虾蛄碱性磷酸酶活力呈现减小的趋势，在饥饿 25d 达到最低值，为 7.411 金氏单位/g，饥饿 25d 的 AKP 活力是对照组的 40.39%；在饥饿 5d、10d、15d 碱性磷酸酶活力相对稳定，差异不显著（$P>0.05$），其余各饥饿组差异显著（$P<0.05$）。

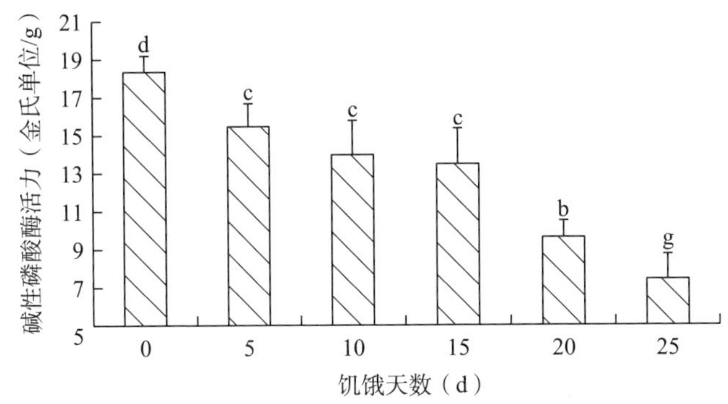

图 5－43　饥饿胁迫对口虾蛄碱性磷酸酶活力的影响

如图 5－44 所示，随着饥饿天数的增加，口虾蛄过氧化氢酶活力先显著增大，至饥饿 5d 达到最高峰，为 1.058×10^3 U/g，饥饿 10d 酶活力略低于饥饿 5d 的酶活力，差异不显著（$P>0.05$）；随后，口虾蛄过氧化氢酶活力显著减小，在饥饿 25d 达到最低值，为 0.261×10^3 U/g（$P<0.05$），是饥饿 5d 酶活力的 24.67%。

如图 5－45 所示，随着饥饿天数的增加，口虾蛄溶菌酶活力先显著增大（$P<0.05$），至饥饿 10d 达到最高值，为 18.693U/ml；随后，溶菌酶活力逐渐减小，饥饿 25d 是饥饿 10d 酶活力的 68.17%。饥饿 10d、15d 和 20d 酶活

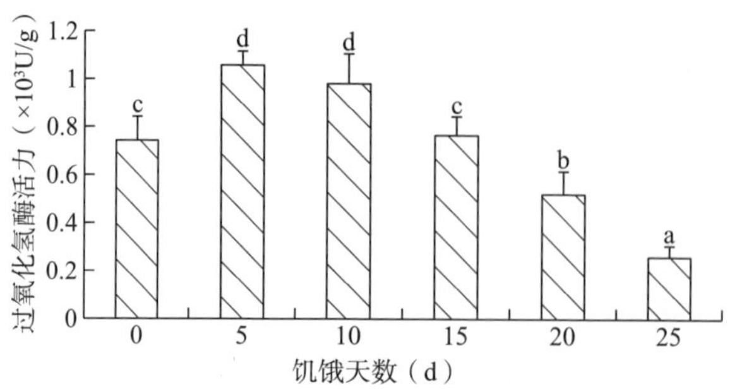

图 5-44　饥饿胁迫对口虾蛄过氧化氢酶活力的影响

力差异不显著（$P>0.05$），饥饿对照组和饥饿 25d 酶活力差异不显著（$P>0.05$）。

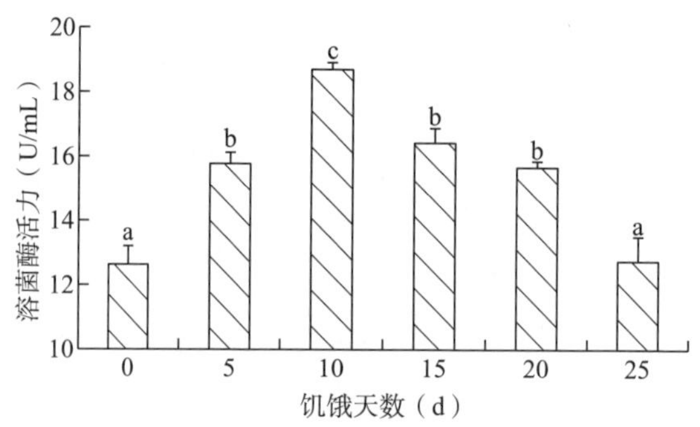

图 5-45　饥饿胁迫对口虾蛄溶菌酶活力的影响

如图 5-46 所示，随着饥饿时间的增加，口虾蛄过氧化物歧化酶活力先显著增大（$P<0.05$），至饥饿 10d 时达到最大值，为 5.188×10^3 U/g，显著高于其他各组的酶活力（$P<0.05$）；随后溶菌酶活力显著减小，在饥饿 25d 时达到最小值，为 1.323×10^3 U/g，是饥饿 10d 酶活力的 25.50%。饥饿对照组和饥饿 20d 差异不显著（$P>0.05$），其他各饥饿组之间差异显著（$P<0.05$）。

营养物质是免疫系统发育及其功能的物质基础，营养不良往往会影响机体的免疫机能。一般认为动物整体营养不良时，会引起淋巴组织萎缩、细胞免疫机能下降、体液免疫反应改变、补体 C3 下降等一系列免疫机能的改变（李德发，2001）。口虾蛄在受到饥饿胁迫时，起初还能凭借消耗自身储存的营养物质调节代谢、免疫因子活性等来维持生理活动，但随着饥饿胁迫时间的延长，体内存储物质的损失率增大，免疫机能下降，体质逐渐虚弱，正常生理活动受到严重威胁，存活率会显著下降。

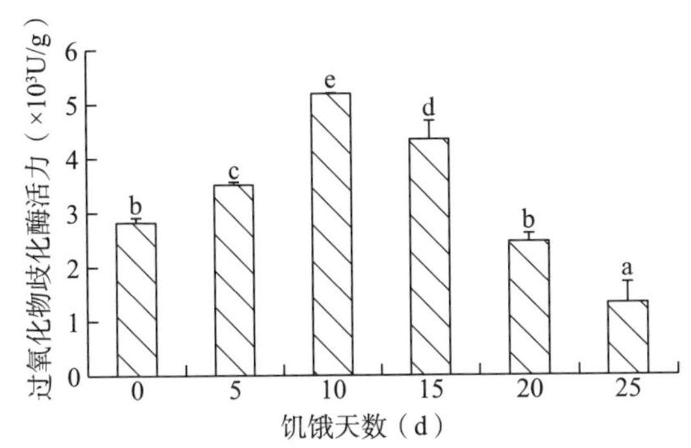

图 5-46　饥饿胁迫对口虾蛄过氧化物歧化酶活力的影响

九、结语

口虾蛄的血细胞总数和血蓝蛋白浓度随着饥饿时间的延长呈现减小的趋势，说明饥饿胁迫影响并降低了口虾蛄的免疫机能。血细胞总量的变化直接反映出虾类非特异性免疫能力的大小，在虾类非特异性免疫中起着至关重要的作用。THC 低于正常水平时，抵御病原的能力将大大降低（林小涛等，2004；Moullac et al.，2000）。饥饿胁迫 25d 口虾蛄的 THC 比未受胁迫时下降了 44.52%，其免疫力显著下降，易受病菌感染。血蓝蛋白是一种多功能蛋白，它不仅具有输氧功能，还参与能量的贮存、渗透压的维持，并具有酚氧化物酶活性和抗菌的功能，被认为是一种重要的免疫因子（Silva et al.，2000；Lee et al.，2003）。随着饥饿时间的增加，口虾蛄血蓝蛋白浓度显著减小，血液的载氧能力显著下降，在饥饿状态下口虾蛄体内的供氧不足，其代谢受到影响，机体的免疫机能减弱，易于继发感染。

磷酸酶是机体体内重要的代谢调控酶，参与磷酸基团的转移与钙磷代谢，同时也是生物体内重要的解毒体系。随着饥饿时间的延长，口虾蛄磷酸酶活力呈现下降的趋势，尤其在饥饿 10d 后，酶活力显著降低，表明口虾蛄在饥饿胁迫下其防御能力以及抗病能力均受到显著影响。

CAT 和 SOD 酶是虾类的重要抗氧化酶，使自由基的形成和消除处于动态平衡，进而免除对生物体的伤害。短期饥饿胁迫使口虾蛄处在短暂的应激状态，激活体内的抗氧化酶机制，消除体内多余的自由基，以增强机体抗氧化防御系统；随着饥饿时间的延长，对口虾蛄饥饿胁迫已超过机体的适应能力，口虾蛄自身抗氧化系统的功能造成伤害，进而造成体内自由基的积累和对细胞的损伤，降低了机体的适应能力和健康水平。

溶菌酶是非特异性免疫系统的重要成分，也是吞噬细胞杀菌的物质基础，其活性的变化可作为评价甲壳动物免疫机能状态的重要指标。由于饥饿胁迫，口虾蛄长时间未获取外源营养和能量，一直处于营养不良状态，新陈代谢缓慢，出现对外界环境的不适应性，有害物质对于虾体的威胁加强。口虾蛄在饥饿初期，通过增大溶菌酶活力，增强机体内免疫机能来适应外界环境，加强自我保护。但随着饥饿时间延长，其体内的营养状况严重不足，酶活力显著降低。

廖永岩等（2000）认为与其他十足目等甲壳动物一样，口虾蛄的免疫防御为非特异性免疫。一般认为甲壳动物体液中不具有免疫球蛋白，缺乏抗体介导的免疫反应，然而它们却能以不同的方式抵御病原体的侵袭并能识别异己物质，其免疫反应具有不同于脊椎动物的一些独特的性质，主要包括血细胞的吞噬、包掩以及血淋巴中的一些酶或因子的杀菌、抗菌作用等，这些反应机制传统上被分为细胞免疫和体液免疫（Adachi et al.，2006）。实际上在甲壳动物中两者密切相关，如体液因子可在血细胞中合成并释放出来，细胞反应又受体液因子的介导和影响等。因此，血细胞既是细胞免疫的承担者，又是体液免疫因子的提供者（Johansson et al.，2000），在防御反应中起着决定性的作用。血细胞数量（THC）在一定程度上反映了机体的免疫应激能力或健康状态。溶菌体酶作为体液免疫中重要的组成部分，也起到了重要的免疫防御作用，包括磷酸酶、过氧化物酶、溶菌酶以及超氧化物歧化酶等。血蓝蛋白是血淋巴蛋白中重要的一种可溶性蛋白，占血淋巴总蛋白的90%以上，是血淋巴中的含铜呼吸蛋白，许多学者研究认为，血蓝蛋白可能是甲壳动物中一种新的重要免疫分子（Lee et al.，2003；Pless et al.，2003；Zhang et al.，2004）。

AKP 和 ACP 在防御机制中，直接参与磷酸基团的转移和代谢，加速物质的摄取和转运，与 LZM 一样都是吞噬细胞杀菌的物质基础，能形成水解酶体系，破坏和消除侵入体内的异物，达到机体防御的功能（刘树青等，1999；李长红等，2008）。本研究中，口虾蛄 ACP 活力在 25℃时最高，AKP 活力在 30℃时最高，LZM 活力在 20℃时最高，随着温度的降低或升高均下降，这与在克氏原螯虾（王天神等，2012）、凡纳滨对虾（景福涛等，2006）、锯缘青蟹（丁小丰等，2010）等甲壳动物中测得的趋势相似。口虾蛄因水体温度变化受到胁迫，产生应激反应。在低温或高温环境中口虾蛄新陈代谢强度紊乱，机体始终处于胁迫状态，导致免疫适应不良，免疫酶活力处于较低的水平；相比之下在适宜的温度范围内具有较高的免疫水平。

参考文献

蔡诗庆，胡超群，任春华，2009. 三株海洋酵母的生化营养成分分析[J]. 热带海洋学报，

28 (2)：62-65.

蔡雪峰，罗琳，李权，等，2000. 日本沼虾血细胞的初步研究[J]. 水生生物学报，3：289-292.

陈立新，葛国昌，1996. 我国若干地区所产卤虫卵及幼虫的主要营养成分[J]. 海洋通报，15 (3)：19-27.

陈宇锋，艾春香，林琼武，等，2007. 盐度胁迫对锯缘青蟹血清及组织、器官中 PO 和 SOD 活性的影响[J]. 台湾海峡，26 (4)：569-575.

丁小丰，杨玉娇，金珊，等，2010. 温度变化对锯缘青蟹免疫因子的胁迫影响[J]. 水产科学，29 (1)：1-6.

管越强，俞志明，宋秀贤，2008. 主要环境因子对虾类免疫反应及疾病发生的影响[J]. 海洋环境科学，27 (5)：554-560.

杭小英，陈惠群，叶雪平，等，2007. 2 种虾蛄血淋巴细胞的初步研究[J]. 浙江海洋学院学报（自然科学版），2：155-159.

胡毅，潘鲁青，2006. 三疣梭子蟹消化酶的初步研究[J]. 中国海洋大学学报，36 (4)：621-626.

黄凯，王武，卢洁，2004. 饲料中钙、磷和水体盐度对南美白对虾幼虾生长的影响[J]. 海洋科学，28 (2)：21-26.

黄旭雄，2007. 卤虫的营养[J]. 水产科学，26 (11)：628-631.

黄旭雄，周洪琪，2007. 甲壳动物免疫机能的衡量指标及科学评价[J]. 海洋科学，31 (7)：90-96.

姜永华，颜素芬，2009. 反应温度对中国龙虾消化酶活力的影响[J]. 集美大学学报，14 (1)：15-19.

姜祖辉，王俊，唐启升，2000. 体重、温度和饥饿对口虾蛄呼吸和排泄的影响[J]. 海洋水产研究，21 (3)：28-32.

景福涛，潘鲁青，胡发文，2006. 凡纳滨对虾对温度变化的免疫响应[J]. 中国海洋大学学报，36：40-44.

孔利佳，汤宏斌，2002. 实验动物学[M]. 武汉：湖北科学技术出版社.

李德发，2001. 中国饲料大全[M]. 北京：中国农业出版社.

李红，张坤生，2004. 红酵母发酵生产 β-胡萝卜素[J]. 食品研究与开发，25 (3)：58-60.

李希国，李加儿，区又君，2006. 盐度对黄鳍鲷幼鱼消化酶活性的影响及消化酶活性的昼夜变化[J]. 渔业科学进展，27 (1)：40-45.

李长红，金珊，2008. 三疣梭子蟹血淋巴免疫功能的初步研究[J]. 水产科学，27 (4)：163-166.

廖永岩，吴蕾，蔡凯，等，2007. 盐度和温度对中华虎头蟹（*Orithyia sinica*）存活和摄饵的影响[J]. 生态学报，27 (2)：627-639.

廖永岩，周友广，叶富良，2000. 斑节对虾与黑斑口虾蛄血相的比较研究[J]. 中山大学学报，39：271-277.

林小涛，周小壮，于赫男，等，2004. 饥饿对南美白对虾生化组成及补偿生长的影响[J].

水产学报，28（1）：47-53.

刘海映，王冬雪，姜玉声，等，2012. 盐度对口虾蛄假溞状幼体存活和摄食的影响[J]. 大连海洋大学学报，27（4）：311-314.

刘海映，徐海龙，林月娇，2006. 盐度对口虾蛄存活和生长的影响[J]. 大连水产学院学报，21（2）：180-183.

刘树青，江晓路，牟海津，等，1999. 免疫多糖对中国对虾血清溶菌酶、磷酸酶和过氧化物酶的作用[J]. 海洋与湖沼，30（3）：278-283.

梅文骧，王春琳，徐善良，等，1993. 口虾蛄（*Oratosquilla oratoria*）耗氧量、耗氧率及窒息点的初步研究[J]. 浙江水产学院学报，12（4）：249-256.

孟庆武，张秀梅，张沛东，2006. 饥饿对凡纳滨对虾仔虾摄食行为和消化酶活力的影响[J]. 海洋水产研究，27（5）：44-50.

潘鲁青，金彩霞，2008. 甲壳动物血蓝蛋白研究进展[J]. 水产学报，32（3）：484-491.

沈文英，胡洪国，潘雅娟，2004. 温度和 pH 值对南美白对虾（*Penaeus vannmei*）消化酶活性的影响[J]. 海洋与湖沼，35（6）：543-548.

沈文英，寿建昕，金叶飞，2003. 银鲫消化酶活性与 pH 的关系[J]. 浙江农业学报，15（1）：39-41.

宋林生，季延宾，蔡中华，等，2004. 温度骤升对中华绒螯蟹（*Eriocheir sinensis*）几种免疫化学指标的影响[J]. 海洋与湖沼，35（1）：75-77.

田相利，董双林，王芳，2004. 不同温度对中国对虾生长及能量收支的影响[J]. 应用生态学报，15（4）：678-682.

王波，张锡烈，孙丕喜，1998. 口虾蛄的生物学特征及其人工育种生产技术[J]. 黄渤海海洋，16（2）：64-73.

王克行，马甡，李晓甫，1998. 试论对虾白斑病暴发的环境因子及防病措施[J]. 中国水产，12：34-35.

王天神，周鑫，赵朝阳，等，2012. 不同温度条件下克氏原螯虾免疫酶活性变化[J]. 江苏农业科学，40（12）：239-241.

温小波，陈立侨，艾春香，等，2002. 中华绒螯蟹亲蟹的饥饿代谢研究[J]. 应用生态学报，13（11）：1441-1444.

吴丹华，郑萍萍，张玉玉，等，2010. 温度胁迫对三疣梭子蟹血清中非特异性免疫因子的影响[J]. 大连海洋大学学报，25（4）：370-375.

吴立新，董双林，姜志强，2004. 饥饿对甲壳动物生理生态学影响的研究进展[J]. 应用生态学报，15（4）：723-727.

吴垠，孙建明，周遵春，等，2003. 饲料蛋白质水平对中国对虾生长和消化酶活性的影响[J]. 大连水产学院学报，18（4）：258-262.

徐海龙，刘海映，林月娇，2008. 温度和盐度对口虾蛄呼吸的影响[J]. 水产科学，27（9）：443-446.

严佳琦，黄旭雄，黄征征，等，2011. 营养方式对小球藻生长性能及营养价值的影响[J]. 渔业科学进展，32（4）：9.

杨世平，吴灶和，简纪常，2011. 一株海洋红酵母的营养组分分析[J]. 饲料工业，32（10）：52-54.

叶星，郑清梅，白俊杰，等，2003. 短沟对虾和斑节对虾酚氧化酶原基因的克隆和序列分析[J]. 海洋与湖沼，34（5）：533-539.

于建平，1993. 日本对虾血细胞分类、密度及组成[J]. 青岛海洋大学学报，1：107-114.

臧维玲，戴习林，江敏，等，2002. 盐度对日本对虾生长与瞬时耗氧率的影响[J]. 上海水产大学学报，2：114-117.

赵朝阳，周鑫，邴旭文，等，2010. 饥饿对克氏原螯虾亲虾消化酶活性及部分免疫指标的影响[J]. 大连水产学院学报，25（1）：85-87.

周凡，肖金星，陆静，等，2013. 饥饿对莫桑比克草虾幼虾生存、肌肉组成、消化酶活力及免疫因子的影响[J]. 水产科技情报，40（2）：67-71.

周华伟，林炜铁，陈涛，2005. 小球藻的异养培养及应用前景[J]. 氨基酸和生物资源，27（4）：69-73.

祝尧荣，寿建昕，沈文英，2009. 温度对克氏原螯虾消化酶活性的影响[J]. 浙江农业学报，21（3）：238-240.

Adachi K，Endo H，Watanabe T，et a1.，2006. Hemocyanin in the exoskeleton of crustaceans enzymatic properties and immunolocalization [J]. Pigment Cell Res，18（2）：136-143.

Adriana M A，Fernando L G，2002. Influence of molting and starvation on the synthesis of proteolytic enzymes in the midgut gland of the white shrimp *Penaeus vannamei* [J]. Comp. Biochem. Physiol. Part B，133：383-394.

Arturo S P，Fernando G C，Adriana M A，et al.，2006. Usage of energy reserves in crustaceans during starvation：Status and future directions [J]. Insect Biochem. Mol. Biol.，36：241-249.

Bhosale P，Sakaki RV，Nakanishi T，et al.，2001. Production of β-carotene by a *Rhodotorula glutinis* mutant in sea water medium [J]. Bioresour. Technol.，76（1）：53-55.

Calado R，Dionisio G，Bartilotti C，et al.，2008. Importance of light and larval morphology in starvation resistance and feeding ability of newly hatched marine ornamental shrimps *Lysmata* spp.（Decapoda：Hippolytidae）[J]. Aquaculture，283（1-4）：56-63.

Cheng W，Chen J C，2000. Effects of pH，temperature and salinity on immune parameters of the freshwater prawn *Macrobrachium rosenbergii* [J]. Fish & Shellfish Immun.，10（4）：387-391.

ChengW，Liu C H，Hsu J P，et al.，2002. Effect of hypoxia on the immune response of giant freshwater prawn *Macrobrachium rosenbergii* and its susceptibility to pathogen *Enterrococcus* [J]. Fish and Shellfish Immun，13：351-365.

Claus C，Benijts F，Vandeputte G，et al.，1979. The biochemical composition of the larvae of two strains of *Artemia salina* reared on two different algal foods [J]. J Exp Mar Biol Ecol，36：171-183.

Gangadhara B, Nandeesha M C, Varghese T J, et al., 1997. Effect of varying protein and lipid levels on the growth of Rohu, *Labeo rohita* [J]. Asian Fish Sci, 10 (2): 139-147.

Hennig OL, Andreatta ER, 1998. Effect of temperature in an intensive nursery system for *Penaeus paulensis* [J]. Aquaculture, 164 : 167-172.

Johansson M W, Keyser P, Sritunyalucksana K, et al., 2000. Crustacean haemocytes and haemato-poiesis [J]. Aquaculture, 191 (1-3): 45-52.

Jones P L, Obst J H, 2000. Effects of Starvation and Subsequent Refeeding on the Size and Nutrient Content of the Hepatopancreas of *Cherax destructor* (Decapoda: Parastacidae) [J]. J. Crustac Biol., 20 (3): 431-441.

Ko C F, Chiou T T, Vaseeharan B, et al., 2007. Cloning and characterisation of a prophenoloxidase from the haemocytes of mud crab *Scylla serrata* [J]. Developmental & Comparative Immunology, 31 (1): 12-2.

Kumar, S, Tamura, et al., 2001. M. MEGA2: molecular evolutionary genetics analysis software [J]. Bioinformatics, 17 (12): 1244-1245.

Lai C Y, Cheng W, Kuo C M, 2005. Molecular cloning and characterisation of prophenoloxidase from haemocytes of the white shrimp, *Litopenaeus vannamei* [J]. Fish Shellfish Immunol, 18 (5): 417-430.

Lee S Y, Lee B L, S K, 2003. Processing of an antibacterial peptide from hemocyanin of the freshwater crayfish *Pacifastacus leniusculus* [J]. J Biol Chem, 278: 7927-7933.

Moullac L G, Haffner P, 2000. Environmental factors affecting immune responses in Crustacea [J]. Aquaculture, 191: 121-131.

Perazzolo L M, Gargioni R, Ogliari P, et al., 2002. Evaluation of some Hemato-immunological Parameters in the shrimp *Farfantepenaeus paulensis* Submitted to environmental and Physiological stress [J] . Aquaeulture, 214: 19-33.

Pless D D, Aguilar M B, Falcon A, et al., 2003. Latent phenoloxidase activity and N-terminal amino acid sequence of hemocyanin from *Bathynomus giganteus*, a primitive crustacean [J]. Arc Biochem Biophys, 409: 402-410.

Silva P I J, Daffres S, Bulet P, 2000. Isolation and characterization of gomesin, an 18-residue cysteine-rich defense peptide from the spider *Acanthoscurria gomesiana* hemocytes with sequence similarities to horseshoe crab antimicrobial peptides of the tachyplesin family [J]. J Biol Chem, 275: 33464-33470.

Sritunyalucksana K, Cerenius L, Sderhll K, 1999. Molecular cloning and characterization of prophenoloxidase in the black tiger shrimp, *Penaeus monodon* [J]. Developmental & Comparative Immunology, 23 (3): 179-186.

Stottrup J G, Richardson K, Kirkegaard E, et al., 1986. The cultivation of *Acartia tonsa* Dana for use as a live food source formarine fish larvae [J]. Aquaculture, 52: 87-96.

Verghese B, Radhakrishnan E V, Padhi A, 2008. Effect of moulting, eyestalk ablation, starvation and transportation on the immune response of the Indian spiny lobster, *Panuli-*

rus homarus [J]. Aquaculture Research，39 (9)：1009-1013.

Wang Y C，Chang P S，Chen H Y，2006. Tissue distribution of prophenoloxidase transcript in the Pacific white shrimp *Litopenaeus vannamei* [J]. Fish & Shellfish Immunology，20 (3)：414-418.

Winston G W，1991. Oxidants and antioxidants in aquatic animals [J]. Comp Biochem Physiol，100C：173-176.

Zhang X B，Huang C H，Qin Q W，2004. Antiviral properties of hemocyanin isolated from *Penaeus monodon* [J]. Antiviral Res，61：93-99.

第六章

口虾蛄行为学特征

第一节 口虾蛄的光反应行为

光照是普遍存在的生态环境因子，能直接或间接地影响生物的摄食、存活和生长等。虾蟹类生物因具有复眼结构而对光环境更为敏感，虾蟹类对光照环境因子具有复杂的响应机制，这种影响既有种属特异性，也因个体发育的不同阶段而有所差异（Herberholz et al.，2003）。

大多数虾蟹感光器官的组成和发育程度有关系，也与光强有密切的关系。本节从光照周期和光照强度两个方面分别研究了其对口虾蛄Ⅺ期假溞状幼体和Ⅰ期仔虾蛄的趋光性、光反应节律性、摄食和生长等的影响，并初步研究了光照强度和光色对口虾蛄诱集的影响。从而为口虾蛄的人工养殖提供一些光照方面的理论支撑，为科学指导生产、创造更高经济效益奠定基础。

本研究在恒温24℃的智能培养箱内进行，容器为白色塑料槽（长280mm×宽220mm×高110mm），每个塑料槽内加入3L沙滤海水，放入10尾Ⅺ假溞状幼体或5尾Ⅰ期仔虾蛄。通过改变并排灯管的个数来调整光照强度（最小光强609lx，最大光强8940lx）进行分析。共设置5个光周期：白天光照12h，晚上黑暗12h；白天黑暗12h，晚上光照12h；光照24h；黑暗24h；自然光照组（光照14h，黑暗10h）。摄食行为的研究于晚7：00开始，每个塑料槽投喂鲜活糠虾30尾，次日早上开灯前，记录摄食量及实验对象死亡数。用吸管吸出残饵与粪便，换水入1/3新鲜海水。之后每12h重复上述操作，每次投喂大小一致等量的糠虾。持续72小时，共投喂5次糠虾，计算其摄食量。

一、口虾蛄的趋光性

口虾蛄Ⅺ期假溞状幼体有明显的趋光特性，而Ⅰ期仔虾蛄的趋光性不明显。这一现象在繁育实验过程中也有记录，假溞状幼体具有明显的趋光行为，而在变态为仔虾蛄后即营穴居生活，趋光特性也随之消失。这种差异与Ⅺ期假溞状幼体和Ⅰ期仔虾蛄的复眼光感受器的结构有关系，显微镜下观察两个发育阶段的个体，其复眼内的视色素数量存在明显不同，从而对光照强度的敏感性也不同。

二、口虾蛄光反应的节律性

人工养殖环境中，自然光照情况下，口虾蛄成虾的活动具有明显的昼夜规律。统计 24h 内洞穴中口虾蛄的个数，发现大多数口虾蛄具有夜间在洞穴外活动的特点。观察其游泳行为，在夜晚 23：00 至次日 6：00 之间，行为较为活跃。摄食方面，在 18：00 至次日 6：00 之间是摄食行为的高峰期，尤以 19：00至 22：00 摄食活动更为集中。在运动行为方面，夜晚 23：00 至次日 6：00 之间的行为较为活跃。在清洁行为方面，高峰期发生在 23：00 至次日 7：00 之间。

三、口虾蛄光反应的诱集行为

研究显示，口虾蛄Ⅺ期假溞状幼体在光强小于 5 130lx 时，没有明显的趋集现象。在光强达到 5 130lx 后，随光照强度的增大，Ⅺ期假溞状幼体的出现频率也逐渐增大，当光强达到 8 940lx 时，区域内出现Ⅺ期假溞状幼体的频率最大，为 76.67%。而对于口虾蛄Ⅰ期仔虾蛄，在光照强度 609～8 940lx，光场范围内均未出现明显的趋集变化特征（图 6－1）。

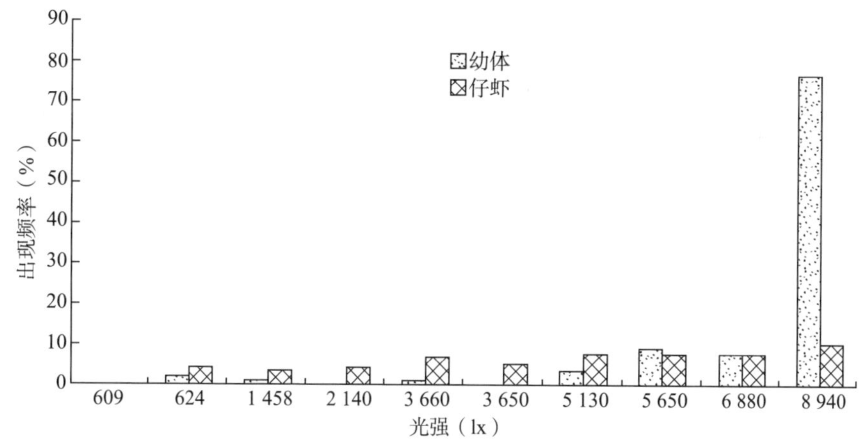

图 6－1　光照强度对口虾蛄诱集行为的影响

四、光照周期对口虾蛄摄食行为的影响

通过观察口虾蛄Ⅺ期假溞状幼体在不同光照周期环境的摄食量可见（图 6－2）：自然光照组（光照 14h，黑暗 10h）的个体 24h 平均摄食量最高，干重为 1.93mg；黑暗情况下摄食量为 1.8mg；白天黑暗 12h、晚上光照 12h 的摄食量为 1.52mg；24h 光照下的摄食量为 1.4mg；正常光照时（光照 12h，黑暗

12h）最低，干重为1.27mg。经检验，各组的摄食量差异不显著（$P>0.05$）；但绝对摄食量结果显示，光照14h，黑暗10h是口虾蛄Ⅺ期假溞状幼体最适宜的摄食光照周期条件。过长或过短的光照时间，均不利于Ⅺ期假溞状幼体摄食。

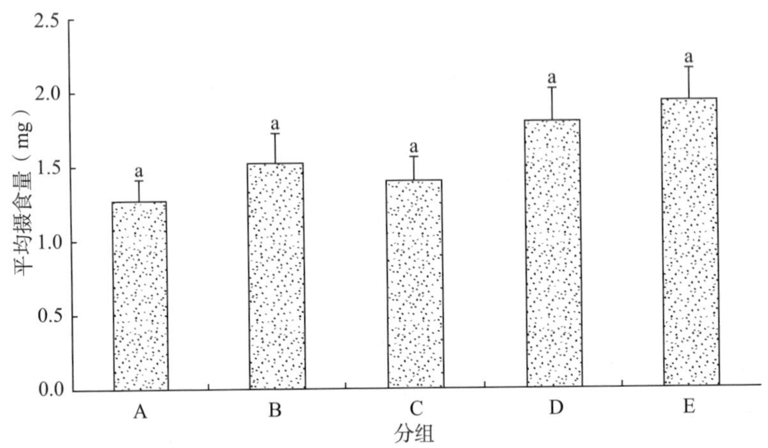

图6-2　不同光照周期中Ⅺ期假溞状幼体24h平均摄食量

A. 正常光照　B. 白天黑暗12h，晚上光照12h　C. 全光照　D. 全黑暗　E. 自然光照

不同光照周期环境对Ⅰ期仔虾蛄摄食量的影响如图6-3所示。与Ⅺ期假溞状幼体摄食结果相似，自然光照组（E：9.69mg）和全黑暗组（D：9.76mg）的个体24h平均摄食量最高；另外，全光照（C：8.72mg）、正常光照（光照12h，黑暗12h）时（A：7.28mg）以及白天黑暗12h、晚上光照12h时（B：7.23mg）的摄食率较低。结果表明仔虾蛄更适应自然光或低光照环境。

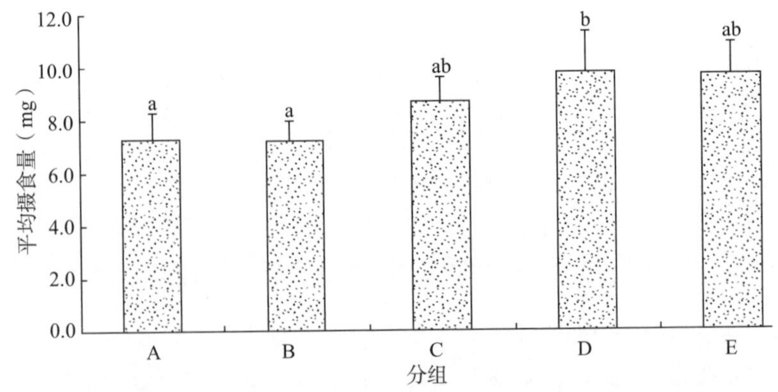

图6-3　不同光照周期中Ⅰ期仔虾蛄24h平均摄食量

A. 正常光照　B. 白天黑暗12h，晚上光照12h　C. 全光照　D. 全黑暗　E. 自然光照

五、光照强度对口虾蛄摄食行为的影响

为了分析光照强度对口虾蛄摄食行为的影响，设置了 1 880lx、3 900lx、5 950lx、213lx 和无光照 5 个光照组，采用白天 12h（早 7：00 至晚 7：00）光照（光源为白色节能灯），夜间黑暗的光照周期持续 72h。投喂鲜活糠虾，记录摄食量及幼体死亡数。精确称量 50 尾活糠虾的质量，得到其个体平均体重，用于计算幼体的平均摄食量。

不同光照强度对口虾蛄Ⅺ期假溞状幼体摄食的影响如图 6－4 所示。各组间差异不显著（$P>0.05$），但光照强度 1 880lx 个体 12h 平均摄食量最高（1.36mg），其次为光照强度 3 900lx（1.11mg）、光照强度 5 950lx（1.07mg）和光照强度 213lx（1.01mg），无光照时最低（0.47mg）。幼体白天和无光照 12h 平均摄食量均低于夜晚 12h 平均摄食量。光照 213lx 时幼体白天 12h 平均摄食量为 1.03mg，高于夜晚 12h 平均摄食量。

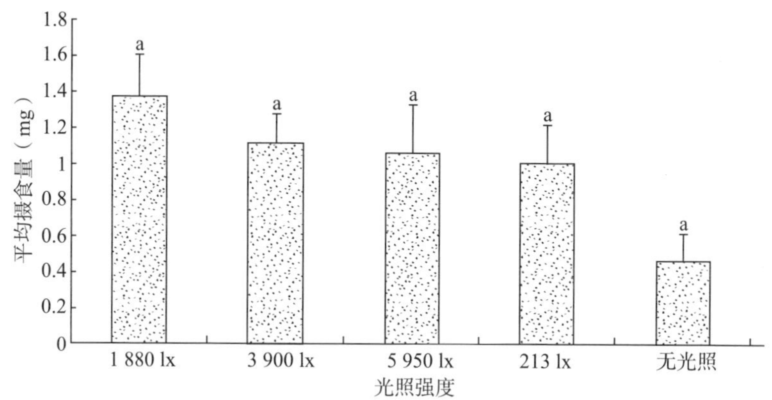

图 6－4　不同光强中口虾蛄Ⅺ期假溞状幼体 12h 平均摄食量

不同光照强度对口虾蛄Ⅰ期仔虾蛄摄食的影响如图 6－5 所示。光照强度 1 880lx 个体 24h 平均摄食量最高（16.77mg），其次为无光照组（16.49mg）、光照强度 213lx（15.78mg）和光照强度 3 900lx（15.35mg），最高光照强度 5 950lx下摄食量最低为 14.78mg。各组差异不显著（$P>0.05$），但仔虾蛄在弱光及无光下摄食量较高。白天 12h 平均摄食量各组差异也不显著（$P>0.05$）。

光照强度对虾蟹摄食的影响，这种影响因种而异，也因个体的发育阶段不同而有所差异。实验结果表明，光照强度过强或过弱均影响口虾蛄幼体的摄食。Ⅺ期假溞状幼体在光照强度为 1 880lx 的条件下摄食率最高，随着光照强度的增加或减小，其平均摄食量逐渐降低；而Ⅰ期仔虾蛄在各组光照强度条件下摄食率没有太大差异，这与口虾蛄不同生长阶段的复眼发育有关。研究显

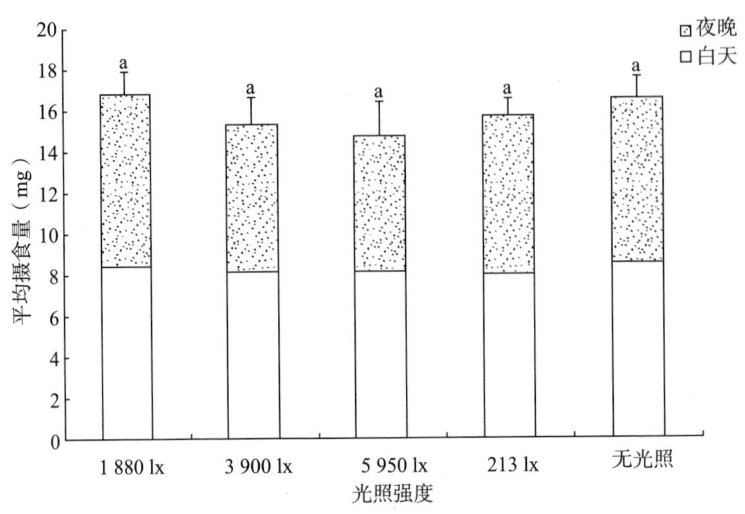

图 6-5　不同光强中Ⅰ期仔虾蛄平均摄食量

示，虾蟹幼体阶段的摄食主要是靠复眼来完成的，随着幼体的不断发育，其复眼发育和分辨能力是不断增强的。

六、口虾蛄对不同光色的响应行为

光色对虾蟹类个体生长的影响也是多方面的。有研究显示，中国对虾（*Fenneropenaeus chinensis*）在白炽灯照射条件下的生长速度快于其他颜色光照条件下的生长速度（王芳和宋传民，2006）。光色不仅影响中国对虾的生长，还影响中国对虾稚虾蛋白酶、淀粉酶和脂肪酶活力（刘伟和王芳，2011），蓝光照射下中国对虾代谢耗能较高、生存状态较差，进而影响其生长。光色的影响不仅在中国对虾有所体现，在虾蛄类也存在。浅水和深水区生活的三棘定虾蛄（*Haptosquilla trispinosa*）其光感受器的光谱敏感性不同，栖息于浅水区的个体对波长大于 600nm 的光较敏感；而长波光易被海水吸收，栖息深度大于 10m 的个体则对波长小于 550nm 的光更敏感（Gehrke，2010）。

口虾蛄的光色选择实验中，各光色区域光源为单色 LED 灯，采用 JJY1 型分光计（浙江光学仪器制造有限公司）测量光波长。单色光光强和波长如表 6-1 所示。

表 6-1　单色光波长与光强

项目	蓝光	绿光	黄光	红光	白光
水上光强（lx）	970	990	970	990	990
波长（nm）	446～493	502～579	586～600	620～644	440～637

实验显示（图 6－6），口虾蛄Ⅺ期假溞状幼体在白光区域出现频率最高，为 35.71%；红光区域出现的频率最低，为 7.15%，显著低于其他光照组（$P<0.05$）。Ⅰ期仔虾蛄存在类似的结果，经 12h 暗适应并停食 12h 后，在白光区域出现频率最高，为 27.14%；红光区域出现的频率最低，为 3.58%，显著低于其他光照组（$P<0.05$）。

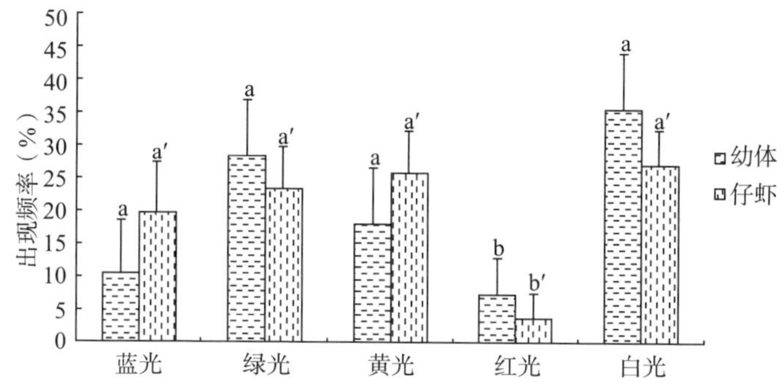

图 6－6　光色对口虾蛄Ⅺ期假溞状幼体和Ⅰ期仔虾蛄诱集的影响

口虾蛄Ⅺ期假溞状幼体红光区域中 24h 平均摄食量最高，为 1.60mg（干重）；绿光区域中个体 24h 平均摄食量最低，为 1.12mg，各组差异不显著（$P>0.05$）。蓝光、绿光、黄光、红光和白光区域中白天 12h 平均摄食量分别为 0.27mg、0.27mg、0.27mg、0.43mg 和 0.21mg，均低于夜晚 12h 平均摄食量，各组幼体昼夜摄食量差异极显著（$P<0.01$）（图 6－7）。

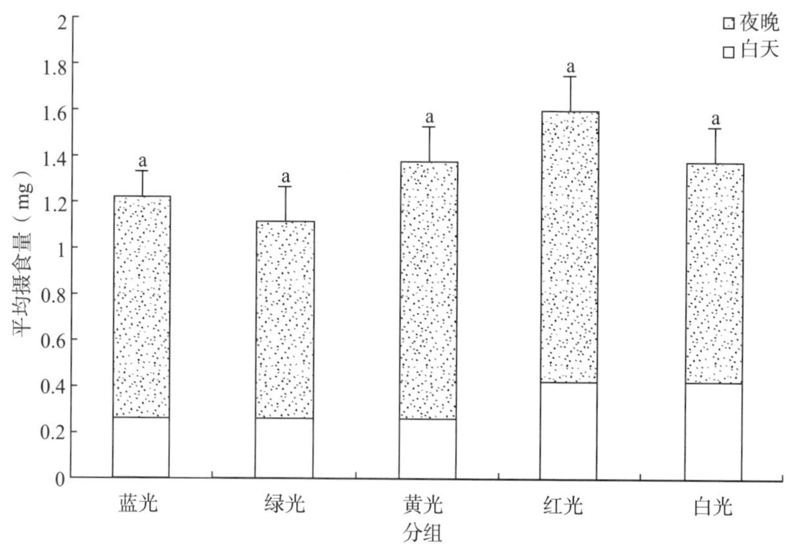

图 6－7　不同光色中口虾蛄Ⅺ期假溞状幼体平均摄食量

光色对Ⅰ期仔虾蛄的摄食如图6-8所示，绿光区域中仔虾蛄个体24h平均摄食量最高，为9.70mg（干重）；黄光区域中个体24h平均摄食量最低，为6.66mg。黄光和绿光中幼体摄食量差异显著（$P<0.05$），其他各组间差异不显著（$P>0.05$）。蓝光、绿光、黄光、红光和白光组中幼体白天12h平均摄食量分别为3.81mg、4.32mg、3.12mg、3.68mg和4.05mg，均低于夜晚12h平均摄食量，但差异不显著（$P>0.05$）。

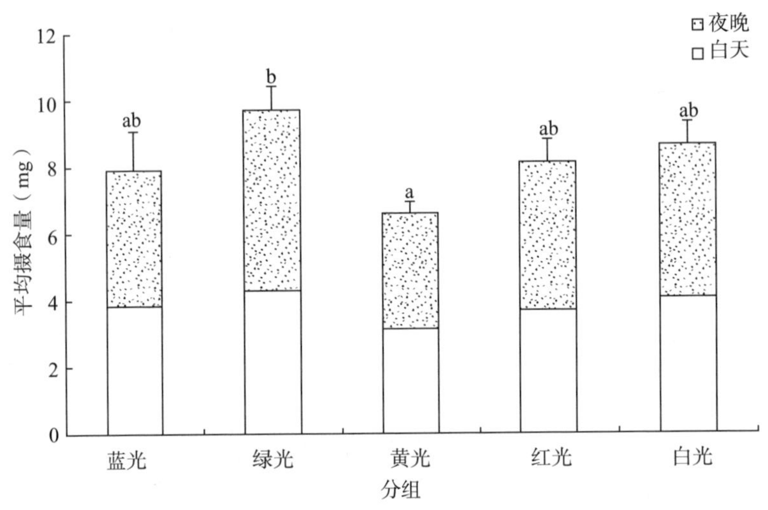

图6-8　不同光色区域口虾蛄Ⅰ期仔虾蛄平均摄食量

口虾蛄Ⅺ期假溞状幼体和Ⅰ期仔虾蛄均表现出回避红光的特性。这与多数虾蟹类动物的行为存在明显不同，推测原因为其感光系统的生理结构和功能存在差异。虾蛄类拥有甲壳动物中最复杂的感光系统，迄今在其复眼中所鉴定的感光细胞数目和视蛋白类型要远多于十足目的虾蟹类。假溞状幼体变态为仔虾蛄后，对光强的趋光性虽然有所改变，但对不同颜色光的反应却又相似，可能是Ⅺ期假溞状幼体的感光系统已发育至与仔虾蛄相近阶段。

口虾蛄Ⅺ期假溞状幼体在各颜色光照中的日摄食总量无显著差异，而无光照的夜晚摄食量却显著高于有灯光照射的白天，表明Ⅺ期假溞状幼体已具有昼夜摄食节律，而其摄食活动可能已开始借助化学感受器。然而，Ⅰ期仔虾蛄日摄食量仅绿光与黄光组对比差异显著，其他各光色组中摄食量无明显差异，表明Ⅰ期仔虾蛄颜色视觉系统已有发育。各组仔虾蛄白天与夜晚摄食量差异不显著，无明显的昼夜摄食节律，可能是容器中无底质的试验条件影响了摄食行为。

第二节　口虾蛄的穴居行为

口虾蛄为穴居生活，每个个体都拥有独立的洞穴。口虾蛄洞穴不但提供了隐蔽和摄食空间，并在蜕皮期间保护自身不受攻击伤害。Hamano 等于 20 世纪 80 年代开始研究了口虾蛄对人工洞穴的选择（Hamano and Matsuura，1984，1986，1987；Hamano，1990），研究发现人工育苗的关键在于提供合适的洞穴，没有合适的洞穴亲虾蛄就不会产卵。同时，人工洞穴的不同直径、长短等因素都影响着口虾蛄的选择。其他穴居性甲壳类的研究集中在潮间带生物，因其广泛分布且生物量巨大以便于研究。国际上，对典型的掘穴性十足目对虾科的 *Penaeus duorarum*（Fuss and Charles，1964）、方蟹科的厚蟹属动物（Katrak et al.，2008）、沙蟹科的招潮蟹属动物（Glauco et al.，2013）、沙蟹属动物（Chan et al.，2006）和蝼蛄虾科动物（Coelho et al.，2000；Candisani，et al.，2001；Shagnika et al.，2017）的研究较多；在我国，主要研究了克氏原螯虾的掘穴行为（董方勇等，2008）。另一类终生掘穴性大型海洋底栖生物为口足目动物，由于其分布于潮下带及深海区域，研究报告较少，仅见采用水下实地浇注实验对地中海 *Squilla mantis*（Atkinson et al.，2010；Mead and Minshall，2012）和日本石狩湾口虾蛄 *Oratosquilla oratoria*（Hamano et al.，1994）洞穴形态的报告。本节专门针对具有重要经济作用的口虾蛄行为学特征进行了系统性的研究报告，为渔业开发和未来人工养殖提供技术资料。

一、口虾蛄穴居行为

口虾蛄挖掘洞穴时，开始先用各个颚足一起配合挖掘，将沙砾或者泥送至胸部和腹部，然后扇动游泳肢产生水流，顺着水流将泥沙排到身体后部。洞穴挖到一定深度，可以容纳口虾蛄身体后，其会钻入洞穴，头面面向洞穴外部，开始将洞穴内部的泥沙用几个颚足整理成团状，抱出洞穴外部进行抛弃，最终完成洞穴的挖掘。

口虾蛄穴居时常常将洞口缩小到仅能将小触角和眼伸出洞外，以观察外界的动静，若遇外来侵扰，它先用小触角警告侵略者，然后就迅速调转头尾，用尾扇进行自卫。

口虾蛄属于领域性生物，它们的洞穴范围内就是其所属领地，在养殖中投放人工洞穴时，尽量使洞穴之间的距离相等，并一个洞穴对应一只口虾蛄，可以有效避免相互间的打斗行为。

二、人工洞穴选择性

在实验室模拟环境下，研究了不同口径人工洞穴口虾蛄成虾入穴率的差异。6个实验组中，入穴率最高的是直径为12cm的实验组为（46.6±9.58）%，直径为10cm的实验组次之为（40±5.77）%，直径为3cm的实验组的入穴率最低为（13.3±0.01）%。平均入穴率则是直径为10cm的实验组最高为（6.44±0.97）%，直径为12cm的实验组次之为（5.83±0.61）%，最低的为直径为3cm的实验组只有（2.04±0.84）%。

同时观察发现，口虾蛄夜晚的入穴率要低于白天，尤其在23：00至次日6：00之间，口虾蛄比较活跃，从洞穴中出来活动，这与口虾蛄的昼伏夜出的生活节律有关。

三、口虾蛄洞穴形态参数

口虾蛄变态为仔虾时便开始掘穴生活，因成虾生活在离岸深水区域，还未见对自然底质上的洞穴形态的报道，我们通过观察排水后的口虾蛄圈养池塘中洞穴的形态，发现洞穴呈U形，其自然洞穴长度大约是其全长的4～6倍；洞穴有2个大小不同的孔，一端漏斗型直径3～14cm，另一端口孔小直径为0.5～3cm；洞穴深度在软泥底可达8～20cm，U形弯曲处直径最大。

另外，笔者在模拟条件下对仔虾的掘穴特征进行了初步研究。采用环氧树脂浇铸法对Ⅰ期仔虾的洞穴进行了观察，并统计了人工洞穴对口虾蛄存活率的影响。结果显示：平均体长为22mm的Ⅰ期仔虾的洞穴长度为（47.2±15.8）mm（n=20），高度为（19.2±6.0）mm（n=20），长度略等于体长的2倍，高度略小于体长；存活率方面，有无人工洞穴均出现了不同程度的死亡，但在相同密度的情况下，有人工洞穴时的口虾蛄存活率为（92.2±5.02）%（n=5），而无人工洞穴时口虾蛄存活率为（73.3±5.96）%（n=5）。

第三节　口虾蛄游泳行为研究

游泳能力对水生动物的生存具有重要意义，直接影响其躲避敌害和不适环境（He，2014）、寻找和捕捉食物（Fisher and Wilson，2004）、繁殖行为以及分布（Wilson，2005）等，评价水生动物游泳能力的指标主要包括游泳速度和可持续游泳时间。关于鱼类的研究表明，游泳行为和游泳能力对于渔具的选择性和捕捞效率至关重要（Winger and He，1999；Amornpiyakrit and Arimoto，2008）。关于口虾蛄游泳的研究可为其渔具渔法的改良提供理论依据，进而提高捕捞的选择性和效率，使渔业资源得到更好的保护和利用。本节主要测定了口虾蛄不同生长时期的日常游泳能力。

口虾蛄游泳能力极强，在出洞生活和掠食时才显示出其游泳习性。游动时，主要依靠腹部游泳肢激烈地摆动划水和尾扇强有力的拍打产生向前的推力，并能利用惯性在水中滑行。

我们研究测量了口虾蛄不同生长时期的日常游泳速度。将口虾蛄成虾、口虾蛄假溞状幼体、口虾蛄仔虾分别放于各自实验容器中。在容器正上方架设摄像头、摄像机，分别对其进行录像，然后计算其游泳速度。口虾蛄假溞状幼体、仔虾、成虾日常游泳速度分别为 2.456cm/s、2.175cm/s 和 4.635cm/s；日常游泳速度的变化范围分别为 1.5～3.5cm/s、1～3.5cm/s、3～6cm/s。口虾蛄在不同生长时期其日常游泳速度差异极显著，不同生长时期其日常游泳速度波动较大，成虾的波动最大。而假溞状幼体与仔虾之间的日常游泳速度没有显著性差异。同时观察发现，口虾蛄假溞状幼体要比仔虾的运动频率高，比仔虾活跃，而最不活跃的就是口虾蛄的成虾。

第四节　口虾蛄打斗捕食行为

一、打斗捕食行为特征

口虾蛄是凶猛的甲壳动物，被称为海洋里的“拳击手”，具有较强的打斗捕食能力。对于不同的生物，它有着不同的打斗和捕食方法，口虾蛄的打斗和捕食行为主要依靠其第 2 颚足及其强大的爆发力。

在遇到鱼虾类时，口虾蛄先是把身体前半段举起，末端长着六根尖刺的第 2 颚足张开，样子像螳螂，然后跳起来用第 2 颚足刺杀对方，随后使用第 3、4、5 颚足合作，将食物撕碎吞下。第 2 颚足外形酷似两把利剑，剑刃上排列锋利的棘刺。同时，口虾蛄善于伏击，出击快如闪电，理论上它能在人类眨眼的瞬间进行 10 次攻击，猎物一旦进入伏击圈，还没反应就被刺穿。

遇到硬壳贝类或螃蟹等时，口虾蛄使用第 2 颚足猛弹对方，敲碎其外壳，第 1 颚足清理食物，第 3、4、5 颚足配合将食物传送入口中。第 2 颚足异常坚硬和发达，配合强健的肌肉，可以在 1/50 秒内，以 80 千米的时速挥出“重锤”，对目标造成 1 500 牛的冲击力，加速度堪比手枪子弹，使得其破坏力惊人。同时，攻击过程能够产生空泡，这些气泡的破裂会产生力量，并作用到猎物身体上，有人称之为气穴现象。

对于沙蚕等身体柔软的动物，口虾蛄会直接用第 3、4、5 颚足抱住，再放入口中，有时还会直接吞食。

口虾蛄不仅可以用前足攻击，还可以把身体蜷起来用尾肢来保护自己免受打击。人们在口虾蛄尾部内发现了特殊的可以消减能量的纹理，可以防止被捶打出裂缝，并最终从撞击中消散大量的能量以避免受伤，并且这种纹理在口虾蛄的其他关节处也有。口虾蛄进化出的这种独特的身体减震结构，被称为夹板结构。

二、同类间的打斗

本节将 2 只口虾蛄放入一个较小的空间中进行观察，最初将 2 只口虾蛄尽量隔离开，不让其之间有相互交流；然后取消隔离，一只侵入另一只的领地，则会表现出打斗或者逃避行为。

我们将打斗行为分为 5 个层次：逃离（−1）、相遇（0）、逼近（1）、恐吓（2）、攻击（3）。当它们相遇时为 0，在经过触角的交流后，会出现两种情况：一种向着正方向发展，另一种则向负方向发展。

通过观察发现，当打开隔板时，一只口虾蛄会向另外一只靠近（也可能同时靠近），然后它们通过第 1 触角相互接触，进行信息交流，接触时间大约为 1s。然后会出现两种结果：其中一只自行向后退，选择远离；另一种是，一只发起攻击，被攻击的口虾蛄迅速逃离。在这个封闭的环境下，打斗过后的 2 只口虾蛄可能再次相遇，但是相遇时不会表现出打斗现象，而是失败的口虾蛄迅速逃离。打斗现象的发生，只是在口虾蛄第一次相遇时发生。

同时发现，不同性别（一雄一雌）之间，并没有发生打斗行为。不同体长之间，基本为体长大的攻击体长小的。性别方面，雄性打斗的次数要比雌性打斗次数多。胜利者组是发生打斗频率最多的组，也是打斗行为观察最突出的一组。胜利者在首次胜利之后更具有攻击性，侵略性更强。

Coelho 等（2001）研究发现龙虾是一种社会性动物，其通过竞争来建立社会优势等级制度。我们的研究发现，口虾蛄也有类似的行为。影响社会优势等级确立的有本质因素和外在因素。本质因素包括个体所具有的本质因素，包括大小、性别、生殖地位和成败历史。打斗能力的勇猛程度跟其身体的大小、螯肢强壮程度都有一定关系。一般来说，身体较大的在格斗中占有一定优势。外在因素包括化学通信和竞争模式等。

第五节　口虾蛄清洁行为

清洁行为是生物中常见的清除身体表面污垢的行为。甲壳类十足目因其多样化的分类单元和栖息环境，对其清洁行为学的研究较多。例如，真虾类（caridean shrimps）（Hart，2005）、短尾次目类（brachyuran crabs）（Pearson and Olla，1977；Martin and Felgenhauer，1986）、小龙虾（crayfishes）（Horner et al.，2008）等。真虾类清洁主要利用第 1 颚足，第 1、2、5 游泳足，主要被清洁的部位为鳃部（Buaer，1979，1998，1999，2013）。本节进行了口虾蛄清洁行为特征研究，记录其清洁时间、清洁部位以及清洁所用的附肢，并对附肢的形态进行了详细观察。

一、清洁行为特征

我们观察到用于清洁的附肢有第 1 颚足（M1）、第 3 颚足（M3）、第 4 颚足（M4）、第 5 颚足（M5）。通过观察统计，使用最多的是第 1 颚足的指节，其指节只用来进行清洁，并没有进行过摄食等其他行为。清洁方式主要分为三种：刷、刮、勾。刮的动作，主要是 M1 的指节；刷和勾的动作，主要是使用 M3、M4、M5，包括对游泳肢和鳃的刷勾清洁。每次的清洁行为之后，都会用 M1 来刮洗清洁所用的附肢。例如，在使用 M3、M4、M5 清洁完游泳肢后，口虾蛄会用 M2 将头部撑起来，对 M3、M4、M5 再进行清洁，确保清洁附肢的相对干净。

口虾蛄主要清洁的部位有触角、眼睛、颚足之间、步足、鳃、游泳肢和尾节。清洁各部位的时间没有显著性差异。清洁最多和持续时间最长的部位是鳃和游泳足，然后是颚足。观察统计发现，其主要是清洁生长有刚毛的部位，而其他部位相对较少。

人工洞穴中口虾蛄进行清洁时，身体有三种姿势：第一种姿势是“弓形”，身体腹部弓起，M1 伸到步足下方，用 M1 的指节对步足及腹部进行清洁（图 6－9a）；第二种是“C 形”，将身体蜷缩，主要用 M3、M4、M5 对鳃和游泳足进行清洁，姿势有时也用于清洁尾节（图 6－9b）；第三种姿势是“直形”，身体伸直，用 M2 的掌节和腕节将头部支撑起来，然后使用 M1 对其他颚足进行清洁（图 6－9c）。

口虾蛄生活的环境、水流大小、有无敌害等情况，都影响其清洁行为的时间长短。观察统计发现，其大约 58%的时间在进行清洁行为。口虾蛄在 0：00 至 6：00 清洁行为时间较长，在 3：00 时清洁最活跃。口虾蛄从 18：00 开始，清洁行为时间开始加长；从 6：00 开始，清洁行为时间开始变短。这个时间段与口虾蛄喜夜间活动相一致。

二、口虾蛄清洁附肢刚毛形态

口虾蛄在甲壳纲动物的十足类动物中许多方面是独一无二的，它们的附肢及附肢上的刚毛也有较大的差别。所有的刚毛都有其存在的意义，都有它们各自的作用，都是物种进化的结果。我们通过观察，口虾蛄刚毛的结构总体来说比较简单，基本分为简单状、锯齿状、螺旋状、扁带状、梳子状、羽状。

（1）第 1 触角（A1）　总体呈螺旋状，在末端部有简单状毛（图 6－10 至图 6－13）。

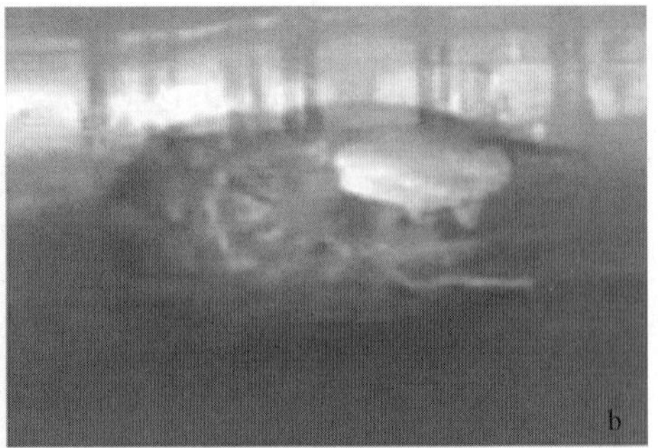

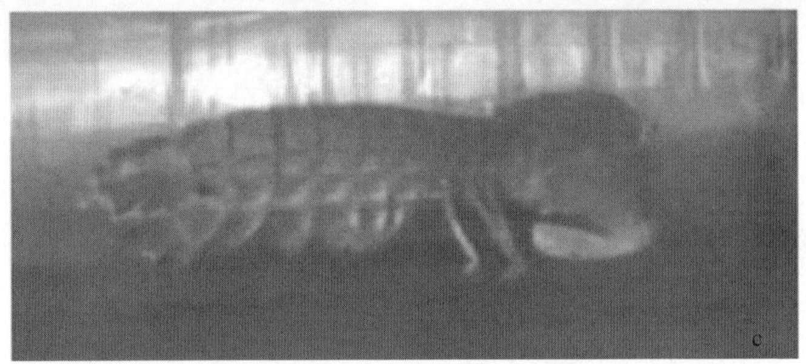

图 6-9　口虾蛄三种清洁姿势

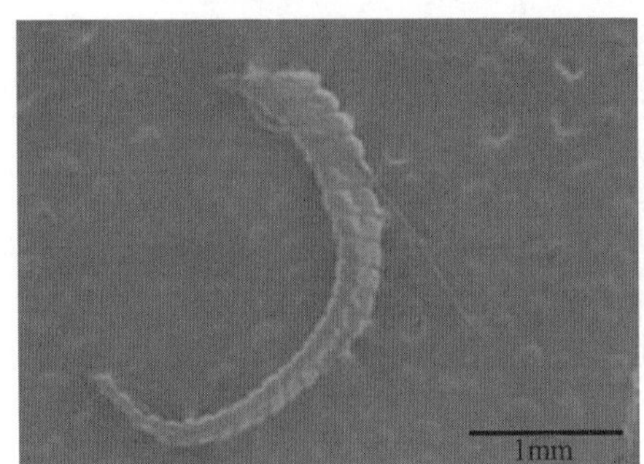

图 6-10　第 1 触角

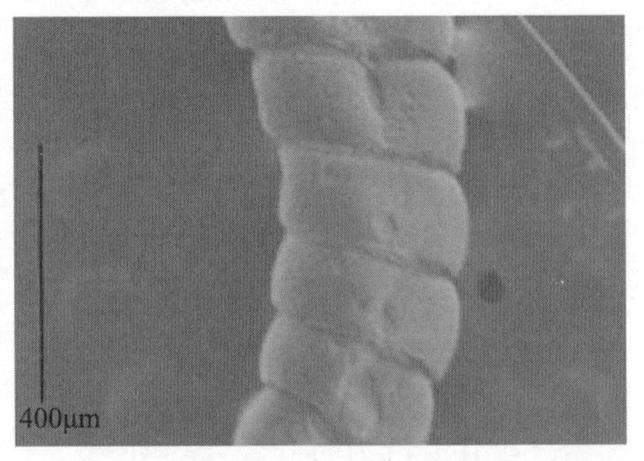

图 6-11　第 1 触角中段

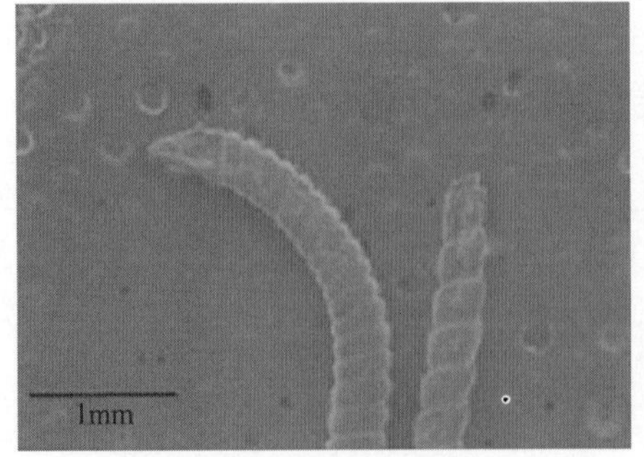

图 6-12　第 1 触角处顶端

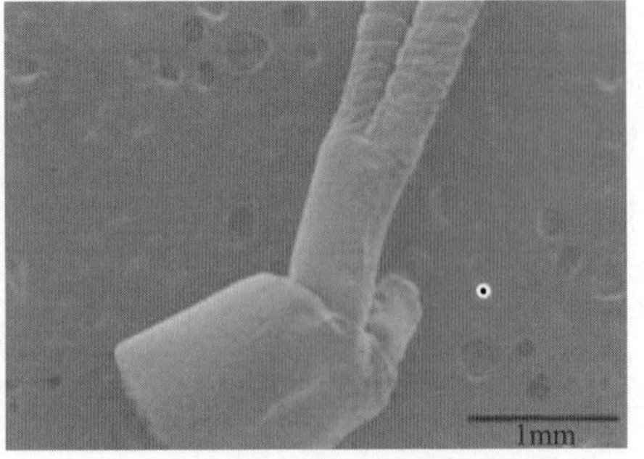

图 6-13　第 1 触角底端

（2）第 2 触角（A2）　外肢处有刚毛，大多数是简单状，在末端分布比较密集而且比较有层次，中间区域呈现扁带状（图 6－14、图 6－15）。

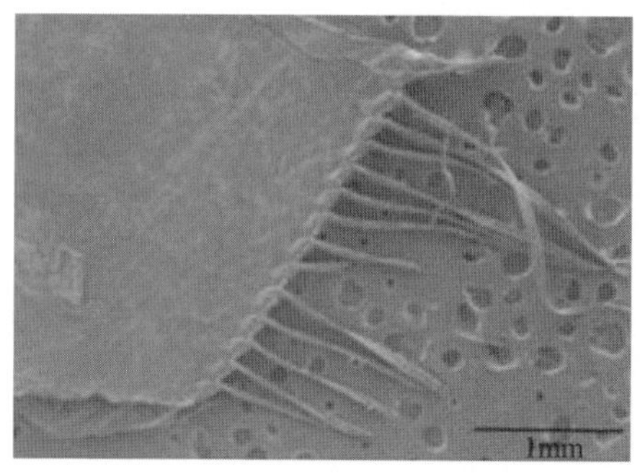

图 6－14　第 2 触角外肢中部

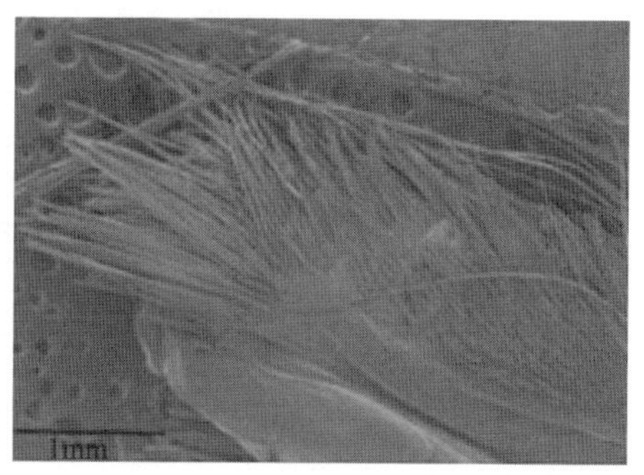

图 6－15　第 2 触角外肢边缘

（3）第 1 颚足（M1）　在其指节处分布有梳子状及简单状刚毛。简单状刚毛主要分布在钩状结构外侧并比较密集。长节处刚毛，呈一簇一簇地分开分布，每簇是 10 根左右。腕节处有扁带状刚毛（图 6－16 至图 6－20）。

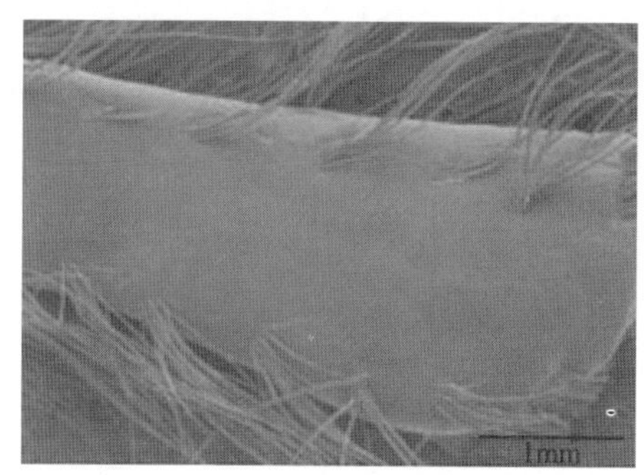

图 6－16　第 1 颚足腕节

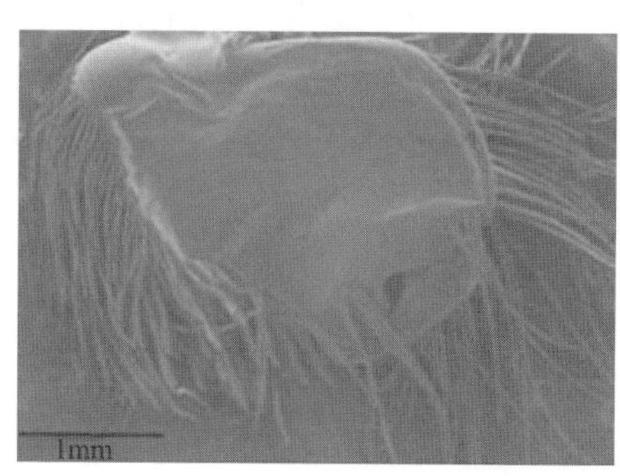

图 6－17　第 1 颚足掌节

图 6－18　第 1 颚足梳状刚毛

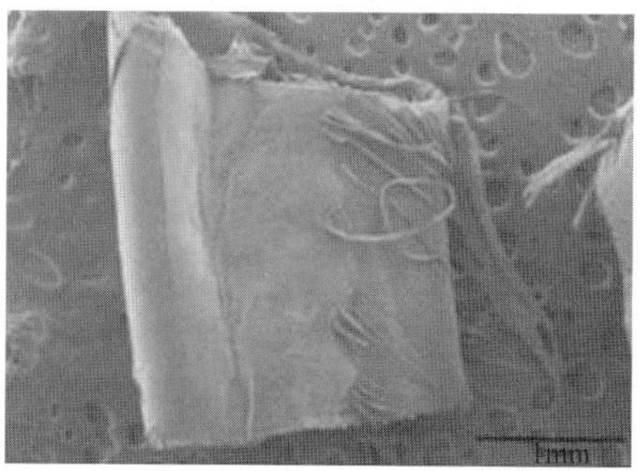

图 6－19　第 1 颚足长节

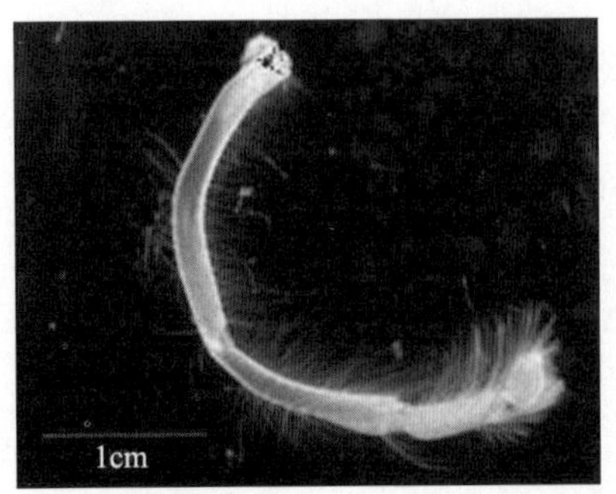

图 6-20 第 1 颚足

(4) 第 3 颚足 (M3) 指节处有锯齿状结构。简单状刚毛主要分布在钩状结构外侧并比较密集。在指节有锯齿结构一侧，有一簇一簇简单状刚毛分布(图 6-21 至图 6-25)。

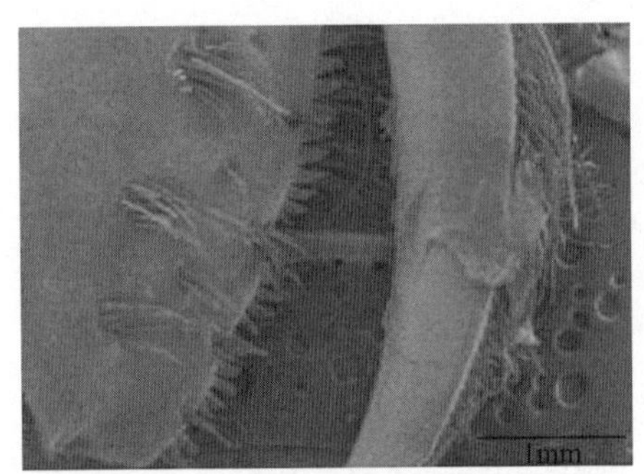

图 6-21 第 3 颚足掌节与指节

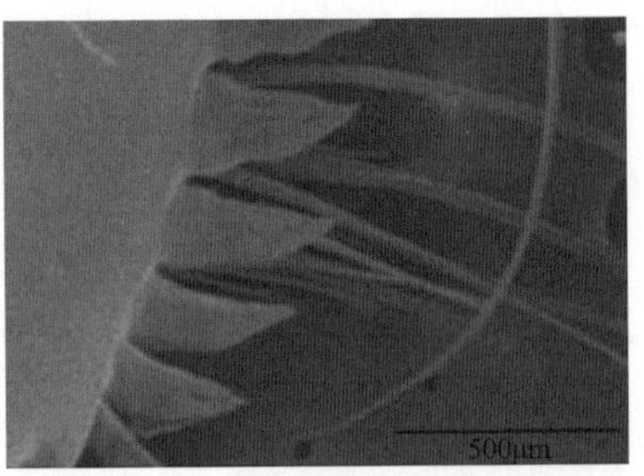

图 6-22 第 3 颚足掌节处锯齿状突起

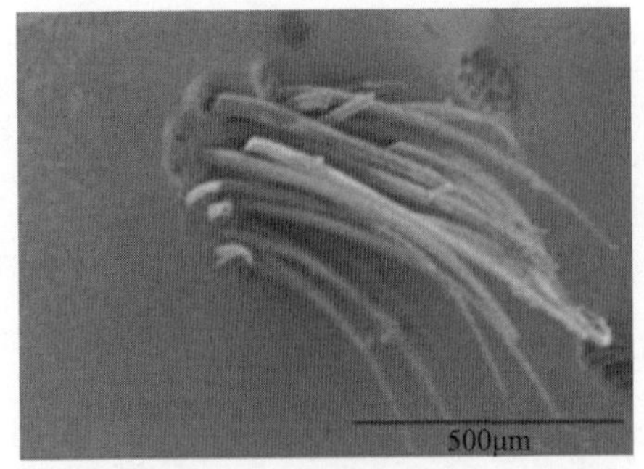

图 6-23 第 3 颚足掌节简单状刚毛

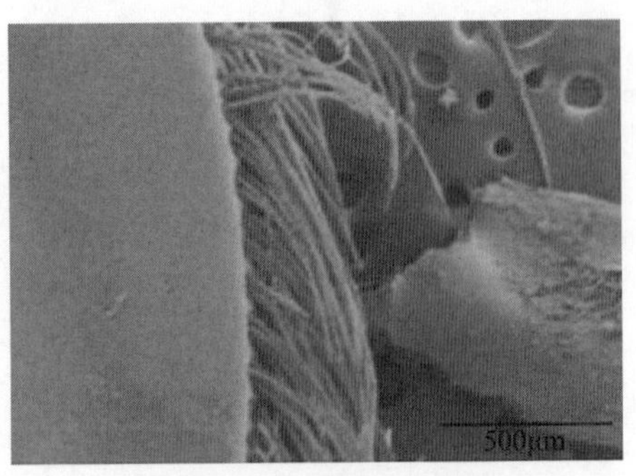

图 6-24 第 3 颚足指节边缘

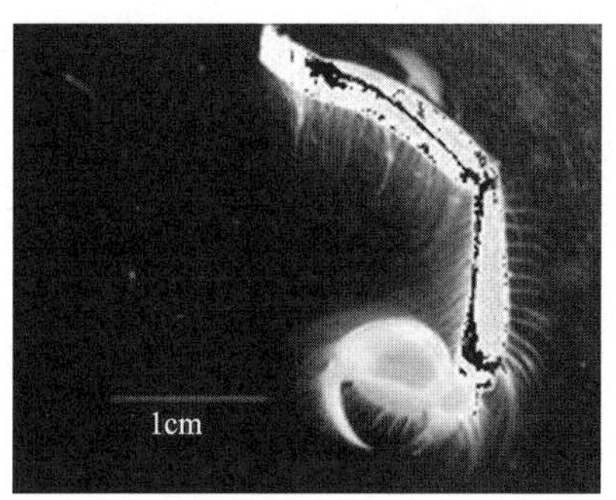

图 6-25　第 3 颚足

（5）第 4 颚足（M4）　附肢密布刚毛，结构基本一致。指节处有锯齿状结构，有大有小，小的同 M3 基本相同，大的比 M3 的要长，同时在其周围分布着简单状刚毛。钩状结构外侧分布较密集的简单状刚毛。长节处刚毛呈簇状分布（图 6-26 至图 6-30）。

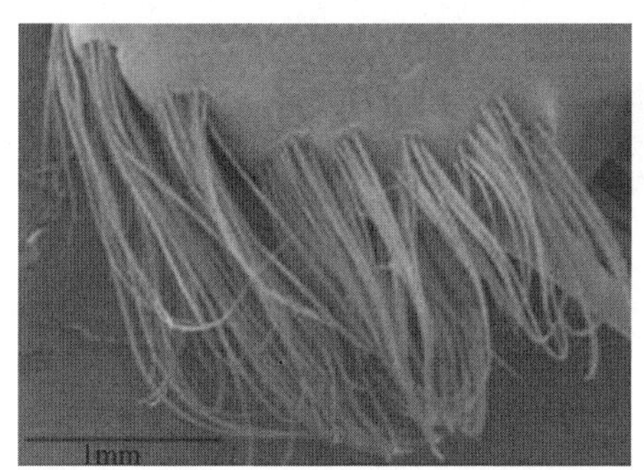

图 6-26　第 4 颚足掌节

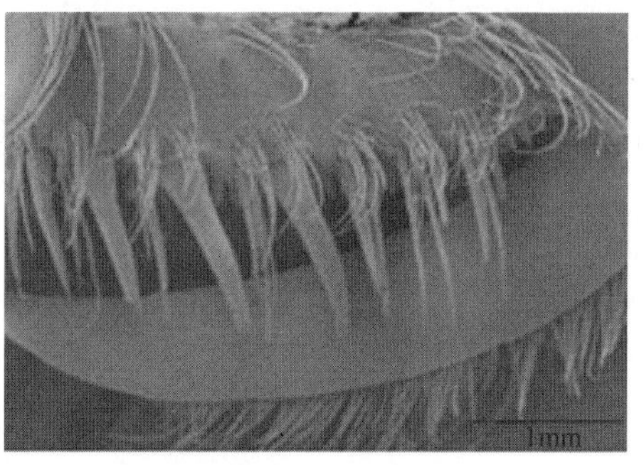

图 6-27　第 4 颚足指节

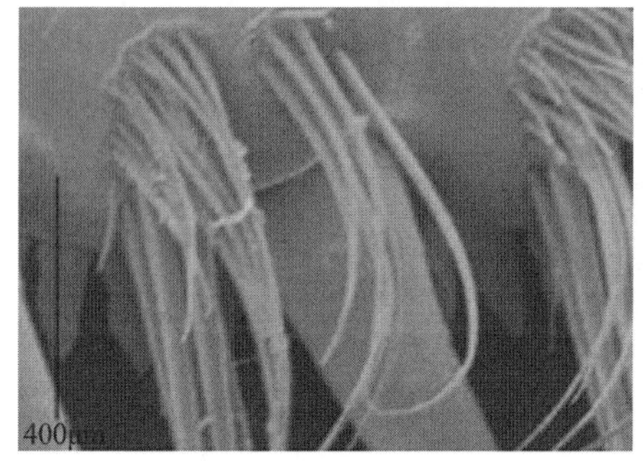

图 6-28　第 4 颚足掌节锯齿状突起

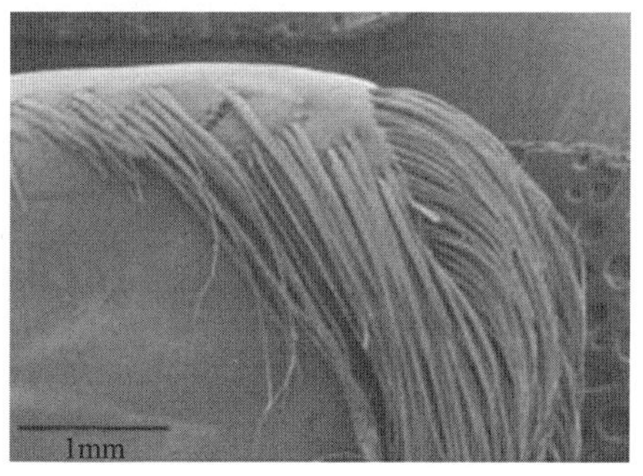

图 6-29　第 4 颚足腕节

图 6-30　第 4 颚足

（6）第 5 颚足（M5）　跟 M4 基本相同，刚毛基本呈钩状，主要钩状结构比 M4 要大（图 6-31 至图 6-33）。

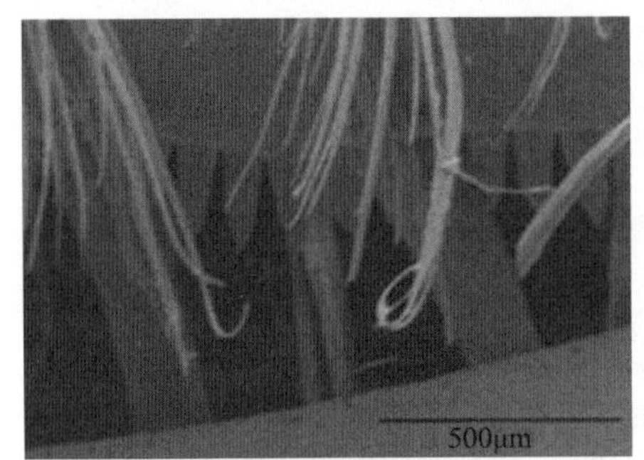

图 6-31　第 5 颚足指节

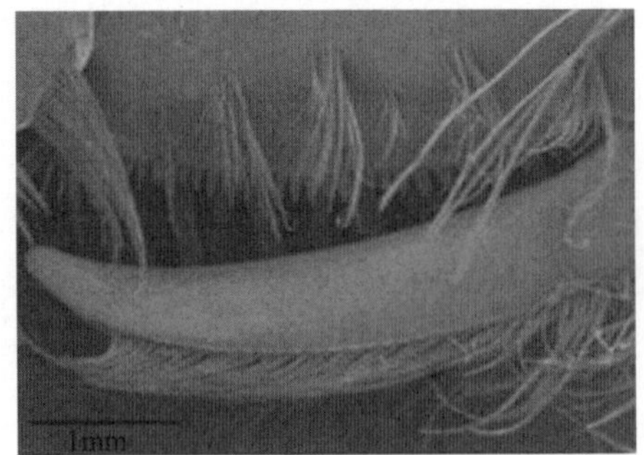

图 6-32　第 5 颚足掌节指节锯齿状突起

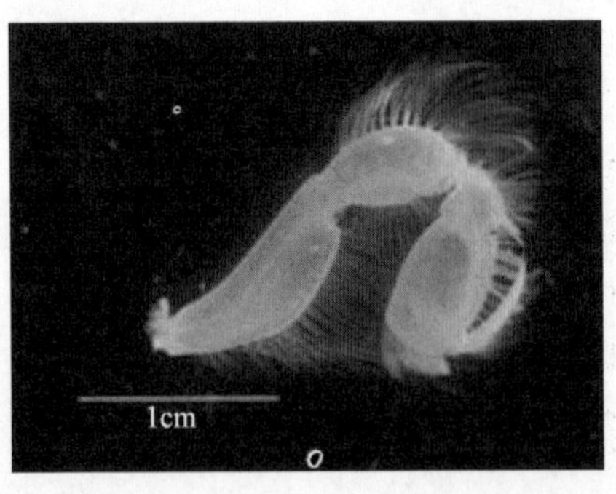

图 6-33　第 5 颚足

（7）游泳足　此处的刚毛主要呈现羽状结构并且排列比较紧密（图 6-34、图 6-35）。

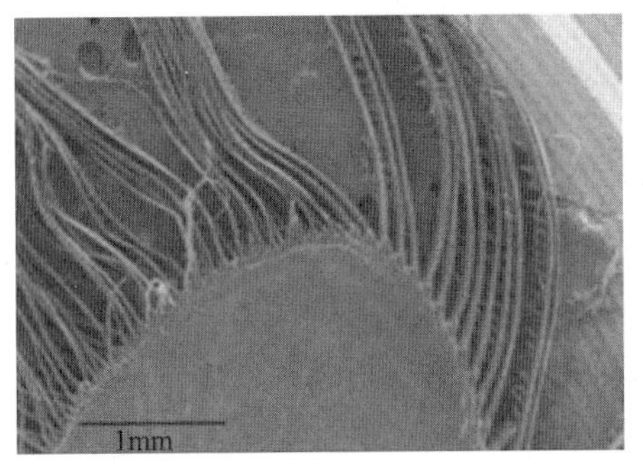

图 6-34　游泳足末端

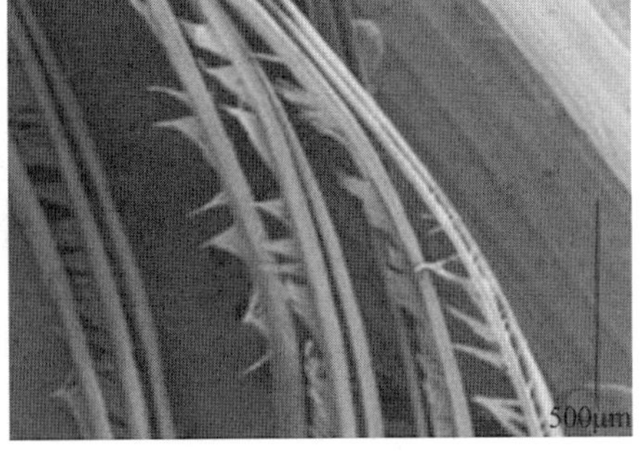

图 6-35　游泳足

（8）步足　主要是简单状刚毛，较有层级并密集（图 6-36、图 6-37）。

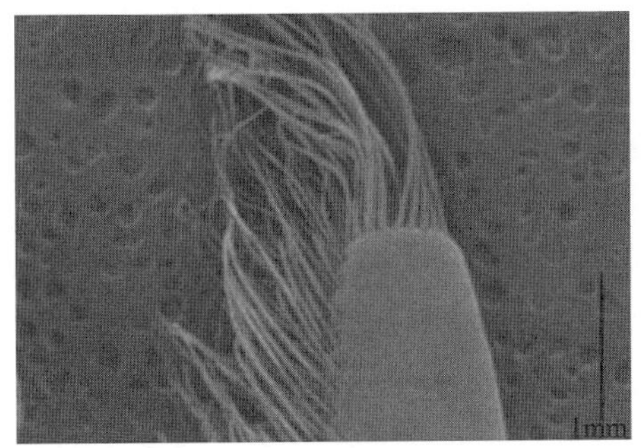

图 6-36　第 1 步足末端

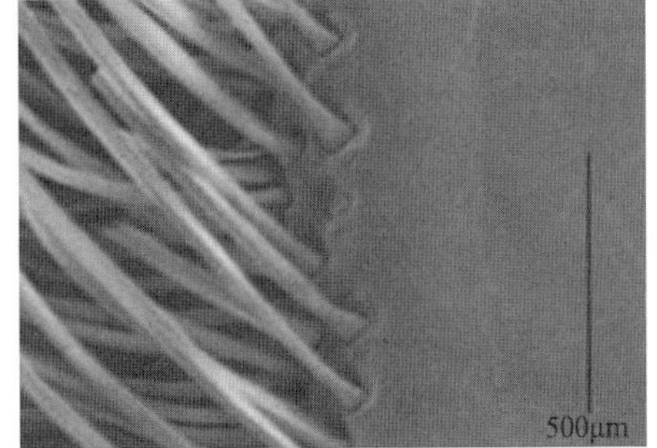

图 6-37　步足简单状刚毛

（9）鳃　呈现管状结构。在鳃的末端也长有简单状刚毛（图 6-38、图 6-39）。

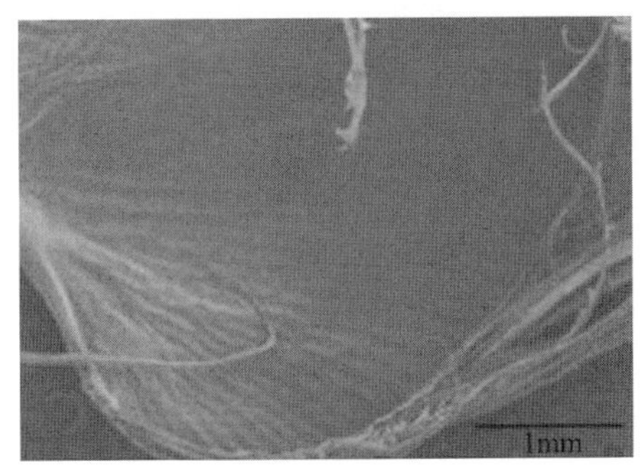

图 6-38　鳃

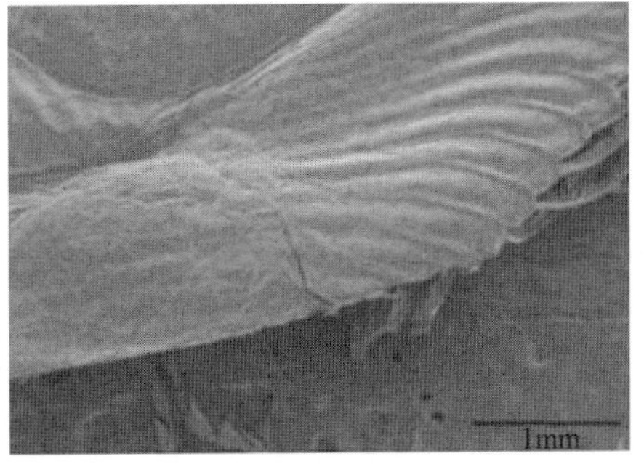

图 6-39　鳃局部

（10）尾节　尾节处刚毛主要是羽状结构（图 6-40）。

图 6-40　尾节刚毛

第六节　口虾蛄繁殖行为

一、口虾蛄的交配

口足类的求偶和交配行为非常多变，8 科口足类动物（虾蛄科、猛虾蛄科、琴虾蛄科、矮虾蛄科、齿指虾蛄科、假虾蛄科、原指虾蛄科和大指虾蛄科）在求偶行为的最后阶段的爬上和交配动作是显著相似的。典型的求偶行为的最后阶段是双方头、尾节和腹节的接触行为（利用触角的快速摆动），通过雌虾蛄或者雄虾蛄在对方身体下面摆动头部完成，这时雄虾蛄会爬上雌虾蛄，这通常从雄虾蛄的尾部开始，但是雄虾蛄可能从从头到尾的任意位置抓住雌虾蛄的背部，这时雄虾蛄用第 3 到第 5 颚足抓紧雌虾蛄。如果雄虾蛄在靠后的位置，它转过身来抓住雌虾蛄的尾部然后向前移动。一旦雄虾蛄到达雌虾蛄的胸部，就会用颚足的指节抓住头胸甲的下缘，并用第 2 颚足稳定它的位置。同时，雄虾蛄用它的第 1 颚足去刮擦雌虾蛄头胸甲前部和额角，这时雄虾蛄试图将雌虾蛄转向面对面，使胸腹部合在一起。如果雌雄虾蛄的位置不正确，雄虾蛄会从另一侧移动雌虾蛄并重新爬上。当雄虾蛄成功地将露出的交接肢接近雌虾蛄的生殖孔后，通过一次胸腹部的快速推挤完成插入。之后，雄虾蛄通过持续数秒的一系列的交配性插入将精荚射入雌虾蛄的纳精囊中。雄虾蛄完成交配后，雌虾蛄开始挣扎着离开，交配结束。在一些种类中，重复交配可能在几分钟后发生（Caldwell，1972）。

日本学者 Hamano（1988）对口虾蛄的繁殖行为进行了详细的室内观察，发现口虾蛄的交配时雌雄口虾蛄先是用触角相互接触，随后相互追逐游泳，接下来用触角互相抚摸，雄性口虾蛄还会游到雌性口虾蛄腹下，用附肢来接触雌性口虾蛄的腹部和尾部，通过不断接触熟悉以后，雄性口虾蛄会蜷曲身体，将雌性口虾蛄翻过来，用第 3 对步足内侧的细长交接棒，把精子排入雌性口虾蛄的纳精囊内。

二、口虾蛄产卵及抱卵行为

典型具抱卵习性物种属甲壳动物纲十足目中被称为爬行亚目和腹胚亚目的动物。淡水物种较少，包括美国小龙虾、河蟹等。海洋十足目甲壳动物包括异尾下目、短尾下目、真虾下目和猬虾下目等众多物种。另一类抱卵习性海洋甲壳动物为口足目物种。口虾蛄的抱卵就是把卵抱在腹前保护的行为，以提高孵化率。

口虾蛄一年内产卵期比较集中，繁殖周期为每年产卵 1 次。我国北部海域，口虾蛄性成熟期始于 3 月，性腺指数自 6 月达到最大值，7 月开始下降，至 9 月繁殖期结束（刘海映等，2013）。在浙江北部海区，口虾蛄繁殖特征包括：性成熟期 3—5 月，产卵期为 6—7 月。一年性成熟一次，在浙江北部海区，卵巢成熟系数 4 月最高（徐善良等，1996）；邻域同属物种黑斑口虾蛄的繁殖期为 4—8 月，繁殖盛期为 5—6 月（王春琳，2001）。

关于口虾蛄的产卵及抱卵行为的室内观察还未见正式研究报道。通过观察发现，在产卵季节，口虾蛄仰卧产卵时卧于洞穴中，头部和尾部稍微抬起，用第 6、7、8 胸肢支撑洞壁，有时也用第 2 颚足和尾扇支撑，除腹肢外全身几乎不动，将卵排至第 6 胸节腹面。产卵过程需 4h 左右，一直保持仰卧姿势直到快产完时身体慢慢倾斜。产后雌虾蛄身体伸直，抱卵于身下（彩图 25）。

口虾蛄产出的卵团为黄色，呈不定型团状，像团在一起的细小网片，黏性大，用第 3、4、5 颚足抱着，并间歇性地用除第 2 颚足以外的所有颚足交替提升、折叠、翻动卵团，产生水流，使每个卵粒获得足够的溶解氧。大约 3d 以后，卵团被整理成簇状，并一直保持这种形状，其黏性逐渐减小。

我们对其卵的清洁行为进行观察。我们发现口虾蛄在抱卵期间，其附肢的作用主要是对卵进行清洁，这个过程几乎是不间断的。从其将卵排出体外开始，一直持续着对卵的清洁梳理。它用第 3、4、5 颚足的钩形指节将卵勾起，接着用腕节使卵向前翻滚。第 1 颚足的作用主要是支撑卵，防止水流或其他颚足运动使卵脱离。同时观察发现，在其抱卵期间，对其自身的清洁行为减少。

三、口虾蛄孵化行为

雌口虾蛄孵卵期间，亲虾大多数时间进行孵卵护理，很少摄食或出洞，只有在被其他口虾蛄抢占洞穴时，才抱着卵团出洞，再寻找其他合适的地方。口虾蛄在幼体孵出前几天，忽视对卵块的照料，弃卵于洞穴，但稍有惊动，会马上抱卵，很少离洞。

口虾蛄抱卵后期，卵团散开呈粒状，平铺于洞穴底部时，亲虾在洞内来回游动，同时低下头用第 3、4、5 颚足搅动堆在一起的卵粒，使其散开，并通过腹足的摆动，产生水流使卵粒漂浮起来。1～2d 幼体便突破卵膜。

本实验在平均水温为 21.35℃的情况下，经过 15d 左右，积温达 91.35℃（以 15.26℃为胚胎发育的生物学零度），便孵化出口虾蛄幼体。刚产的卵径为 0.634 7mm×0.671mm，随着胚胎发育，色素区越来越明显，并逐渐看到红色的复眼，各器官轮廓也逐渐清晰可见，待到快孵化出来时，卵径达到 0.677 5mm×0.689 5mm。

参考文献

董方勇，谢文星，谢山，等，2008. 克氏原鳌虾洞穴的生态特征及其对水利工程安全影响的初步研究 . 水生生物学报，32（6）：168-170.

刘海映，谷德贤，姜玉声，等，2013. 口虾蛄繁殖周期及生殖细胞发育的研究[J]. 大连海洋大学学报，28（3）：4-9.

刘伟，王芳，2011. 光色对中国明对虾（*Fenneropenaeus chinensis*）稚虾耗氧率昼夜变化节律的影响[J]. 海洋湖沼通报，3：27-31.

王春琳，2001. 黑斑口虾蛄的繁殖生物学研究[D]. 杭州：浙江大学 .

王芳，宋传民，2006. 光照对中国对虾稚虾 3 种消化酶活力的影响[J]. 中国水产科学，13（6）：1028-1032.

徐善良，王春琳，梅文骧，等，1996. 浙江北部海区口虾蛄繁殖和摄食习性的初步研究[J]. 浙江海洋学院学报：自然科学版，1：30-36.

Amornpiyakrit T，2007. Muscle physiology in escape response of kuruma shrimp [J]. Am. fish. soc. symp，49：587-599.

Atkinson R，Froglia C，Arneri E，et al.，1997. Observations on the burrows and burrowing behaviour of *Squilla mantis*（L.）（Crustacea：Stomatopoda）. P. S. Z. N. [J]. Marine Ecology，18（4）：337-359.

Bauer R T，1979. Antifouling adaptations of marine shrimp（Decapoda：Caridea）：gill cleaning mechanisms and grooming of brooded embryos [J]. Zoological Journal of the Linnean Society，65（4）：281-303.

Bauer R T，1998. Gill-Cleaning Mechanisms of the Crayfish *Procambarus clarkii*（Astacidea：Cambaridae）：Experimental Testing of Setobranch Function [J]. Invertebrate Biology，117（2）：129-143.

Bauer R T，1999. Gill-cleaning mechanisms of a dendrobranchiate shrimp，*Rimapenaeus similis*（Decapoda，Penaeidae）：Description and experimental testing of function [J]. Journal of Morphology，242（2）：125-139.

Bauer R T，2013. Adaptive modification of appendages for grooming（cleaning，antifouling）and reproduction in the Crustacea [M] //Watling L，Thiel M. The Natural History of the Crustacea. Oxford University Press，New York：327-364.

Candisani L C, Sumida P Y G, et al., 2001. Pires-Vanin, Burrow morphology and mating behaviour of the thalassinidean shrimp *Upogebia noronhensis* [J]. Journal of the Marine Biological Association of the Uk, 81 (5): 799-803.

Chan B, Chan K, et al., 2006, Burrow Architecture of the Ghost Crab *Ocypode ceratophthalma* on a Sandy Shore in Hong Kong [J]. Hydrobiologia, 560 (1): 43-49.

Coelho V, Rodrigues N, SÉ D A R, et al., 2001. Trophic behaviour and functional morphology of the feeding appendages of the laomediid shrimp *Axianassa australis* (Crustacea: Decapoda: Thalassinidea) [J]. Journal of the Marine Biological Association of the Uk, 81 (3): 441-454.

Coelho V R, Cooper R A, et al., 2000. Burrow morphology and behavior of the mud shrimp *Upogebia omissa* (Decapoda: Thalassinidea: Upogebiidae) [J]. Marine Ecology Progress, 200: 229-240.

Cronin T W, Caldwell R L, et al., 2001. Sensory adaptation. Tunable colour vision in a mantis shrimp [J]. Nature, 411 (6837): 547-548.

Fisher R, Wilson S K, 2004. Maximum sustainable swimming speeds of late-stage larvae of nine species of reef fishes [J]. Journal of Experimental Marine Biology & Ecology, 312 (1): 171-186.

Fuss C M, 1964. Observations on Burrowing Behavior of the Pink Shrimp, *Penaeus duorarum* Burkenroad [J]. Bulletin of Marine Science, 14 (1): 62-73.

Gehrke P, 2010. Influence of light intensity and wavelength on phototactic behaviour of larval silver perch *Bidyanus bidyanus* and golden perch *Macquana ambigua* and the effectiveness of light traps [J]. Journal of Fish Biology, 44 (5): 741-751.

Glauco B O, et al., 2013. Burrow morphology of *Uca uruguayensis* and *Uca leptodactylus* (Decapoda: Ocypodidae) from a subtropical mangrove forest in the western Atlantic [J]. Integrative Zoology, 8 (3): 307-314.

Hamano T, 1988. Mating behavior of *Oratosquilla oratoria* [J]. Crust. Biol: 239-244.

Hamano T, 1990. Growth of the stomatopod crustacean *Oratosquilla oratoria* in Hakate Bay [J]. Nippon Suisan Gakkaishi, 56: 15-29.

Hamano T, Matsuura S, 1984. Egg laying and egg mass nursing behaviour in the Japanese mantis shrimp [J]. Nippon Suisan Gakkaishi, 50: 1969-1973.

Hamano T, Matsuura S, 1986. Food habits of the Japanese mantis shrimp in the benthic community of Hakata Bay [J]. Nippon Suisan Gakkaishi, 52: 787-794.

Hamano T, Matsuura S, 1987. Egg size, duration of incubation, and larval development of the Japanese mantis shrimp in the laboratory [J]. Nippon Suisan Gakkaishi, 53: 23-39.

Hamano T, Torisawa M, Mitsuhashi M, et al., 1994. Burrow of a stomatopod crustacean *Oratosquilla oratorio* (De Haan, 1844) in Ishikari Bay, Japan [J]. Crustacean Research, 23: 5-11.

Hart R C, 2005. Remarkable Shrimps: Adaptations and Natural History of the Carideans

[J]. African Journal of Aquatic Science, 30 (2): 211-212.

He P, 2014. Swimming behaviour of winter flounder (*Pleuronectes americanus*) on natural fishing grounds as observed by an underwater video camera [J]. Applied Mechanics & Materials, 640 (3): 851-857.

Herberholz J, Sen et al., 2003. Parallel changes in agonistic and non-agonistic behaviors during dominance hierarchy formation in crayfish [J]. J Comp Physiol A, 189: 321-325.

Horner A J, Schmidt M, Edwards D H, et al., 2008. Role of the olfactory pathway in agonistic behavior of crayfish, *Procambarus clarkii* [J]. Invertebrate Neuroscience, 8 (1): 11-18.

Katrak G, Dittmann S, Seuront L, 2008. Spatial variation in burrow morphology of the mud shore crab *Helograpsus haswellianus* (Brachyura, Grapsidae) in South Australian saltmarshes [J]. Marine & Freshwater Research, 59 (10): 100-107.

Martin J W, Felgenhauer B E, 1986. Grooming behaviour and the morphology of grooming appendages in the endemic South American crab genus *Aegla* (Decapoda, Anomura, Aeglidae) [J]. Journal of Zoology, 209 (2): 213-224.

Pearson W H, Olla B L, 1977. Chemoreception in the blue crab, *Callinectes sapidus* [J]. Biological Bulletin, 153 (2): 665-669.

Shagnika D, Li-Chun T, Lan W, et al., 2017. Burrow characteristics of the mud shrimp *Austinogebia edulis*, an ecological engineer causing sediment modification of a tidal flat [J]. Plos One, 12 (12): 329.

Wilson R S, 2005. Temperature influences the coercive mating and swimming performance of male eastern mosquito fish [J]. Animal Behaviour, 70 (6): 1387-1394.

Winger P D, He P, Walsh S J, 1999. Swimming endurance of American plaice (*Hippoglossoides platessoides*) and its role in fish capture [J]. Ices Journal of Marine Science, 56 (3): 252-265.

第七章

口虾蛄资源分布特征

第一节　口虾蛄资源分布

口虾蛄为广温广盐种类，穴居于泥沙质海底，在我国沿海均有分布（王波等，1998），主要栖息于水深 60m 以内的浅海海域（金显仕等，2006；黄宗国，2008；李鹏程等，2021）。口虾蛄是我国近海渔业重要的捕捞对象之一，特别是在黄渤海，由于中国对虾、小黄鱼（*Pseudosciaena polyactis*）、带鱼（*Trichiurus lepturus*）等渔业资源严重衰退，口虾蛄作为主捕对象的地位愈加明显。近年来，我国的虾蛄捕捞产量一直在 20 万 t 左右波动，已经成为近岸海洋捕捞渔获的重要组成部分，而口虾蛄作为北方海域唯一的虾蛄种类，对北方近海，尤其渤海海域的渔业生产具有重要的支撑意义。

一、渤海海域口虾蛄资源状况

渤海是由辽东湾、渤海湾、莱州湾、中央海盆及渤海海峡组成，平均水深 18m，入海的主要河流有黄河、辽河、滦河和海河等。陆地径流为渤海带来了充裕的营养盐，为孕育丰富的渔业资源提供了必要条件。

（一）辽东湾

辽东湾位于渤海的北侧，是从河北省大清河口到辽东半岛南端老铁山角以北的海域，是我国纬度最高的海湾，有辽河、大凌河、小凌河等注入。该海域曾以盛产中国对虾、毛蚶（*Scapharca subcrenata*）、文蛤（*Meretrix meretrix*）等闻名。

在辽东湾海域，无论是春季（5 月）还是秋季（10 月）口虾蛄资源都占据着重要地位。渔业资源调查显示，两个季节分别捕获海产动物 39 种和 42 种，个体数 8 821 尾和 20 066 尾，重量 166.75kg 和 184.02kg；其中，口虾蛄的个体数生态密度（Number of Ecological Density，NED）为 1 400 尾/km^2 和 2 570尾/km^2，生物量生态密度（Biomass of Ecological Density，BED）为 21.49kg/km^2 和 42.59kg/km^2。以 NED 计，口虾蛄分别排在两个时间全部种类的第三位和第四位，均排在有渔业经济价值种类的第一位；以 BED 计，则分别排在全部种类的第四位和第二位，仍均排在有渔业经济价值种类的第一位。对比两个季节的资源量，秋季的口虾蛄明显多于春季。从海域分布上看，春季时口虾蛄较多分布于远岸区域，而在秋季时以分布于近岸为主，如图 7-1 至图 7-4 所示。

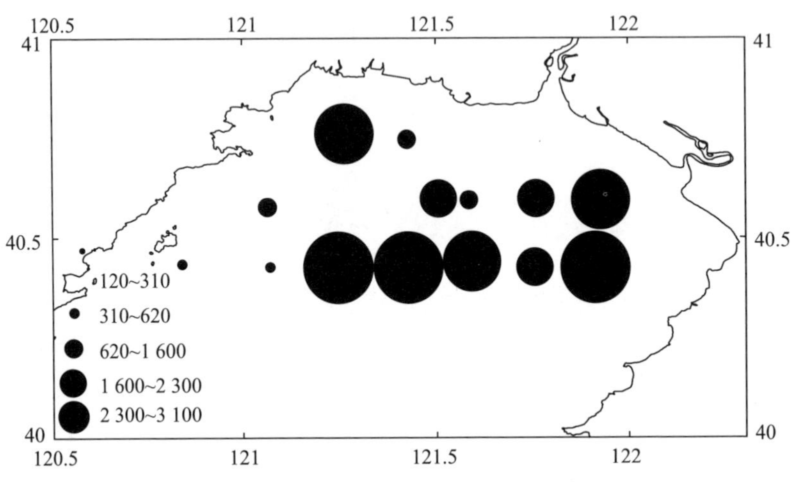

图 7-1　辽东湾海域 2010 年 5 月口虾蛄丰度（尾/km^2）

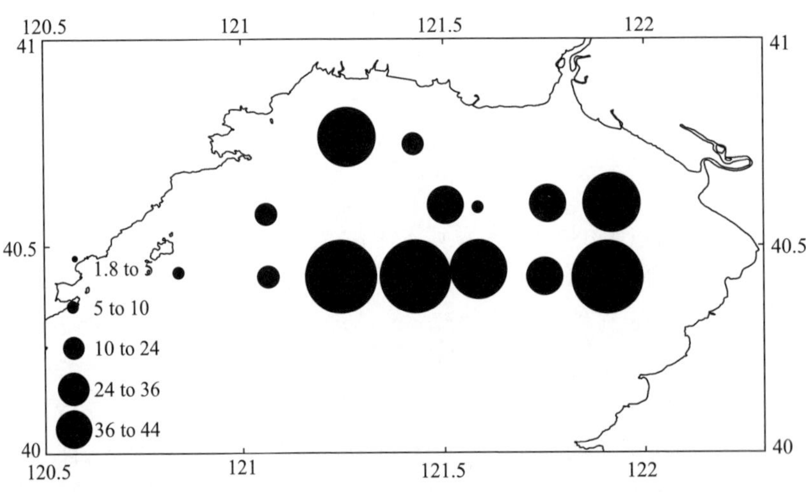

图 7-2　辽东湾海域 2010 年 5 月口虾蛄生物量（kg/km^2）

从月份序列看（刘修泽等，2014c），口虾蛄生物量从高到低依次为 8 月、9 月、6 月、11 月，平均尾数从高到低依次为 8 月、9 月、11 月、6 月。四个月间，口虾蛄群体生物量变化趋势与平均尾数季节变化趋势不一致，主要是 11 月有大量当年生幼体的出现。

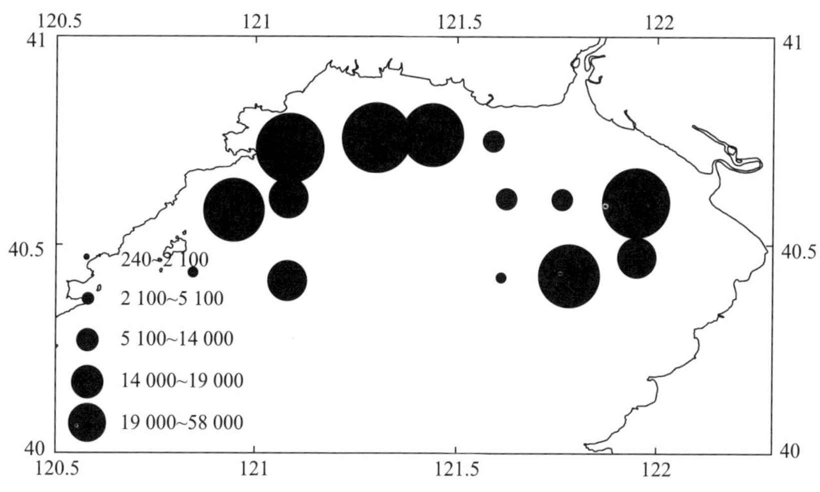

图 7-3　辽东湾海域 2010 年 10 月口虾蛄丰度（尾/km²）

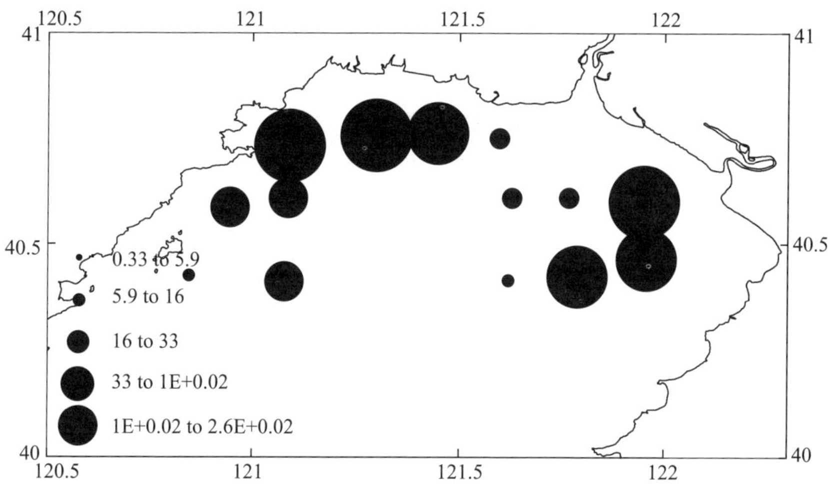

图 7-4　辽东湾海域 2010 年 10 月口虾蛄生物量（kg/km²）

（二）渤海湾

渤海湾位于渤海西部，北起河北省乐亭县大清河口，南至山东省黄河口，有蓟运河、海河等河流注入。湾内海域浮游生物和底栖生物种类众多、生物量丰富，尤其河口附近，是鱼虾洄游、索饵、产卵的重要场所，也是渤海鱼类、甲壳类、贝类等渔业资源的重要产地。

渤海湾口虾蛄具有明显的季节特性。2009 年 5 月、8 月、10 月和 12 月，天津沿海口虾蛄的资源密度分别为 699.94kg/km²、1 725.86kg/km²、

779.94kg/km^{2}和143.99kg/km^2，平均资源密度为837.43kg/km^2。8月口虾蛄的资源密度最大，12月密度最低。2014年和2015年的资源调查显示了类似的结果。其中，2014年8月，口虾蛄出现频率87.5%，占总渔获重量的46.41%，占总渔获尾数的36.89%。2014年10月，口虾蛄出现频率100%，占总渔获重量的44.43%，占总渔获尾数的37.87%。2015年1月，口虾蛄出现频率62.5%，平均个体密度为0.02万尾/km^2，平均生物量密度为0.006t/km^2，占总渔获重量的5.88%，占总渔获尾数的1.87%。2015年6月，口虾蛄出现频率100%，平均个体密度为1.12万尾/km^2，平均生物量密度为0.38t/km^2，占总渔获重量的55.28%，占总渔获尾数的43.30%，如彩图26、彩图27所示。

2009年、2014年和2015年天津海域口虾蛄资源量总体表现为：夏季（8月）最大，其次为秋季（10月）和春季（5—6月），冬季（12月至翌年1月）最少。对比2009年资源密度情况，2014—2015年口虾蛄明显减少，以两个年度4次调查的平均值计算，重量密度减少了43.9%，如表7-1所示，说明渤海湾天津海域口虾蛄资源呈现出衰退的趋势。

表7-1　2009年与2014—2015年天津沿海口虾蛄资源量对比情况（t/km^2）

年份	春季	夏季	秋季	冬季
2009	0.70	1.73	0.78	0.14
2014—2015	0.38	1.06	0.64	0.006

（三）莱州湾

莱州湾位于渤海南部，是从山东省黄河口至龙口一线以南的海域，也是受黄河径流影响最大的海湾。黄河带来的大量陆源营养盐，使莱州湾成为我国重要的渔场之一。

2011年5月至2012年4月，以底拖网采样方式对莱州湾水域口虾蛄资源进行调查。2011年5月平均网获尾数为196.41尾/h、平均网获生物量为2.68kg/h，6月为145.83尾/h、2.23kg/h，7月为677.44尾/h、11.50kg/h，8月为803.11尾/h、12.81kg/h，9月为581.56尾/h、9.55kg/h，11月为130.12尾/h、2.56kg/h；2012年3月为10.89尾/h、0.16kg/h，4月为11.15尾/h、0.18kg/h。对比各月的数据，7—9月口虾蛄的资源量最大，3—4月资源量最小。从资源分布情况看，5—7月口虾蛄主要分布在黄河口、龙口等近岸区域，此阶段正值产卵期，产卵结束后，口虾蛄向深水区域移动，并在深水区域进行越冬（吴强等，2015）。

辽东湾、渤海湾、莱州湾口虾蛄资源分布具有共同的特点，即夏季资源量比较大，且多分布于近岸区域，冬季低温期资源量相对较少，主要分布于深水区。渤海海域从5月开始，浅水区水温快速升高，饵料生物大量繁衍，口虾蛄向浅水区移动、索饵，积累营养物质，为繁殖做准备。秋冬季随着水温降低，口虾蛄向深水区移动，以便能够顺利越冬。

二、渤海海域口虾蛄生物学特征

（一）辽东湾

2012年6—11月，在辽东湾海域底拖网调查时，捕获口虾蛄的体长范围为26.0～182.0mm。其中，6月口虾蛄体长范围为38.0～165.0mm、平均值为107.31mm，8月口虾蛄体长范围为26.0～160.0mm、平均值为109.03mm，9月口虾蛄体长范围为38.0～170.0mm、平均值为104.29mm，11月口虾蛄体长范围为41.0～182.0mm、平均值为98.04mm。9月体长最大，而11月因为有大量幼体补充到群体中，平均体长减小（刘修泽等，2014c）。

（二）渤海湾

2014年8月至2015年6月，在渤海湾天津海域采用底拖网捕获的口虾蛄。体长范围为46.0～170.0mm，平均体长为111.45mm；体重范围为2.85～64.92g，平均体重为21.54g。2014年8月、10月和2015年1月、6月口虾蛄的雌雄比例依次为1.14、1.18、1.59和1.45。

2014年8月，口虾蛄的体长范围为59.0～161.0mm，平均体长为112.02mm，优势体长为120.0～130.0mm，所占比例为19.44%；口虾蛄体重范围为3.08～58.57g，平均体重为23.33g，优势体重为20.0～30.0g，所占比例为26.85%。2014年10月，口虾蛄的体长范围为57.0～170.0mm，平均体长为116.08mm，优势体长为90.0～100.0mm，所占比例为15.58%；口虾蛄体重范围为2.85～64.92g，平均体重为24.34g，优势体重为10.0～20.0g，所占比例为35.50%。2015年1月，口虾蛄的体长范围为59～162mm，平均体长为102.65mm，优势体长为100.0～110.0mm，所占比例为20.00%；口虾蛄体重范围为2.94～53.10g，平均体重为23.16g，优势体重为46.0～170.0g，所占比例为26.67%。2015年6月，口虾蛄的体长范围为46.0～148.0mm，平均体长为106.92mm，优势体长为100.0～110.0mm，所占比例为25.81%；口虾蛄体重范围为3.92～42.40g，平均体重为17.42g，优势体重为10.0～20.0g，所占比例为56.16%。

对比不同时间的口虾蛄体长组成，可以看出春季存在一个体长峰值；夏季的体长组成表现为一高一低两个峰值，其中高峰值为春季体长峰值的延续，低峰值由当年的口虾蛄补充群体组成，伴随着补充群体的逐渐增加以及剩余群体的自然死亡和捕捞死亡，两个峰值的差距逐渐减小；秋季时，呈现补充群体和剩余群体两个优势组；进入冬季，两个优势体长组混合在一起形成一个优势体长组。

（三）莱州湾

2011 年 5 月至 2012 年 4 月，在莱州湾底拖网捕获口虾蛄的体长范围为 41.0～171.0mm。对比调查期间的平均体长，5 月的最小，此后逐步增加，7 月达最大值，11 月下降至与 5 月相当；体重范围为 0.3～68.0g，平均体重以 5 月最低，11 月最高。将口虾蛄按 30mm 间距分成 5 个体长组，结果显示，2011 年 5—7 月，体长在 90mm 以下个体的比例减小，90mm 以上个体的比例上升；此后从 8 月至翌年 4 月，90mm 以下个体的比例缓步提高，90mm 以上个体的比例逐渐下降。将口虾蛄按 10g 间距分成 5～7 个体重组，结果显示，莱州湾口虾蛄以 20g 以下占主导地位，在各月份中所占比例均不低于 60%。2011 年 10 月，30g 以上个体的比例最高，占总个体数的 30%左右，6 月、8 月、11 月下降至 20%左右，其他月份仅在 10%（吴强等，2015）。

三、口虾蛄假溞状幼体的资源分布

维持海域中丰富的口虾蛄资源，需要有大量的幼体补充。口虾蛄为抱卵孵化，初孵幼体经过Ⅺ期假溞状幼体后变态为仔虾蛄，开始营底栖生活。

2015—2016 年期间，每年的 5 月、6 月、7 月、8 月和 10 月在渤海湾对口虾蛄假溞状幼体资源进行调查，结果显示幼体平均密度为 0.095 尾/m^2，其中 5 月和 10 月均未采集到幼体。2015 年共采集口虾蛄假溞状幼体 2 354 尾，平均密度为 0.120 尾/m^2，其中 8 月的资源量最大（0.097～1.465 尾/m^2，平均密度为 0.478 尾/m^2），其次为 7 月（0.001～0.223 尾/m^2，平均密度为 0.049 尾/m^2），而 6 月最低（0.001～0.216 尾/m^2，平均密度为 0.044 尾/m^2）。2016 年共采集口虾蛄假溞状幼体 2 383 尾，平均密度为 0.068 尾/m^2，其中 6 月的资源量最大（0～0.978 尾/m^2，平均密度为 0.169 尾/m^2），其次为 8 月（0～0.201 尾 m^2，平均密度为 0.067 尾/m^2），而 7 月最低（0～0.003 尾 m^2，平均密度为 0.001 尾/m^2），如表 7-2 所示。

表 7-2　2015 年和 2016 年渤海湾口虾蛄假溞状幼体的密度分布

月份	尾数（个/网）		密度（个/m^2）	
	2015 年	2016 年	2015 年	2016 年
5	0	0	0	0
6	764	1 887	0.044	0.169
7	717	11	0.049	0.001
8	873	485	0.478	0.067
10	0	0	0	0

口虾蛄假溞状幼体大量出现的时间为6—8月，表现出明显的季节差异，这主要是受繁殖季节因素的影响，并与环境、食物、敌害等诸多条件有关。同一海区不同位置口虾蛄假溞状幼体密度差异受口虾蛄亲体资源密度（生物量）以及海流等海域水文条件的影响。不同海区口虾蛄资源量的变化因海区环境及地理位置而异，如莱州湾（吴强等，2015）、辽东湾（刘修泽等，2014c）、渤海湾（谷德贤等，2011）口虾蛄8月资源量最大，而海州湾（许莉莉等，2017）5月口虾蛄资源量最大。

四、口虾蛄资源的生态优势度

在高强度的海洋捕捞压力和恶劣的海洋环境等因素共同影响下，我国近海海洋渔业资源呈现逐年下降的趋势。当大黄鱼、小黄鱼、带鱼、乌贼等渔业资源不能形成渔汛的情况下，口虾蛄成为重要的渔业目标种类，而且口虾蛄的市场价格也呈现上涨趋势，对稳定渔民经济收入起到了重要作用。近年来我国近海渔业资源调查数据表明，渤海湾海域口虾蛄最高资源密度达到5.14万尾/km^2、生物量达到1 700kg/km^2（谷德贤等，2011），浙江南部近岸海域生物量最高达到926kg/km^2（潘国良等，2013）。但口虾蛄资源量总体呈现下降的趋势未有改变，这与口虾蛄作为当前主要的渔业捕捞种类正承受高强度的捕捞压力有着直接的关系。

相对重要性指数（Index of Relative Importance，IRI）是评价生物在生物群落中生态优势度的一项重要指标，其综合考虑了被研究物种的个体数、生物量以及调查中出现的频率等信息，以此来判断渔业资源生物群落中的优势物种相对更客观，其计算公式（Pinkas et al.，1971）如下：

$$IRI=(N+W)\times F$$

式中，N为某一物种尾数占调查中捕获资源生物总尾数的百分比（%）；W为该物种质量占调查中捕获资源生物总质量的百分比（%）；F为该物种出现的站位数占调查总站位数的百分比（%）。

划定标准：$IRI\geqslant 1\ 000$时为优势种，$1\ 000>IRI\geqslant 100$时为重要种，$100>IRI\geqslant 10$时为常见种，$10>IRI\geqslant 1$时为一般种，$IRI<1$时为少有种。

（一）渤海海域

1. 辽东湾

2006年7月下旬至8月上旬、11月下旬至12月上旬，2007年4月中下旬和10月上中旬，辽东湾口虾蛄的IRI分别为1 067、1 352、521和861，排在对应时间渔获生物种类的第3、2、4和3位，分别达到了优势种、重要种、优势种和优势种的水平（刘修泽等，2014a）。2010年6月和8月，辽东湾长兴岛附近海域口虾蛄均达到优势种水平，对应的IRI分别为3 665和2 929，均排在捕获资源生物的第 2 位（刘修泽等，2011）。

2. 莱州湾

2015 年 8 月对莱州湾渔业资源进行调查，口虾蛄在调查捕获的 55 种渔业资源种类（鱼类 33 种，虾蟹类 19 种，头足类 3 种）中，*IRI* 数值为 4 378，为第 1 优势种。2016 年 8 月的调查中，口虾蛄在 51 种渔业资源种类（鱼类 29 种，甲壳类 19 种，头足类 3 种）中排在第 2 位，*IRI* 指数为 2 301，为第 2 优势种（姜俊楠，2017）。2010—2019 年夏季莱州湾大型甲壳类动物群落中，口虾蛄一直处于群落的第 1 或第 2 优势种位置（李凡等，2021）。

（二）黄海海域

1. 黄海北部海域

2007 年 5 月和 10 月，黄海北部大连湾海域口虾蛄均为优势种，重量占甲壳类的 29.58%和 6.14%（刘修泽等，2014b）。2014—2017 年 8 月，在黄海北部采用底拖网的方式对渔业资源结构组成进行调查，4 年的调查分别捕获渔业资源生物 23 种、32 种、37 种和 40 种，口虾蛄的 *IRI* 分别为 1 117、4 227、1 502 和 2 041，均属于优势种范畴，排位依次为第 7 位、第 1 位、第 5 位和第 4 位。

2. 青岛近海

2004 年 5 月（春季）和 10 月（秋季）对青岛近海渔业资源群落结构特征进行了研究（任一平等，2005）。春季口虾蛄优势度较高，位列第 2 位，占总渔获重量的 13.7%，仅低于赤鼻棱鳀（*Thryssa kammalensis*）（19.0%），个体数占 8.1%，也是仅低于赤鼻棱鳀（9.5%）。秋季位列第 3 位，占总渔获量的 8.5%，低于日本枪乌贼（*Loligo japonica*）（15.3%）和短蛸（12.4%），口虾蛄个体数占 5.1%，仅低于日本枪乌贼（17.7%），与赤鼻棱鳀并列第 2 位。

3. 山东半岛南部近岸海域

2006 年 7 月（夏季）、12 月（冬季）和 2007 年 4 月（春季）、11 月（秋季）共捕获渔业资源生物 72 种，口虾蛄在夏季、春季和秋季的渔获量中（重量密度，kg/h）分别排在第 2、1 和 2 位。2006 年 7 月的口虾蛄优势度较高，占总渔获重量的 10.1%，仅次于鹰爪虾（*Trachypenaeus curvirostris*）的 15.6%，个体数占总渔获尾数 6.6%，低于鹰爪虾（26.2%）、日本鳀（12.3%），排在第 3 位；2007 年 4 月口虾蛄占总渔获重量的 16.2%，个体数占总渔获尾数的 6.6%，低于方氏云鳚（*Enedrias fangi*）（19.1%）、双斑蟳（*Charybdis bimaculata*）（11.7%），排在第 3 位；2007 年 11 月口虾蛄占总渔获重量的 12.2%，仅次于剑尖枪乌贼（*Uroteuthis edulis*）的 20.1%，个体数占总渔获尾数的 3.0%，低于细巧仿对虾（*Parapenaeopsis tenella*）（77.0%）、剑尖枪乌贼（7.7%）、鹰爪虾（5.7%），排在第 4 位（李涛等，2011）。

2015 年 8 月，在山东半岛南部开展的渔业资源调查，共捕获渔业生物 37

种，其中鱼类 25 种、虾蟹类 7 种、头足类 5 种；口虾蛄（*IRI* 为 719）与鲐（*Scomber japonicus*）（*IRI* 为 608）、小黄鱼（*IRI* 为 350）、绿鳍鱼（*Chelidonichthys kumu*）（*IRI* 为 343）、日本枪乌贼（*IRI* 为 310）为重要种，相对重要性指数低于鳀（*IRI* 为 9 963）和戴氏赤虾（*Metapenaeopsis dalei*）（*IRI* 为 4 226）2 种优势种。2016 年 8 月，山东半岛南部渔业资源调查共捕获渔业生物 35 种，其中鱼类 23 种、甲壳类 8 种、头足类 4 种；口虾蛄与戴氏赤虾、鳀同为优势种，*IRI* 指数分别为 1 062、5 527 和 3 093（姜俊楠，2017）。

（三）东海海域

根据 2008 年 5 月（春季）、8 月（夏季）、11 月（秋季）和 2009 年 2 月（冬季）在东海（127°00′E 以西，26°00′—33°00′N）桁杆拖虾网所获得的口足类调查资料，以某一种类 4 个季节渔获量占总渔获量百分比高于 10%的种类为优势种的标准，口虾蛄被判定为优势种。口虾蛄在每个季节的口足类总渔获量中所占比例均远远高于其他各种类，而且口虾蛄在 4 个季节的调查中具有相对较为集中的生物量高发区，口虾蛄的出现频率高达 86.5%（卢占晖等，2013）。

2010 年 5 月（春季）、8 月（夏季）、11 月（秋季）和 2011 年 2 月（冬季）对岱衢洋进行底拖网渔业资源调查。4 个季节的调查中均有口虾蛄出现，而且在春、秋季为优势种，*IRI* 为 1 220 和 3 182，分别排第 6 位和第 4 位；夏季、冬季虽不是优势种但也相对重要，*IRI* 值为 598 和 111（张洪亮等，2012）。

2011 年 2 月（冬季）、5 月（春季）、8 月（夏季）和 11 月（秋季）对岱衢洋采用定置刺网进行渔业资源调查时，口虾蛄均有被捕获，并均为优势种，在 4 个季节的优势种排序分别是第 3 位、第 2 位、第 2 位和第 1 位（张洪亮等，2013）。

（四）南海海域

根据 2006 年 8 月（夏季）、2006 年 10 月（秋季）、2006 年 12 月（冬季）和 2007 年 4 月（春季）在珠江口附近海区的底拖网调查资料，调查海域甲壳类动物 *IRI* 大于 100 的有 11 种，口虾蛄的为 520，仅低于周氏新对虾（*Metapenaeus joyneri*）的 2 114，排在第 2 位（黄梓荣等，2009）。

2006 年 10 月（秋季）、2007 年 1—2 月（冬季）、2007 年 5 月（春季）和 2007 年 8 月（夏季）在南海北部陆架区进行了甲壳类种类和资源密度分布的调查。调查发现该海区共有甲壳类 99 种，口虾蛄出现频率为 27.78%；渔获重量为 136.20kg，占总渔获量的 11.58%；渔获尾数 9 030 尾，占总渔获尾数的 8.51%；*IRI* 为 557.85，排在第 1 位，*IRI* 值是第 2 位黑斑口虾蛄（85）的 6.56 倍（黄梓荣等，2009）。

2013 年 2 月（冬季）、5 月（春季）、8 月（夏季）和 11 月（秋季）对南海柘林湾海域进行拖网调查，共捕获甲壳类 53 种，口虾蛄在 4 个季节的 *IRI*

分别为 2 490、1 805、6 666 和 1 283，为全年优势种（王文杰等，2018）。

根据我国近海海域渔业资源调查的数据资料可以看出，在渔业资源整体衰退的情况下，口虾蛄在渔业资源中所占的比例逐渐增加，现已成为我国沿海重要的捕捞对象，基于 *IRI* 的相对定量分析，口虾蛄处于优势种或重要种地位，如表 7-3 所示。

表 7-3　中国近海渔业资源中口虾蛄的地位

海域	区域	类群	年份	月份	地位
渤海	辽东湾	渔业资源种类	2006	7—8	优势种
			2006	11—12	优势种
			2007	4	重要种
			2007	10	重要种
			2010	5—6	优势种
			2010	8	优势种
			2010	10	优势种
	渤海湾	渔业资源种类	2014	8、10	优势种
			2015	1、6	优势种
	莱州湾及渤海湾南部	渔业资源种类	2015	8	优势种
			2016	8	优势种
黄海	黄海北部	甲壳类	2007	5	优势种
			2007	10	优势种
		渔业资源种类	2014	8	优势种
			2015	8	优势种
			2016	8	优势种
			2017	8	优势种
	青岛近海	渔业资源种类	2004	5	优势种
			2004	10	优势种
	山东半岛南部	渔业资源种类	2006	7	优势种
			2006	12	—
			2007	4	优势种
			2007	11	优势种
	山东近海	渔业资源种类	2015	8	重要种
			2016	8	优势种
	烟威渔场	渔业资源种类	2015	8	优势种
			2016	8	优势种

（续）

海域	区域	类群	年份	月份	地位
东海	岱衢洋	甲壳类	2010	5	优势种
			2010	8	重要种
			2010	11	优势种
			2011	2	重要种
	岱衢洋	甲壳类	2011	2	优势种
			2011	5	优势种
			2011	8	优势种
			2011	11	优势种
	东海主要渔场	口足类	2008	5	优势种
			2008	8	优势种
			2008	11	优势种
			2009	2	优势种
南海	珠江口	甲壳类	2006	8	优势种
			2006	10	
			2006	12	
			2007	4	
	南海北部陆架区	甲壳类	2006	10	优势种
			2007	1—2	
			2007	5	
			2007	8	
	柘林湾	甲壳类	2013	2	优势种
			2013	5	优势种
			2013	8	优势种
			2013	11	优势种

综上，在渔业资源整体衰退的情况下，口虾蛄已成为我国渤海、黄海、东海和南海的重要渔业种类。对比年际间的资源量数据，可以看出口虾蛄资源有减少的趋势。例如，渤海湾口虾蛄资源密度从 2009 年的平均 837kg/km^2（谷德贤等，2011）减少到 2015 年的 522kg/km^2，下降了近 38%。口虾蛄对维持海域生物群落结构的稳定和渔业生产的可持续发展具有重要作用，其资源的合理开发利用及保护需引起相关部门的重视，以避免出现资源严重衰退，甚至无法修复的悲剧。

第二节　环境因子对口虾蛄资源分布的影响

海洋是地球上重要的生态系统，海洋环境是影响海洋生物资源分布的重要因素。口虾蛄作为近海重要的渔获种类之一，其资源分布同样受到温度、盐度、水深、底质条件等环境因子的影响。查明环境因子与口虾蛄资源分布的关系，对口虾蛄资源的合理利用和科学保护具有重要的意义。

一、水温

水温是重要的水文要素之一，其随光照与气温的变化而变化。水生生物的生长、发育需要适宜的水温条件。口虾蛄为常年定居型种群，季节性迁移距离不大，冬季会向深水区移动，营越冬生活（吴耀泉等，1990）；越冬期过后，进入性腺发育和成熟阶段（邓景耀，程济生，1992；王春琳，1999）；口虾蛄通常1年即可达到性成熟（徐善良等，1996；王波等，1998）。有研究发现，口虾蛄生长最适温度为20～27℃（王波等，1998；王春琳，1999）。在低温季节（秋季、春季）莱州湾口虾蛄资源分布与海表温度呈极显著正相关（$P<0.01$），高温季节（夏季）呈显著负相关（$P<0.05$）（吴强等，2015）。辽东湾口虾蛄资源分布与底温无显著相关，但资源密度高的海域的底温平均值要高于调查区域的平均值，即表现出相对高温的特点（刘修泽等，2014）。对天津海域口虾蛄资源分布进行调查时也发现，水温是对口虾蛄资源分布影响最大的环境因子，水温较低的冬季，口虾蛄资源密度相对较小，随着水温升高，资源量逐渐增大。基于广义线性模型分析发现，2014年和2015年的5—10月渤海湾海水温度对口虾蛄的丰度、生物量都具有极显著影响（徐海龙等，2022）。在池塘养殖条件下，水温在21.5℃时，口虾蛄的瞬时增长率和瞬时增重率均为最高（张年国等，2022）。

相比口虾蛄成体，口虾蛄假溞状幼体对海水温度的反应更加敏感。在15～18℃时，渤海湾口虾蛄假溞状幼体密度随着表层水温的增加而增加；在23～27℃时，表现为幼体密度与水温呈负相关关系。

口虾蛄为变温动物，水温的变化直接影响着口虾蛄的生理代谢活动，这可能是造成较低水温海域口虾蛄资源密度相对较小的原因之一。水温不仅受光照和气温的影响，还与地理位置有关，这种关系间接地表现为地理位置不同的海区，口虾蛄的繁殖期不一致。例如，日本东京湾（大富潤等，1988）口虾蛄的产卵期为4—8月；日本博多湾（Hamano et al.，1987）的口虾蛄产卵期为4—9月，其中高峰期为6月。大连皮口海域口虾蛄的繁殖期在5—9月（薛梅等，2016）。

二、盐度

盐度是海水的一个重要理化指标。生活在海洋中的动物通过改变渗透压来适应海水盐度的变化。当盐度超出适应范围，会破坏生物体内离子平衡，影响生物的生长发育。有研究发现，口虾蛄生长最适盐度为 23～27（王波等，1998；王春琳，1999）。海洋调查发现，6 月辽东湾口虾蛄相对生物量与底盐呈显著负相关关系，8 月、9 月和 11 月口虾蛄资源分布与底盐无显著相关关系；且高生物量区域的底盐平均值接近于盐度 23～27，低于调查海域的平均值（刘修泽等，2014）。莱州湾口虾蛄个体数密度与盐度的 Pearson 相关性居第 2 高，仅次于水温。其中，口虾蛄个体数密度与海水盐度于 2011 年 9 月呈极显著正相关（$P<0.01$），2011 年 5 月至 2012 年 4 月期间的其他月份相关性均不显著（吴强等，2015）。基于广义线性模型分析发现，2014 年和 2015 年的 5—10 月渤海湾海水盐度对口虾蛄的丰度、生物量都具有极显著或显著影响（徐海龙等，2022）。

三、溶解氧

溶解氧是评价水质的一个重要指标，也是生物维持正常生存、生长所必需的理化因子。对莱州湾口虾蛄的时空分布与溶解氧的关系进行分析时发现，口虾蛄个体数密度与溶解氧的相关性不显著（吴强等，2015）。分析原因是，在正常的条件下，自然海区中的溶解氧含量都是在 5mg/L 以上，完全可以满足口虾蛄正常生存需要，所以口虾蛄的分布与溶解氧含量未表现出明显的相关性。基于广义线性模型分析发现，2014 年和 2015 年的 5—10 月渤海湾海水溶解氧对口虾蛄的丰度、生物量都具有极显著影响（徐海龙等，2022）。

四、水深

水深与海水温度和盐度存在关系，这种关系在近海尤为明显。往往浅水区域的水温受到气温影响较大，浅水区域的盐度受陆地径流影响大。有研究表明，口虾蛄主要分布在 60m 以浅的海域（金显仕等，2006；黄宗国，2008；李鹏程等，2021）。在对辽东湾口虾蛄分布与水深的关系进行 Pearson 相关分析时发现，仅 2012 年 6 月口虾蛄相对生物量与水深呈现显著负相关关系，2012 年 8 月、9 月和 11 月口虾蛄资源分布与水深均无显著相关。从生物量高值区域平均水深随时间变化来看，6—11 月，生物量高值分布逐渐由浅水区向深水区移动。从月份来看，6 月时口虾蛄平均生物量最高值分布在水深 15m 以浅范围内；8月和9月时分布在水深15～20m范围内，11月时分布在水深20～30m范围内（刘修泽等，2014）。对莱州湾口虾蛄的时空分布与水深的关系分析发现，2011年9月口虾蛄个体密度与水深呈极显著正相关（$P<0.01$），2012年3月呈显著正相关（$P<0.05$），其他月份的相关性均不显著（吴强等，2015）。基于广义线性模型分析发现，2014年和2015年的5—10月渤海湾水深对口虾蛄的生物量具有极显著影响（徐海龙等，2022）。

辽东湾、渤海湾和莱州湾海域口虾蛄分布与水深的关系存在一定差异，可能与3个湾区的水深以及其他环境因子差异有关。口虾蛄属于短距离迁徙的生物，其分布随着水温的变化而变化，当北方地区由夏季进入秋季，海水水温逐渐降低，口虾蛄将由浅水区域向深水区域移动，准备营越冬生活。

在监测渤海湾天津海域口虾蛄幼体时发现，水深对假溞状幼体、幼虾蛄的密度影响显著。水深对假溞状幼体密度的影响主要表现在11.5m以浅，在5.0～7.0m时水深对假溞状幼体密度的影响表现为负相关，在10.5m时达到最大值。水深对幼虾蛄的影响表现为，随水深增加（5～11m），资源密度逐渐增多；当水深为11.5～20m，水深对幼虾密度影响不显著（谷德贤等，2018）。

五、底质

底质是海域生态系统的重要组成部分，尤其是底栖生物生存所依赖的重要条件。口虾蛄为典型的底栖穴居生活动物。对辽东湾口虾蛄分布与底质的关系进行分析时，发现口虾蛄在不同的底质条件下，资源量存在一定差异。2010年5月，在辽东湾远岸区域粒径较大的海底（图7-5），口虾蛄的资源量较大；2010年10月，在辽东湾近岸区域（河口区）底质粒径较大的海底（图7-6），口虾蛄的资源量较大。2012年6—11月，辽东湾泥沙底、砂泥底、石砾底和黏泥底条件下口虾蛄生物量的平均值分别为3.25kg/h、2.41kg/h、0.27kg/h和3.71kg/h（刘修泽等，2014c）。数据显示，黏泥底海域的口虾蛄平均生物量最高，其次为泥沙底，石砾底对应的平均生物量值最低。由此可见，口虾蛄更喜欢栖息在泥质含量居多的泥沙、黏泥底质的海域条件。只有在夏季海域中口虾蛄资源量增大时，由于饵料、栖息空间竞争等原因，才有个体暂时性地栖息于砾石底质条件下。

六、浮游生物

浮游生物是海域中生物群落的重要成员，浮游植物既是滤食性动物、动物幼体的直接饵料，也是光合作用的直接参与者，对吸收二氧化碳、减轻海水酸化、增加氧气含量有重要作用。浮游动物是以浮游植物、碎屑为食的小

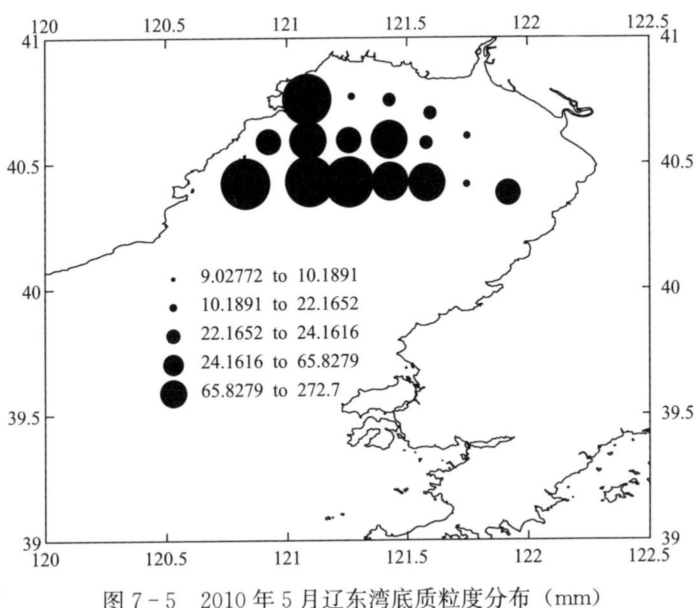

图 7-5　2010 年 5 月辽东湾底质粒度分布（mm）

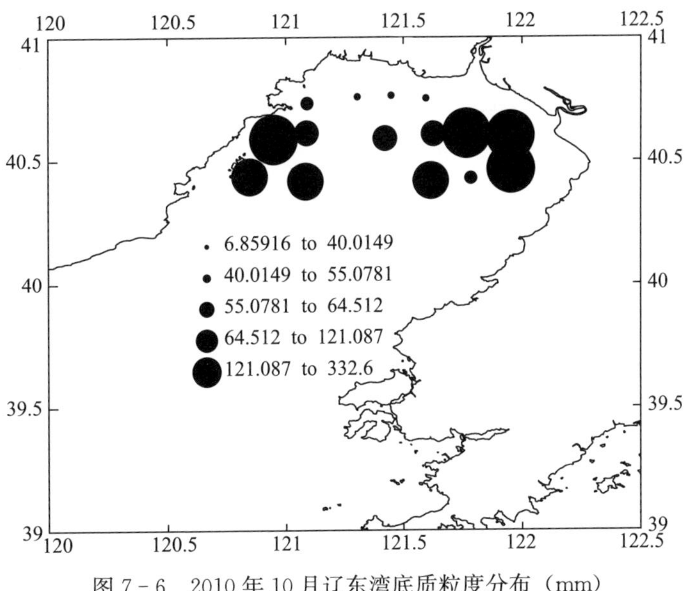

图 7-6　2010 年 10 月辽东湾底质粒度分布（mm）

型动物，也是滤食性动物以及动物幼体的饵料。对莱州湾口虾蛄的时空分布与浮游生物的关系分析时发现，口虾蛄个体密度与浮游植物在 2011 年 5 月至 2012 年 4 月间的相关性均不显著（$P>0.05$）；口虾蛄个体密度与浮游动物仅在 2011 年 10 月时呈极显著正相关（$P<0.01$），在其他月份均不显著（吴强等，2015）。这可能与口虾蛄为肉食性生物，仅在假溞状幼体阶段（30d 左右）以浮游生物为饵料，当变态为营底栖生活的仔虾后不再直接捕食浮游生物有关。

在自然界中，生物与环境是不可分割的统一整体，两者之间存在着复杂的关系。环境可以影响生物，生物又在不断地适应环境，同时也在不断地影响着环境。口虾蛄资源的可持续利用和保护离不开良好的生存环境。影响口虾蛄的环境因子很多，各环境因子对口虾蛄分布的影响机制又很复杂，这些因子往往是综合起来对生物起作用的。例如，底质与水温、底质与饵料之间的相互影响。海域环境因子对口虾蛄分布的影响机理以及口虾蛄应对环境因子变化的行为表现还有待进一步探索和研究。

第三节　口虾蛄种群遗传多样性

生物遗传多样性是指生物种内所携带的遗传信息的总和，即种内个体之间或一个种群内不同个体的遗传变异总和，又称基因多样性。种内的遗传多样性是物种及生态系统水平多样性的最重要来源。在自然界中，生物体受生存环境的影响，引起遗传信息变异，反过来遗传多样性又决定、影响着该物种与生态系统中其他物种、环境相互作用的方式和途径。可以说，遗传多样性是一个物种对生境、人为干扰进行成功反应的决定因素，同时遗传多样性的高低也决定了该物种的进化趋势。

一、大连海域口虾蛄群体遗传多样性

2009 年，对大连海域 24 个口虾蛄个体的基因组 DNA 进行 RAPD 扩增，分析了大连口虾蛄资源的遗传多样性。利用的 20 个引物（表 7－4），在 24 个口虾蛄样品中均可产生特定、清晰的扩增图谱。每条引物的扩增谱带数为 3～15（图 7－7），多态位点占 67.8%，个体之间的遗传距离为 0.236 7～0.540 2（表 7－5），平均遗传距离为 0.358 3，平均遗传相似率为 0.641 7，说明大连海域口虾蛄具有较高的遗传多样性和较大的遗传分化潜力。

表 7－4　引物序列及 RAPD 的扩增结果

引物	序列（5′-3′）	总位点数	单态位点数	多态位点数	多态位点比
GEN1	GGTGATTCGG	11	5	6	54.5
GEN2	GTGTGCCGTT	15	5	10	66.7
GEN3	CTACGATGCC	13	3	10	76.9

（续）

引物	序列（5′-3′）	总位点数	单态位点数	多态位点数	多态位点比
GEN4	CCCTGTCGCA	15	5	10	66.7
GEN5	GTCTGTGCGG	10	4	6	60.0
GEN6	TTACCCCGCT	12	6	6	50.0
GEN7	CTCGAACCCC	13	3	10	76.9
GEN8	TTACCCCGCT	13	4	9	69.2
GEN9	GGGATGGAAC	14	6	8	57.1
GEN10	ACGGCCAATC	13	3	10	76.9
GEN11	GGCGTATGGT	14	3	11	78.6
GEN12	GAGCTACCGT	11	3	8	72.7
GEN13	TCTACCCCGT	12	2	10	83.3
GEN14	AACGGCGACA	12	5	7	58.3
GEN15	ACGCCCAGGT	15	5	10	66.7
GEN16	ACCGGCTTGT	10	4	6	60.0
GEN17	GAAGCCAGCC	14	4	10	71.4
GEN18	GAGTCAGCAG	8	3	5	62.5
GEN19	GAGAGCCAAC	9	3	6	66.7
GEN20	GTGAGGCGTC	11	5	6	54.5
总计		245	81	164	67.8

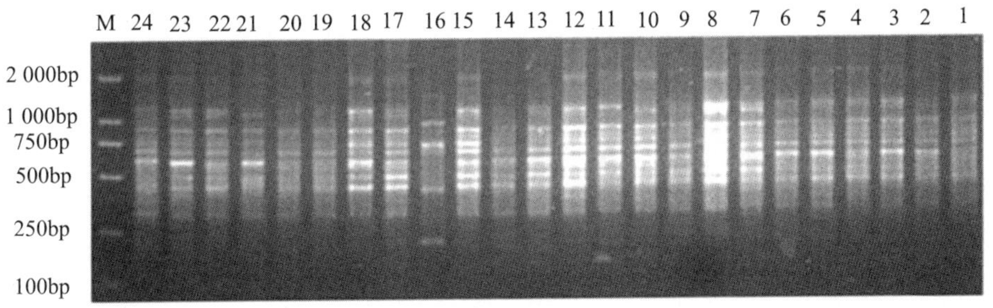

图 7-7　GEN1 的 RAPD 电泳

注：1～24 分别代表 24 个口虾蛄个体，m 代表 Marker。

表 7－5　大连海域 24 个口虾蛄个体的遗传距离

序号	1	2	3	4	5	6	7	8	9	10	11	12	13	14	15	16	17	18	19	20	21	22	23	24
1	*																							
2	0.312 8	*																						
3	0.347 3	0.241 9	*																					
4	0.376 9	0.279 5	0.290 4	*																				
5	0.365 0	0.347 3	0.359 0	0.274 0	*																			
6	0.365 0	0.324 2	0.335 6	0.274 0	0.296 0	*																		
7	0.290 4	0.296 0	0.274 0	0.279 5	0.324 2	0.324 2	*																	
8	0.359 0	0.426 3	0.413 8	0.359 0	0.347 3	0.359 0	0.329 9	*																
9	0.353 1	0.359 0	0.395 2	0.426 3	0.353 1	0.401 3	0.312 8	0.301 6	*															
10	0.347 3	0.329 9	0.365 0	0.312 8	0.347 3	0.312 8	0.376 9	0.284 9	0.312 8	*														
11	0.445 5	0.353 1	0.401 3	0.279 5	0.290 4	0.359 0	0.341 4	0.318 5	0.335 6	0.252 5	*													
12	0.365 0	0.383 0	0.432 7	0.376 9	0.318 5	0.365 0	0.432 7	0.312 8	0.389 1	0.236 7	0.257 8	*												
13	0.432 7	0.353 1	0.389 1	0.432 7	0.407 5	0.407 5	0.426 3	0.353 1	0.370 9	0.307 2	0.284 9	0.301 6	*											
14	0.383 0	0.413 8	0.465 1	0.395 2	0.335 6	0.347 3	0.465 1	0.401 3	0.432 7	0.365 0	0.341 4	0.301 6	0.329 9	*										
15	0.312 8	0.329 9	0.389 1	0.383 0	0.347 3	0.347 3	0.376 9	0.353 1	0.407 5	0.318 5	0.307 2	0.335 6	0.329 9	0.353 1	*									
16	0.389 1	0.301 6	0.395 2	0.365 0	0.376 9	0.389 1	0.359 0	0.347 3	0.365 0	0.335 6	0.324 2	0.318 5	0.290 4	0.290 4	0.279 5	*								
17	0.407 5	0.376 9	0.505 3	0.485 0	0.407 5	0.432 7	0.452 0	0.423 8	0.445 5	0.439 1	0.413 8	0.420 0	0.413 8	0.341 4	0.365 0	0.290 4	*							
18	0.420 0	0.491 7	0.465 1	0.498 5	0.432 7	0.458 5	0.465 1	0.401 3	0.407 5	0.401 3	0.389 1	0.359 0	0.329 9	0.341 4	0.329 9	0.359 0	0.341 4	*						
19	0.471 7	0.426 3	0.505 3	0.471 7	0.498 5	0.395 2	0.439 1	0.413 8	0.407 5	0.401 3	0.401 3	0.383 0	0.389 1	0.365 0	0.376 9	0.268 6	0.365 0	0.353 1	*					
20	0.458 5	0.452 0	0.519 1	0.445 5	0.445 5	0.432 7	0.389 1	0.389 1	0.432 7	0.426 3	0.376 9	0.395 2	0.426 3	0.426 3	0.376 9	0.312 8	0.353 1	0.318 5	0.263 2	*				
21	0.401 3	0432 7	0.445 5	0.465 1	0.491 7	0.426 3	0.540 2	0.512 2	0.452 0	0.407 5	0.420 0	0.426 3	0.383 0	0.383 0	0.347 3	0.341 4	0.395 2	0.312 8	0.383 0	0.395 2	*			
22	0.452 0	0.471 7	0.512 2	0.478 3	0.519 1	0.426 3	0.471 7	0.432 7	0.413 8	0.370 9	0.407 5	0.389 1	0.395 2	0.407 5	0.359 0	0.341 4	0.335 6	0.324 2	0.312 8	0.347 3	0.365 0	*		
23	0.420 0	0.426 3	0.465 1	0.420 0	0.370 9	0.445 5	0.365 0	0.389 1	0.383 0	0.413 8	0.413 8	0.370 9	0.401 3	0.329 9	0.426 3	0.347 3	0.365 0	0.341 4	0.341 4	0.389 1	0.395 2	0.335 6	*	
24	0.347 3	0.426 3	0.465 1	0.432 7	0.458 5	0.383 0	0.389 1	0.439 1	0.370 9	0.413 8	0.376 9	0.432 7	0.439 1	0.426 3	0.329 9	0.407 5	0.401 3	0.365 0	0.465 1	0.413 8	0.312 8	0.359 0	0.413 8	*

二、黄渤海口虾蛄群体遗传多样性

利用RAPD分子标记的方法，基于18条随机引物（表7-6）对辽宁沿海的大连（DL）、瓦房店（WF）、庄河（ZH）、东港（DG）、绥中（SZ）和山东省青岛（QD）六个地理群体144个口虾蛄个体进行遗传多样性和种群的亲缘关系分析。共检测到位点256个，多态位点229个，每个个体所扩增出的条带数目7～16个不等。六个群体平均多态位点比例为81.84%，各群体的多态位点比例分别为：大连89.45%、瓦房店84.38%、庄河85.94%、东港78.13%、青岛78.12%、绥中75.00%（表7-7）。六个口虾蛄群体的Shannon多样性指数为0.587 2，各群体的Shannon多样性指数分别为：大连0.477 5、瓦房店0.422 0、庄河0.430 4、东港0.403 8、青岛0.392 0、绥中0.377 6。六个群体的Nei基因多样性指数为0.401 5，各群体分别为：大连0.317 8、瓦房店0.281 0、庄河0.285 9、东港0.270 5、青岛0.260 3、绥中0.250 6（表7-8）。三个参数的大小关系一致，即DL＞ZH＞WF＞DG＞QD＞SZ，且群体间的Nei基因多样性指数、Shannon多样性指数均大于群体内的，说明六个口虾蛄群体种质资源状况良好，遗传多样性水平较高。

六个群体的遗传相似系数在0.901 9～0.740 8，平均值为0.811 7，遗传距离在0.103 3～0.300 0之间，平均值为0.210 1，其中大连群体和瓦房店群体的遗传相似系数最大为0.901 9，遗传距离最小0.103 3；而青岛群体和东港群体的遗传相似系数最小，为0.740 8，遗传距离最大为0.300 0（表7-9）。从距离聚类分析，可以看出大连群体和瓦房店群体首先聚为一类，然后再依次与庄河群体、东港群体、绥中群体聚在一起，而青岛群体单独为一类（图7-8）。

表7-6　18条随机引物序列

引物名称	引物序列（5’-3’）	引物名称	引物序列（5’-3’）
GEN1	GGATGGAAC	GEN10	GTCTGTGCGG
GEN2	GAGCTACCGT	GEN11	CCCTGTCGCA
GEN3	ACGGCCAATC	GEN12	TGCGAAGGCT
GEN4	GGCGTATGGT	GEN13	GGTGATTCGG
GEN5	CTCGAAGGCT	GEN14	GAGTCAGCAG
GEN6	CTACGATGCC	GEN15	AACGGCGACA
GEN7	GAGAGCCAAC	GEN16	ACGCCCAGGT
GEN8	GTGTGCCGTT	GEN17	GAAGCCAGCC
GEN9	GCATGTGCGG	GEN18	ACCGGCTTGT

表 7－7　RAPD 标记分析中六个口虾蛄群体多态位点信息

种群	总位点数	多态位点数	多态位点比例（%）
DL	256	229	89.45
SZ	221	165	74.66
WF	237	200	84.39
ZH	220	189	85.91
QD	200	156	78.00
DG	192	150	78.13

表 7－8　RAPD 标记分析中六个不同的口虾蛄地理群体基因多样性

群体	平均观测等位基因	平均有效等位基因	Nei 基因多样性指数	平均 Shannon 多样性指数
DL	1.894 5	1.544 6	0.317 8	0.477 5
SZ	1.750 0	1.426 8	0.250 6	0.377 6
WF	1.843 8	1.480 5	0.281 0	0.422 0
ZH	1.859 4	1.484 1	0.285 9	0.430 4
QD	1.781 2	1.442 9	0.260 3	0.392 0
DG	1.781 2	1.446 2	0.270 5	0.403 8

表 7－9　六个口虾蛄地理种群群体间的遗传相似系数和遗传距离

群体	DG	WF	ZH	QD	DL	SZ
DG	****	0.844 9	0.836 0	0.740 8	0.808 7	0.800 1
WF	0.168 5	****	0.867 5	0.778 6	0.901 9	0.820 9
ZH	0.179 2	0.142 2	****	0.747 8	0.849 4	0.830 1
QD	0.300 0	0.250 3	0.290 0	****	0.769 1	0.757 8
DL	0.212 3	0.103 3	0.163 3	0.262 6	****	0.822 2
SZ	0.223 0	0.197 4	0.186 3	0.277 4	0.195 8	****

注：上三角为遗传相似系数 S，下三角为遗传距离 D。

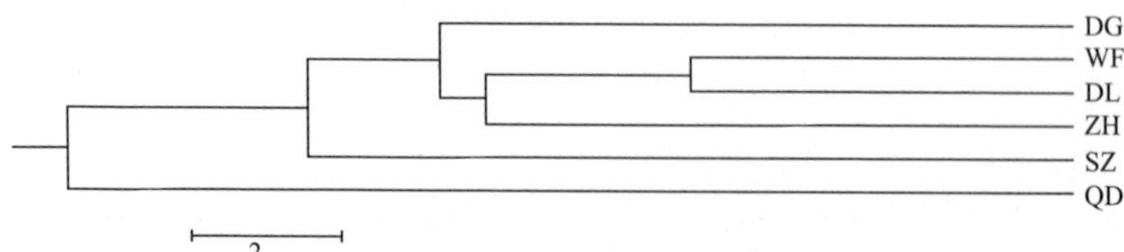

图 7－8　RAPD 分析六个口虾蛄地理群体间的遗传距离聚类分析

对口虾蛄遗传多样性的研究具有重要的理论和实际意义。口虾蛄的遗传多样性是其长期进化的结果，是其生存适应和遗传进化的前提，只有充分了解口虾蛄种内遗传变异情况及其与环境因子间的关系，才能找到更科学、有效的措施保护口虾蛄的基因资源库，保护口虾蛄的自然资源种群。

第四节　口虾蛄资源增殖与养护

随着海洋渔业资源的衰退，口虾蛄已成为我国沿海重要的捕捞对象，其在近海渔业资源和渔获物中所占的比例逐渐增加，通过相对重要性指数判定，口虾蛄在我国近海渔业生物种类中处于重要种至优势种范围。然而，通过多年的连续观测，我国近海海域口虾蛄资源量总体呈现逐年减少的趋势，而且捕获个体小型化严重，说明口虾蛄资源处于过度捕捞状态，这应该引起足够的重视。为更好地保护和恢复口虾蛄资源，通过持续开展关于口虾蛄的系统研究，并采取有效的措施来养护口虾蛄资源，以实现口虾蛄资源的可持续利用。

一、口虾蛄资源增殖

水生生物增殖放流，是指采用放流、底播、移植等人工方式，向海洋、江河、湖泊、水库等公共水域投放亲体、苗种等活体水生生物的活动。早在20世纪初的欧洲就已证明增殖放流是恢复海洋渔业资源、保证资源再生和永久存续的有效方法。增殖放流是一项通过人为干预，可以有效增加天然水生生物资源，改善水域生物群落结构，修复水域生态环境，提高渔业资源品质、产量的有效措施之一。随着口虾蛄苗种繁育技术的突破，目前具备了通过采取放流的手段来增殖资源的充分条件。

（一）口虾蛄苗种培育

增殖放流需要大量的苗种，大连海洋大学刘海映团队自2003开始进行口虾蛄苗种繁育和幼体培育。经过10余年的生产实践，采用池塘生态苗种培育方法达到亩产溞状 Z_{10}、Z_{11} 期口虾蛄幼体100万尾的水平，说明口虾蛄苗种可采用池塘生态苗种培育方法获得，为增殖口虾蛄奠定了苗种基础。

（二）口虾蛄苗种收集

从受精卵孵化开始，大约经过30d的发育，口虾蛄幼体进入溞状 Z_{10}、Z_{11} 期，当平均体长达20mm及以上时，即可用于放流增殖。

池塘生态苗种培育口虾蛄苗种的采捕使用灯光诱捕法。在夜间，于池塘角落架设功率100～200W的白炽灯，利用口虾蛄幼体的趋光性，采用锥形浮游生物网（网口直径为25cm，网目100目），在苗种聚集处拖曳捞取，根据苗种密度情况，确定拖行时间，避免大量苗种聚集网内，因挤压造成苗种伤亡（刘海映等，2013）。

（三）口虾蛄VIE标记

在大规模人工增殖放流前，采用了荧光色素（Visible Implant Elastomer，VIE）标记法标记溞状 Z_{11} 口虾蛄幼体，用于评估增殖放流效果。标记方法是将红色染料注射进口虾蛄苗种的尾节或腹部体节的肌肉中，标记线长度在0.5～1.0cm。在研究VIE标记对口虾蛄苗种生长、存活、变态和摄食等方面的影响时发现，标记组与对照组在生长速度、变态率、死亡率及摄食等方面均不存在显著差异，且标记点的保持率可达到100%（彩图28）。

（四）口虾蛄苗种的运输

苗种的运输是决定放流效果的重要环节。口虾蛄幼体耗氧率约为10mg/(g·h)，采取袋装充氧湿法运输，以每袋装运2 000尾苗种、重量50g计，湿法条件运输要求时间以少于6h为宜，不宜多于9h，否则幼体存活率将显著下降，超过12h，将无幼体存活。研究显示，水温20℃、盐度24时，口虾蛄幼体窒息点为1.6mg/L。运输过程中可适当降低环境温度，保持在16～24℃，减小口虾蛄苗种耗氧率，保证口虾蛄存活。

（五）放流海区选择

口虾蛄幼体的游泳能力较弱，放流苗种的游泳速度小于7cm/s，且很快要营底栖穴居生活。放流时应选择口虾蛄的自然栖息海域，底质为沙泥或泥质条件，水质条件符合《渔业水质标准》（GB 11607—1989）规定，远离养殖池塘、盐场、电厂等进排水口及河口区域。

（六）放流方式

放流时选择晴朗或多云、风力6级（不含）以下的天气。在每月小潮的平潮期，因地制宜选择岸边直接放流入海，或者利用船只运输投放。

岸边直接放流：选择具有安放导流槽的合适地点，借助导流槽将口虾蛄苗种直接放流入海。导流槽的槽体表面光滑，导流槽的末端浸入海水，槽体与海平面的夹角在45°～60°为宜。放流过程中，保证槽体表面湿润，并及时借助水流将留存在槽体表面的幼体冲洗入海。

船只运输投放：当增殖海域不具备岸边直接放流条件，应利用船只运输苗种至水深10m左右海域，停船、解开苗种袋，在下风一侧、贴近海面将苗种缓慢放入海水中。

（七）回捕调查

网渔具网目具有选择性，口虾蛄放流群体的回捕调查应待网渔具对增殖个体具有较好选择性时进行。按每月生长量5～10mm计，放流2个月后采用刺网或拖网进行回捕比较适宜。在捕获的个体中分辨VIE标记个体，并测定体长、体重等生物学指标，计算资源量。

二、口虾蛄资源养护

基于长期的渔业资源增殖工作经验，与资源增殖相比，资源的保护更加重要。在开展增殖放流的同时，注重资源的保护和管理。让保护和管理唱主角，增殖放流唱配角，建立以资源养护为主、资源增殖为辅，密切配合、相得益彰的资源恢复保障体系。

（一）建立口虾蛄栖息地保护技术

栖息地保护技术是基于生态系统的口虾蛄资源恢复与保护的重要手段。通过拍摄装置观察口虾蛄在模拟自然海区环境条件下的掘穴、摄食行为、繁殖行为及卵的孵化过程，掌握口虾蛄的穴居生活规律以及产卵后在洞穴中抱卵孵化的特殊繁殖习性。结合对口虾蛄产卵期和产卵类型的研究成果，建立以保护繁殖过程中的口虾蛄洞穴为核心的口虾蛄栖息地保护技术。禁止拖网作业等渔业生产方式在口虾蛄繁殖期对口虾蛄栖息地造成破坏，保证口虾蛄幼体的发生量和存活率，以增加口虾蛄资源的补充量，并适时辅助开展口虾蛄的苗种培育、放流增殖、增殖效果评估等工作，从而达到口虾蛄资源恢复和可持续利用的目的。

（二）落实伏季休渔制度

20 世纪 80 年代以来，持续高强度的捕捞压力对近海渔业资源造成很大威胁。为有效养护和合理利用海洋渔业资源，实现海洋渔业的可持续发展，经国务院同意，农业部决定自 1995 年起全面实施海洋伏季休渔制度。可以说，伏季休渔制度是强化近海渔业资源保护的重要手段，保障了渔业资源的休养生息。目前，北纬 35°以北的黄海、渤海海域休渔期为每年 5 月 1 日 12：00 时至 9 月 1 日 12：00 时。这段时间正值口虾蛄的繁殖期，由于口虾蛄特殊的繁殖习性——洞穴内抱卵孵化，所以应严格落实伏季休渔制度，强化休渔管理，禁止渔业生产作业，尤其是对海底造成严重危害的渔具和渔法。

（三）规范网具使用及网目尺寸

由于传统种类的渔业资源已严重衰竭，口虾蛄已成为我国近海重要的捕捞种类。目前，在实际的渔业生产过程中，口虾蛄捕捞主要以刺网和底拖网渔具为主，尽管两种渔具的作业原理不同，但渔业效果均与网目尺寸、口虾蛄个体大小的关系密切，因此应严格管控口虾蛄捕捞作业网具的类型和最小网目尺寸。根据 2004 年农业部颁布的《渤海生物资源养护规定》（2004 年 2 月 12 日农业部令第 34 号，2010 年修订），口虾蛄最小可捕体长为 11cm。以渤海和黄海北部为例，渔民在每年的 3 月底、4 月初利用刺网开始口虾蛄渔业生产作业，但往往由于网具布设密集和网目尺寸偏小，大量体长小于 11cm 的口虾蛄个体被捕获，小个体的经济价值不高，对产量和产值都造成了严重的损失，同时对口虾蛄资源也造成了损害。通过对比辽东湾单片、双重、三重刺网的口虾蛄捕获能力，发现单片刺网捕获口虾蛄尾数占渔获量的比例随网目尺寸的增大（网目 40～60mm）呈明显减少的趋势；双重刺网的捕获尾数比例在网目尺寸 40mm、50mm 时基本相同，但当网目尺寸 60mm 时则显著减少；三重刺网捕获口虾蛄尾数比例随网目尺寸的变化趋势与双重刺网接近，但总体上捕获效果强于双重刺网。三重刺网与单片、双重刺网相比，在捕获口虾蛄等甲壳动物时，除了刺挂功能外，还具备一定的缠络功能，对捕获口虾蛄具有一定的优势（邢彬彬等，2017）。因此，为了有效保护口虾蛄资源，在选择刺网类网具作业时，应倾向于使用对口虾蛄捕获效果较低的刺网类型。

口虾蛄营底栖穴居生活，底拖网作业对口虾蛄影响较大，尤其在口虾蛄抱卵孵化期间，应通过控制底拖网网囊网目尺寸以及网具材质，避免破坏口虾蛄栖息环境、误捕口虾蛄幼体等，以保护海区的口虾蛄资源量。

（四）实施限额捕捞（TAC）制度

“十三五”期间，在加快生态文明体制改革的背景下，我国渔业“生态优先、绿色发展”的发展理念首次被提出，给海洋渔业资源的养护和可持续利用提出了新的要求。限额捕捞制度是渔业捕捞生产管理的一种措施，我国沿海省份从 2017 年开始进行特定渔种的限额捕捞试点。通过对口虾蛄资源现存量进行科学评估，准确掌握海域所蕴藏的口虾蛄资源量，实施限额捕捞制度势在必行。在设定捕捞限额总量时，应根据渔区特点，综合考虑多方面因素，既要充分保障渔民的利益，又要实现渔业资源的可持续利用，让沿海渔民权益依法得到保障，这样也能激发渔民自觉养护渔业资源的积极性，自觉实施有序的渔业生产，实现口虾蛄资源的可持续利用，从制度层面杜绝“公地悲剧”发生（闫玉科，2009；易传剑，2012；付秀梅等，2017）。

为了避免带鱼、小黄鱼、大黄鱼式的悲剧重现，应注重口虾蛄资源的养护和管理，有效开展资源增殖，规划养护区域，规范渔业生产网具，控制捕捞产量，实现口虾蛄资源的可持续利用，引领海洋渔业高质量发展。

参考文献

付秀梅，王晓瑜，薛振凯，2017. 中国近海渔业资源保护与海洋渔业发展的博弈分析[J]. 海洋经济，7（2）：9-16.

谷德贤，刘茂利，2011. 天津海域口虾蛄群体结构及资源量分析[J]. 河北渔业，8：24-26.

谷德贤，王婷，王娜，等，2018. 渤海湾口虾蛄假溞状幼体的密度分布及影响因素研究[J]. 大连海洋大学学报，33（1）：65-71.

黄梓荣，孙典荣，陈作志，等，2009. 珠江口附近海区甲壳类动物的区系特征及其分布状况[J]. 应用生态学报，20（10）：2535-2544.

黄梓荣，陈作志，钟智辉，等，2009. 南海北部陆架区甲壳类的种类组成和资源密度分布

[J]. 上海海洋大学学报，18 (1)：59-65.

黄宗国，2008. 中国海洋生物种类与分布[M]. 北京：海洋出版社.

姜俊楠，2017. 山东省渔业资源现状及前景分析[D]. 烟台：烟台大学.

金显仕，程济生，邱盛尧，等，2006. 黄渤海渔业资源综合研究与评价[M]. 北京：海洋出版社。

李凡，丛旭日，张孝民，2021. 莱州湾 4 种大型甲壳类的空间与营养生态位[J]. 水产学报，45 (8)：1384-1394.

李鹏程，张崇良，任一平，等，2021. 山东近海春季口虾蛄空间分布与关键环境因子及生物学特性的关系[J]. 中国水产科学，28 (9)：1184-1194.

李涛，张秀梅，张沛东，等，2011. 山东半岛南部近岸海域渔业资源群落结构的季节变化[J]. 中国海洋大学学报，41 (1/2)：41-50.

刘海映，姜玉声，苏延明，等，2013. 口虾蛄土池生态育苗技术规程[S]. 辽宁省质量技术监督局.

刘修泽，董婧，于旭光，等，2014a. 辽宁省近岸海域的渔业资源结构[J]. 海洋渔业，36 (4)：289-299.

刘修泽，付杰，孙明，等，2014b. 大连湾大型底栖甲壳类群落结构特征的初步研究[J]. 大连海洋大学学报，29 (1)：93-97.

刘修泽，郭栋，王爱勇，等，2014c. 辽东湾海域口虾蛄的资源特征及变化[J]. 水生生物学报，38 (3)：602-608.

刘修泽，李轶平，付杰，等，2011. 长兴岛周边海域夏季渔业资源现状初步调查[J]. 大连海洋大学学报，26 (6)：565-568.

卢占晖，薛利建，张亚洲，2013. 东海口足类（Stomatopod）种类组成和数量分布[J]. 自然资源学报，28 (12)：2156-2168.

潘国良，张龙，朱增军，等，2013. 浙江南部近岸海域春季口虾蛄（*Oratosquilla oratoria*）生物量的时空分布[J]. 海洋与湖沼，44 (2)：366-370.

任一平，徐宾铎，叶振江，等，2005. 青岛近海春、秋季渔业资源群落结构特征的初步研究[J]. 中国海洋大学学报，35 (5)：792-798.

王波，张锡烈，孙丕喜，1998. 口虾蛄的生物学特征及其人工苗种生产技术[J]. 黄渤海海洋，16 (2)：64-72.

王春琳，1999. 口虾蛄的生物学基本特征[J]. 浙江水产学院学报，15 (1)：60-62.

王文杰，陈丕茂，袁华荣，等，2018. 粤东柘林湾甲壳类群落结构季节变化分析[J]. 南方水产科学，14 (3)：29-39.

吴强，陈瑞盛，黄经献，等，2015. 莱州湾口虾蛄的生物学特征与时空分布[J]. 水产学报，39 (8)：1166-1177.

吴耀泉，张宝琳，1990. 渤海经济无脊椎动物生态特点的研究[J]. 海洋科学，2：48-52.

邢彬彬，郭瑞，李显森，等，2017. 辽东湾不同型刺网捕捞性能的比较[J]. 渔业科学进展，38 (2)：24-30.

徐海龙，刘卓莹，王芮，等，2022. 基于两种模型的渤海湾口虾蛄资源与环境关系研究

[J]. 水产科学，41（2）：183-191.

徐善良，王春琳，梅文骧，等，1996. 浙江北部海区口虾蛄繁殖和摄食习性的初步研究[J]. 浙江水产学院学报，15（1）：30-36.

许莉莉，薛莹，焦燕，等，2017. 海州湾及邻近海域口虾蛄群体结构及资源分布特征[J]. 中国海洋大学学报，47（4）：28-36.

薛梅，闫红伟，刘海映，等，2016. 大连市皮口海域口虾蛄群体繁殖生物学特征初步研究[J]. 大连海洋大学学报，31（3）：237-245.

闫玉科，2009. 我国海洋渔业资源可持续利用研究——基于海洋渔业资源衰退现象的经济学解析[J]. 农业经济问题，8：100-104.

易传剑，2012. 政府规制理论在我国近海渔业管理中应用的探讨[J]. 水产学报，5：787-792.

张洪亮，潘国良，王伟定，等，2012. 岱衢洋拖网甲壳动物多样性的季节变化[J]. 海洋与湖沼，43（1）：95-99.

张洪亮，张龙，陈峰，等，2013. 浙江衢山岛南部近岸水域甲壳动物群落结构特征分析[J]. 浙江海洋学院学报（自然科学版），32（5）：383-387.

张年国，潘桂平，周文玉，2020. 池塘养殖条件下当年口虾蛄生长特性的研究[J]. 中国农学通报，36（32）：147-152.

Hamano T，Morrissy N M，Matsuura S，1987. Ecological information on *Oratosquilla oratoria*（Stomatopoda，Crustacea）with an attempt to estimate the annual settlement date from growth parameters [J]. The Journal of the Shimonoseki University of Fisheries，36（1）：9-27.

Pinkas l，Oliphant M S，Iverson I L，1971. Food habits of albacore，bluefin tuna，and bonito in California waters [J]. Cali-forma Department of Fish and Game Fish Bulletin，152：100-105.

大富潤，清水誠，Vergara J A M，1988. 東京湾のシャコの産卵期について[J]. 日本水産學會誌，54（11）：1929-1933.

第八章

口虾蛄的人工繁育与养殖

第一节　人工繁育

目前，有关虾蛄类人工繁育的研究主要集中在口虾蛄、黑斑口虾蛄、眼斑猛虾蛄等常见经济种类，其中口虾蛄相关报道较多。该种主要分布于中国沿海，以及俄罗斯到日本、菲律宾、马来半岛、夏威夷群岛等海域，其肉味鲜美，有较高的食用价值。在近海传统经济鱼类数量显著减少的背景下，口虾蛄因其特殊的繁殖与栖息习性，资源量下降相对缓慢，在一些地区已成为维持渔民收入的主要渔获物，其价格也一路攀升。因此，有必要深入研究口虾蛄的生长、繁殖、栖息等生物学特性以及种群结构、数量变动与环境因子间的关系，并建立人工繁育与增养殖技术，以达到保护与合理利用自然资源的目的。

日本在 20 世纪 70 年代末开始研究虾蛄的养殖方法，80 年代到 90 年代初，日本虾蛄养殖的研究取得成功。之后研究人员对虾蛄产卵场的特征、产卵、孵化、幼虫发育、幼虫饵料培养、幼虾生长动态及其人工洞穴等各方面进行了系统研究，初步建立人工育苗和养成技术。国内学者自 90 年代末开始进行口虾蛄人工暂养、繁育技术的探索，并从渔业资源、生物学、生态学、生理学、遗传学等多角度着手于我国沿海口虾蛄的研究，获得了较为丰硕的成果。口虾蛄的人工繁殖主要有室内工厂化和室外土池育苗两种形式。工厂化育苗环境相对可控，效果稳定，但对设施、设备要求较高，能源消耗较大，室内水泥池一般要铺设底质，操作较复杂，另外还要配备生物饵料培养系统；室外土池育苗通常利用养殖池塘的一部分面积进行苗种培育与生物饵料培养，所得苗种可以在原池进行养成，省去了工厂化育苗中很多复杂的操作，如果有条件搭建塑料大棚有效控制温度、光照等环境因子，其更适合规模化生产的需要。本部分内容将重点介绍土池塘生态育苗技术。

一、场址选择与设施

育苗场应远离污染源，周围环境相对安静，海水、淡水取水方便、充足，供电稳定，交通便利，尽量选择靠近虾蛄资源丰富的沿海。同时，要充分考虑温度与虾蛄繁殖的关系，制定翔实的育苗时间表，如辽宁省大连市横跨黄渤海，春季渤海水温回升较快，口虾蛄繁殖要早于黄海海域群体 20d 左右。亲体暂养池通常为海产生物育苗车间的水泥池，底面积为 20～40m^2，水池以正方、圆角，中间排水，具有排污设计为宜。车间棚顶如为透明阳光板设计，池子上方还应设有遮阳网或布，完全遮盖 1/2 面积。池中配有气石，或微孔充气装置，放置供亲虾蛄栖息的 PVC 管、瓦片等遮蔽物，水池及其中装置、设施均要提前清洗干净，消毒、晾干待用。水池通常注水深 1m 左右。如条件允许，亲虾蛄暂养池可以设计为循环水系统。

亲虾蛄经过暂养、挑选后即转入培育池。其与苗种培育池可为同一个池塘，通常采用养成池塘中套小池的设计。具体做法是，在泥沙底质的养殖池塘一角挖出深不小于 1.5m，面积为 200～300m^2 的长方形小塘，设置进排水管道。如是使用过的老旧池塘，前一年收获后，应对池塘进行清淤，充分地翻耕、晾晒、消毒后，用高压水枪将池底泥块击碎，对泥沙反复冲洗，使其重新沉积，并在池塘中冲出宽 2m 左右的平行垄沟，为虾蛄挖掘洞穴提供更多的池底面积。在一些春季温度较低、升温缓慢的地方，池上方搭建塑料大棚，棚内铺设供人行走的板桥。池内铺设充气装置，可选用微孔管盘底增氧方式。另外，需要配备育苗面积 5～10 倍的饵料培养池，如有条件，饵料池应分为多个，用于培养微藻、轮虫、糠虾、钩虾、卤虫类等生物饵料。饵料池也可效仿育苗池，修建在大池塘内，或利用于邻近的池塘，或搭建专用的设施。

二、亲体培育

亲体来源于最近的原产海域，最好为定置网捕获，其质量一般要比流刺网、底拖网捕获的好。雌虾蛄体长 10cm 以上，外壳无损伤与畸形，附肢无残缺，体色正常，活力良好，性腺成熟而饱满，性腺成熟系数 10～12 为宜。亲体运输时，通常采用泡沫箱干法运输和水槽带水运输两种方式。泡沫箱干法运输通常在箱中铺一层经降温海水浸泡湿透的毛巾，再铺上尼龙网片或海草，所有填充物无腐败、无任何有毒有害物质，分散均匀地放入亲体，再覆盖一层海水浸泡的毛巾，以此顺序直至装满泡沫箱的大半；根据环境温度，每层放入适量密封的冰瓶或冰袋，注意不能让亲虾蛄与之直接接触，保持运输箱中温度在 14～16℃，运输时间一般在 2～3h。水槽带水运输一般是将亲虾蛄至于塑料筐内，再分层放入装有降温海水的水槽中，全程充氧；为了防止亲虾蛄相互捕食，每筐切勿多放，可以适量装入尼龙网片将其隔离；水温在 14～16℃，运输时间可以达到 20h 以上。亲虾蛄运抵后，用浓度 10～20μg/L 碘或甲醛溶液浸泡消毒 3～5min 后，按 5 尾/m^2 放入培育池。

亲体培育用水应经过沉淀、沙滤处理，盐度 26～33。我国北方沿海口虾蛄育苗时，亲体入池温度一般在 15℃左右，待摄食正常、状态稳定后，每天升温不超过 1℃，至 18℃。培育池水位不低于 50cm，每天早晚排污、换水，加入新水时注意温差在 1℃以内，每次换水不超过全量的 1/2。培育池连续充气。换水后投饵，早晚投喂比例为 3∶7，根据摄食情况适时调整。饵料以活沙蚕为好，辅以低值新鲜的虾、贝类。待室外池塘水温在 18～20℃，大部分亲体卵巢发育成熟，性腺成熟系数接近 15 时，将其由室内培育池转入室外育苗池塘，投放密度 1～3 尾/m^2。每天傍晚于固定的浅水区，投喂鲜活的低值虾、贝类，或适量补充冷冻的沙蚕。于附近再放置一个饵料台，其上投放适量饵料，以监测摄食情况。

每尾口虾蛄的抱卵量为 3 万～5 万粒。产卵时亲虾蛄俯卧，其间以 3 对步足支撑，有时也用第 2 颚足和尾扇支撑，颚足辅助收拢卵团。刚产出的卵不粘连，随后卵粒间被附属腺分泌物连接。每个卵周围有多个卵柄，卵间形成立体的空间，而整个卵团也逐渐被一膜状物包裹。卵团由第 1、3、4、5 颚足抱于头胸部腹面，第 2 颚足用于防敌和辅助翻动、折叠卵团。取卵观察时，亲虾蛄受到人为刺激，会抱住卵团迅速返回洞穴深处躲避。有时在其感到危机时也会弃卵逃离，部分弃卵的亲虾蛄待危险解除后，能主动抱回卵团。人工送还卵团可以有效促进亲虾蛄重新抱卵，但弃卵现象在亲体培育过程还是比较常见。抱卵雌虾频频转动卵团需要消耗大量能量，如之前营养积累差，体质不好则会发生中途死亡的情况。采用胚胎离体孵化技术是有效挽回损失的方法之一。在亲虾蛄产卵或抱卵时，必须减少其应激反应，包括提供稳定的水质，充足的营养。研究表明，提供适合掘穴的底质或提供合适的人工洞穴是虾蛄类人工繁育的关键技术环节，亲虾蛄在没有合适洞穴的条件下，其产卵率低，且很难同步，如洞穴大小不合适会影响虾蛄的正常活动，对抱持卵团的发育产生不良影响。

三、幼体培育

幼体培育用水盐度 26～33，应经过沉淀、消毒、200 目筛绢过滤，养成池其他部分可以作为幼体培育池的蓄水池。亲体转入培育池前，向池中少量泼洒发酵的有机肥，以促进浮游生物适当繁殖，保持池水透明度在 20～30cm，并由饵料池中捞取糠虾、钩虾或人工孵化卤虫无节幼体接入池中。亲体入池塘初期水深 0.7～1.0m，微量充气，保持溶解氧在 5mg/L 左右，待幼体孵化后逐渐增加水深至 1.2～1.5m，并适当增加充气量。自见到池塘中有幼体游动后，即可在傍晚放入地笼网，或刺网逐渐将孵化幼体后的亲虾蛄捕出培育池。

口虾蛄幼体培养密度为（1～2）$\times 10^4$ 尾/m^3，水温、光照、饵料种类等因素均能影响幼体孵化与生长发育。不同幼虫期的饵料不同，不合适的饵料会降低幼虫存活率和变态率。目前，以小球藻室外池塘培育轮虫为核心的中华绒鳌蟹池塘生态育苗工艺已基本替代了传统的室内工厂育苗模式，显著提高了苗种质量，降低了育苗成本。国际上，日本的轮虫超高密度培养技术具有很高的知名度，借助专业的培育装置，通过投喂面包酵母和小球藻，轮虫培育密度达到每毫升过万，以轮虫为开口饵料的水产育苗技术已广泛应用于鱼类、虾蟹类。国内研究者也一直在尝试将轮虫这一成熟的生物饵料应用于口虾蛄池塘育苗中。实践中发现，口虾蛄幼体初期虽能够摄食轮虫，但因个体差异较大，摄食量较大。由于虾蛄幼体培育密度相对其他虾蟹类较低，要保证虾蛄幼体的摄食，需要维持较高的轮虫密度，对饵料培养技术要求高。而随着幼体的不断长大，转为摄食更适口的饵料，此时过多的轮虫大量消耗微藻、细菌，很容易导致池塘生态系统失衡，水质恶化，育苗失败。因此，在口虾蛄池塘生态育苗中，应遵循适量使用轮虫，合理接种糠虾、钩虾、卤虫无节幼体等饵料生物，并进行适时补充的原则，制定投喂策略。如此，在保证幼体摄食量和营养需求的前提下，尽可能长期地维持投喂与水质间平衡而稳定的关系。日常投饵应少量多次，保证培育水体中饵料密度 0.2～1 尾/mL。待幼体发育到假溞状幼体Ⅴ期后，除投喂上述生物饵料外，每天早晚全池均匀泼洒新鲜鱼糜、虾糜或贝糜混合物 1 次，早上投喂全天量的 1/3，晚上投喂 2/3，根据摄食及水质情况适时调整投喂量。有学者尝试用贝类受精卵投喂虾蛄幼体，获得了良好的效果，类似代用饵料的开发有助于虾蛄类生态育苗技术的进步。根据池塘水色与透明度，每天早上适当排水，操作时须在苗池排水管端加装 100 目的筛绢网，之后补充一定量的新水。为了保持培育池内水质稳定，每天向其中补充适量单胞藻或微生物制剂。虾蛄的假溞状幼体在前期具有明显的趋光性，中后期开始避强光、趋弱光，因此育苗期间应采取适当的遮光措施。采用池塘生态育苗模式，在水温为 23～26℃，盐度 29－33 时，口虾蛄Ⅰ期假溞状幼体历时 30d 左右发育至仔虾蛄，各时期幼体的发育时间及生长情况如表 8－1 所示。

表 8－1　池塘培育口虾蛄各期幼体的发育时间、头胸甲长和体长

幼体时期	历时（d）	头胸甲长（mm）		体长（mm）	
		平均	范围	平均	范围
Z_1	1	0.8	0.7～0.8	1.8	1.7～1.8
Z_2	1～2	0.9	0.8～0.9	2.2	2.0～2.3
Z_3	3～4	1.2	1.2～1.4	2.9	2.6～3.2
Z_4	5～10	1.4	1.3～1.8	3.3	2.8～3.5
Z_5	6～12	1.9	1.8～2.2	4.4	4.3～5.0
Z_6	11～17	2.6	2.1～3.4	6.1	4.9～6.7
Z_7	16～20	3.6	3.1～4.0	8.5	6.1～10.0

（续）

幼体时期	历时（d）	头胸甲长（mm）		体长（mm）	
		平均	范围	平均	范围
Z_8	19～26	4.4	4.0～5.0	10.8	9.3～12.3
Z_9	22～28	5.7	5.0～6.4	14.0	12.6～14.7
Z_{10}	24～30	6.4	5.9～7.3	15.9	15.0～16.5
Z_{11}	27～33	8.1	7.0～10.0	20.2	17.0～23.0
仔虾	30 以上	4.4	3.0～5.4	16.4	14.7～17.5

采用灯光诱捕法进行出池苗种操作，通常捕捞体长为 1.8cm 以上的Ⅹ期或Ⅺ期假溞状幼体。实际操作中，于池塘边角处，距离水面 30～50cm 处，布设灯光照明。天黑后开灯，用 20 目抄网捞取幼体，置于装有干净海水并充气的容器中。计数时可用电子天平称取 3～5g 苗种，全部计数，以此计算苗种个体重量，再根据苗种重量获得其对应的数量。采用专用水产苗种塑料袋带水运输幼体，每袋装水 10L 左右，根据运输距离确定幼体密度（通常每袋 5 000 尾以内）。运输用水提前降温，水温 16～18℃为宜。3～4 个苗袋放入一个泡沫箱中，并放入密封好的冰瓶，保持袋中温度。选择清晨等无日晒的时间运输，途中采取遮光措施，并实时检查幼体活动情况。

第二节　养成技术

国内外研究者均对虾蛄的养殖方法进行过研究，其中以口虾蛄、黑斑口虾蛄的报道为主，而水族爱好者多养殖蝉形齿指虾蛄。根据虾蛄或其苗种来源不同可分为全人工养殖、育肥暂养和贮存暂养等模式。全人工养殖是将人工繁育的苗种培育到成体虾蛄；育肥暂养则是将自然苗种，或较瘦的成体培育成肥壮、性腺发育程度好的虾蛄；而贮存暂养多为收购成虾蛄，贮存到一定数量，以鲜活形式销售，赚取季节性或地区性差价的临时养殖过程。全人工养殖和育肥暂养多在室外土池塘中，也有采用滩涂低坝高网的形式；贮存暂养则多在室内养殖池进行。池塘生态育苗与全人工养殖结合可以视为真正意义地实现产业可持续发展，是日后研究的重点方向，本节中我们对这方面相关内容进行总结。

一、池塘设施及准备

虾蛄养殖池塘的面积一般为 2 000～5 000m²，深不小于 2.5m，正常情况下的水深 1.5m 左右，设有进、排水管或闸门，能排干池水，大部分的鱼类、虾蟹类、海参、海蜇等养殖池塘通过底质改良均可用于养殖虾蛄。根据虾蛄的穴居习性，池塘应为适合掘穴的泥沙底质，不能为发黑的淤泥。底质中泥沙的组成也对虾蛄的行为有明显影响，研究人员发现，眼斑猛虾蛄在泥沙比例为5∶1、1∶1和1∶5底质中均有掘穴行为，但因泥沙比为5∶1或1∶5时均因底质不适不能筑成洞穴，最终导致产卵及幼体孵化效果远不及其在泥沙比为1∶1能自挖洞穴的底质中。因此，如没有合适的底质，需先外运合适的泥沙，铺于池塘中，厚度超过20cm即可。无论是成虾蛄养殖，还是亲虾蛄培育，如是使用老旧池塘，前一年收获后，必须对池塘进行清淤，充分地翻耕、晾晒、消毒后，用高压水枪将池底泥沙冲洗，并使其重新沉积。如此操作一是有利于清除病原及携带病原体的生物；二是有利于减少底质中腐烂的有机物，改善底质；三是有利于虾蛄在软硬适度的底质中挖掘洞穴，改善栖息环境。另外，为给虾蛄挖掘洞穴提供更多的池底面积，还应于养殖池塘中开挖或高压水枪冲出宽2～3m的平行垄和沟。在一些滩涂蟹类较多的地区，还应沿池塘堤坝用塑料布搭建起防护围隔，做法类似于稻田养蟹所用的围隔，其高度30cm，埋入地下20cm，每1.5m左右设置一竹竿立柱，塑料布上沿握边，穿入尼龙绳，固定于立柱上。每1 000m^2养殖池塘配备1台功率为750kW或以上的水车式增氧机，增氧机摆放参考对虾养殖。

如前所述，在养殖池塘中建小池塘进行虾蛄苗种繁育时，经过消毒、晾晒的养殖池其他部分可以注水，一方面作为育苗池的蓄水池，另一方面利用苗种培育期间的时间差，进行肥水及生物饵料培养（育苗期间也可以捞取养成池中培育的糠虾，投喂培育池中的虾蛄幼体）。养殖用水盐度26～33，应经过初级沉淀，150目筛绢网过滤注入池中，以50～80g/m^3的漂白粉消毒，待有效氯降至0或接近0时，全池再撒30～50g/m^3的茶籽饼，清除鱼类的同时，兼有肥水作用。消毒后水体透明度高，加之水浅，尤其在春季温度不高时，一些池塘底部容易出现由底栖硅藻及有机物形成的“泥皮”，其大量产生会消耗土壤肥力，造成之后肥水困难，水体清瘦；长时间覆盖底部，导致底泥发黑发臭，甚至氨氮、亚硝酸盐和硫化氢的产生，而当其腐烂时，则会加剧水质恶化。因此，池塘消毒后的肥水操作需要立即进行，除了上述使用茶籽饼外，还应根据实际情况适量使用商品化的肥水用品，调节水体透明度在20～30cm。待水中浮游植物趋于稳定后，适量接种人工孵化的卤虫幼体或成虫、糠虾、钩虾等大型浮游动物作为养成阶段的饵料生物。

二、苗种放养与投喂

养成期虾蛄假溞状幼体的布苗密度通常在10～20尾/m^2。如培育池中幼体密度过大，或发育不同步、大小差异过大，可以采用灯诱的方法，捕捞出一部分放入养殖池。待大部分幼体发育至后期假溞状幼体时，可以将培育池与养殖池间的坝体挖通，让苗种自行游出，即进入养成阶段；如有合适的储备水源，也可以向池塘中注入消毒处理过的海水，让水漫过坝体，联通两池，使幼体分布至整个池塘。

目前，有关口虾蛄的营养学研究仍处于起步阶段，尚未见针对口虾蛄幼体或成体配合饲料的研发报道。但随着虾蟹类生态育苗技术的发展，生物饵料培养与应用已日趋成熟，为解决现阶段虾蛄类养殖中的饵料投喂提供了参考。研究与实践表明，糠虾类是口虾蛄后期幼体直至成虾期优质的生物饵料。其在我国沿海春季时节较为常见，可以提前移入种苗至养殖池塘，通过投喂轮虫、酵母、微藻及发酵的配合饲料等食物促进它们增殖。水温（22±1）℃时，口虾蛄后期假溞状幼体 24h 内于实验水槽中摄食活成体糠虾（1.2±0.2）尾，高于摄食冷冻糠虾（0.7±0.2）尾，而不摄食对虾配合饲料和切碎的蛤肉。因此，养成前期在幼体还没有变态为仔虾蛄前，池塘中需要保持一定密度的饵料生物，除了前述的提前接种方式外，还应根据幼体摄食情况适时进行补充。对于冰鲜饵料的使用，需要综合考虑其悬浮特性、诱食性及对水质的影响，未来可以结合幼体培育及养殖模式的优化，研发设施化的投喂技术。

口虾蛄变态为仔虾后，转为营底栖生活，随生活方式的转变，其摄食节律也发生明显变化。浮游生活阶段，白天和晚上均能够摄食，摄食高峰出现的时间呈现一定规律；底栖生活阶段转为夜间摄食，摄食高峰出现在夜间。当大部分幼体变为仔虾蛄时，可以在每日傍晚全池少量投喂冷冻的卤虫成体、糠虾或钩虾。实践中发现，后期假溞状幼体和仔虾蛄能摄食一定大小的凡纳滨对虾仔虾，平均体长 24.04mm 的口虾蛄仔虾能够捕食平均体长为 15.32mm 和 12.75mm 的凡纳滨对虾仔虾，而很少能捕食平均体长为 20.63mm 的。因此，对于有条件的养殖者，可采用虾蛄与对虾混养的方式，在仔虾蛄期间投入对虾苗，或其他具有经济价值种类的苗种，虽然它们其中部分会成为虾蛄的饵料，但对于养殖整体收益及病害防控会有一定益处。虾蛄养殖中、后期可以适当投喂活体的低值贝类或冷冻的杂鱼虾。为了减少对水质的影响，投喂冷冻饵料后需要严格监控摄食情况，通常可以将杂鱼虾用线绳串起，放入池塘不同位置，以便实时检查，合理调整投喂量。

三、水质调控

人工养殖时，由于密度较高，加之动物性饵料的投入，经常会引起水质变化，因而需要严格的水质管理措施。虾蛄对溶解氧要求不高，一般保持在 4mg/L 以上，连续阴雨天，需要重点监测，于黎明前开增氧机；池塘如藻类繁盛，透明度低于 15cm，在晴天中午也需要开增氧机，避免氧气过饱和对生物的危害。池塘水体的透明度通常控制在 30～40cm。适宜生长温度为 26～30℃，水温下降到 16℃以下时，应加深养殖塘水位；水温上升到 24℃时，虾蛄的耗氧量会明显增多，也要注意溶解氧。当水温持续高于 33℃时，会导致虾蛄死亡。夏天养殖时，应增加池水水位，并根据实际情况适量更换新鲜海水。口虾蛄对盐度的适应性较广，但盐度骤然变化，如暴雨过后或池塘藻类过盛，往往会导致藻类死亡，引发水质突变，严重时虾蛄会大量死亡。养殖期间，根据水体 pH 情况，每隔半个月时间泼洒 1 次生石灰（浓度 5～15mg/L），一方面改善水质和底质，另一方面增加水中的钙质和杀灭细菌，利于虾蛄的蜕壳和防病。同时，根据养殖用水的特点，可以适当使用微生物制剂调节水质。

四、生长、病害防治与收获

与其他经济虾蟹类相似，虾蛄的生长受到环境条件及营养水平的影响。通常合适的养殖条件下，虾蛄生长较快，平均每 10 天增长约 0.91cm。虾蛄体长与体重的经验关系式为：$W=0.012L^3$（W：体重，L：体长）。有研究表明，黑斑口虾蛄比口虾蛄生长快、存活率高，条件较好的池塘，黑斑口虾蛄体长的增长可达到每 10 天 1.4cm。商品口虾蛄的捕捞规格一般为 11～12cm，其穴居习性增加了捕获难度。通常根据实际情况，采用刺网、地笼或排干池水捕捉的方法，有时可以通过进排水营造水流，促进虾蛄游动，提高捕捞工作效率。

目前，还没有发现虾蛄类感染养殖对虾病毒的案例，其他的病例也很少见。这主要因为虾蛄养殖仍处于初始阶段，专一性病原较少，另外相关研究也尚未开展。但人工养殖过程中与其他经济虾蟹类病害防治策略一样，做到以防为主。一般需要定期在池中泼洒生石灰和水质净化剂。同时，定期在其饵料中添加一些氨基酸、维生素等，以增强虾蛄的抗病能力。高温季节定期在池水中泼洒光合细菌、芽孢杆菌等生物制剂，以稳定水质，抑制其他病菌增殖。

池塘中的敌害生物在养成阶段早期会捕食口虾蛄幼体及仔虾，造成巨大损失。室外池塘育苗过程中发现，口虾蛄幼体期的敌害生物主要有端足类、虾虎鱼类、天津厚蟹、脊尾白虾、锯齿长臂虾等。研究表明，锯齿长臂虾仔虾早期即可捕食同体长口虾蛄幼体，捕食强度随着虾体长的增大而增大，夜晚捕食强度明显高于白天，而其往往不易捕获变态后的仔虾蛄。因此，养殖前期需要严格防止这些敌害生物进入池塘，当幼体变为仔虾蛄后，适当引入这些生物，并让其自然繁殖，则会为虾蛄养成期提供部分活体饵料，一些种类也会充分利用池塘的残饵或有机碎屑，利于养殖环境的改善。

参考文献

堵南山，1993. 甲壳动物学[M]. 北京：科学出版社.

刘海映，谷德贤，李君丰，等，2009. 口虾蛄幼体的早期形态发育特征[J]. 大连水产学院学报，24（2）：100-103.

孙丕喜，张锡烈，汤庭耀，等，2000. 口虾蛄（*Oratosquilla oratoria*）人工育苗技术研究[J]. 黄渤海海洋，18（2）：41-46.

王波，张锡烈，1998. 口虾蛄人工育苗生产技术[J]. 齐鲁渔业，15（6）：14-16.

王春琳，徐善良，1996. 口虾蛄生物学基本特征[J]. 浙江水产学院学报，15（1）：60-62.

王春琳，尹飞，宋微微，2007. 黑斑口虾蛄胚胎和幼体发育时期脂类及脂肪酸组成分析[J]. 浙江大学学报（理学版），34（2）：224-227.

王春琳，郑春静，蒋霞敏，等，2000. 黑斑口虾蛄人工育苗技术研究[J]. 中国水产科学，7（3）：67-70.

徐善良，王春琳，梅文骧，等，1996. 浙江北部海区口虾蛄繁殖和摄食习性的初步研究[J]. 浙江水产学院学报，15（1）：30-35.

薛俊增，堵南山，2009. 甲壳动物学[M]. 上海：上海教育出版社.

阎斌伦，徐国成，李士虎，等，2004. 虾蛄工厂化育苗生产技术研究[J]. 淮海工学院学报，13（1）：50-52.

Hamano T，1988. Mating behavior of *Oratosquilla oratoria* [J]. Crust. Biol，8：239-244.

Hamano T，1990. Growth of the stomatopod crustacean *Oratosquilla oratoria* in Hakate Bay [J]. Nippon Suisan Gakkaishi，56：1529.

Hamano T，Matsuura S，1984. Egg laying and egg mass nursing behaviour in the Japanese mantis shrimp [J]. Nippon Suisan Gakkaishi，50：1969-1973.

Hamano T，Matsuura S，1986. Food habits of the Japanese mantis shrimp in the benthic community of Hakata Bay [J]. Nippon Suisan Gakkaishi，52：787-794.

Matsuura S，Hamano T，1984. Selection for artificial burrows by the Japanese mantis shrimp with some notes on natural burrows [J]. Nippon Suisan Gakkaishi，50：1963-1968.

Ohtomi J，Shimizu M，1988. Spawning season of the Japanese mantis shrimp *Oratosquilla oratoria* in Tokyo Bay [J]. Nippon Suisan Gakkaishi Bull. Jap. Soc. Fish，54（11）：1929-1933.

浜野龙夫，1989. 石狩湾におけるシセコの巣穴と幼生および个体群动能に开ずる观察[J]. 水產增殖，37（3）：156-161.

浜野龙夫，1994. シヤコ类の生态学的研究[J]. 日本水产学会志，60（2）：143-145.

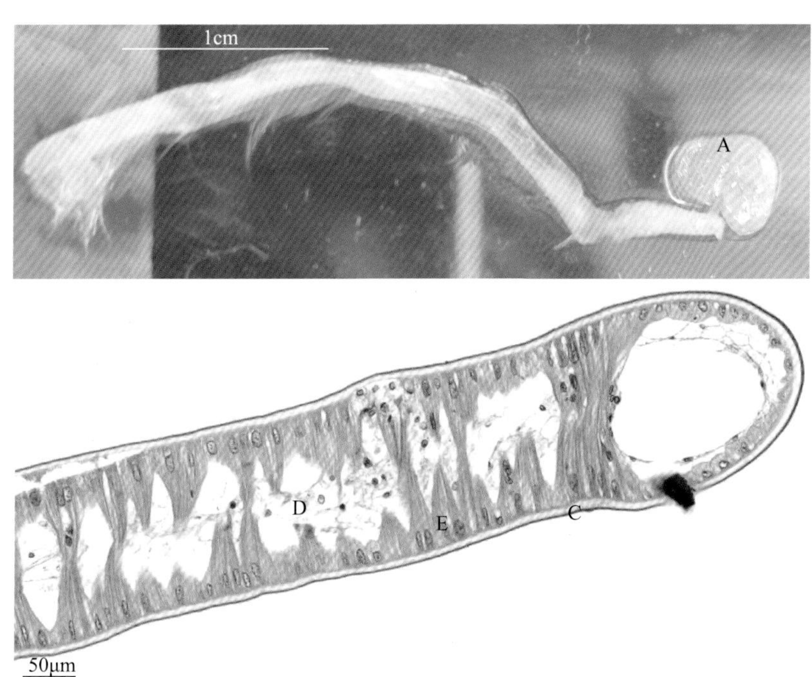

彩图 1　口虾蛄第 1 颚足与耳状薄片横切

A. 透明耳状薄片　C. 角质层　EC. 上皮细胞　D. 腔体

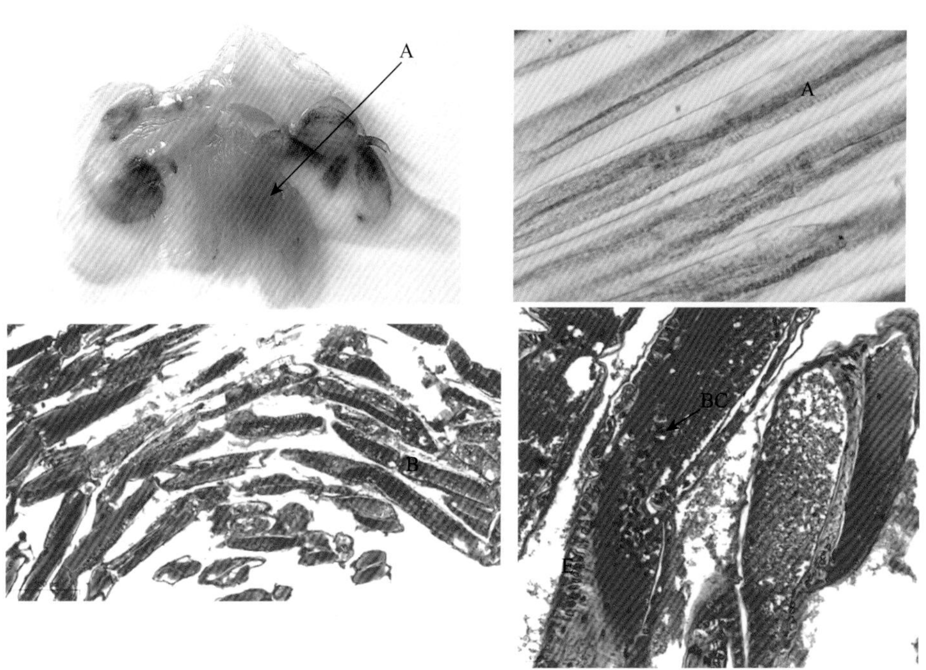

彩图 2　口虾蛄的丝鳃

A. 鳃丝　B. 鳃丝横切　E. 上皮细胞　BC. 血细胞

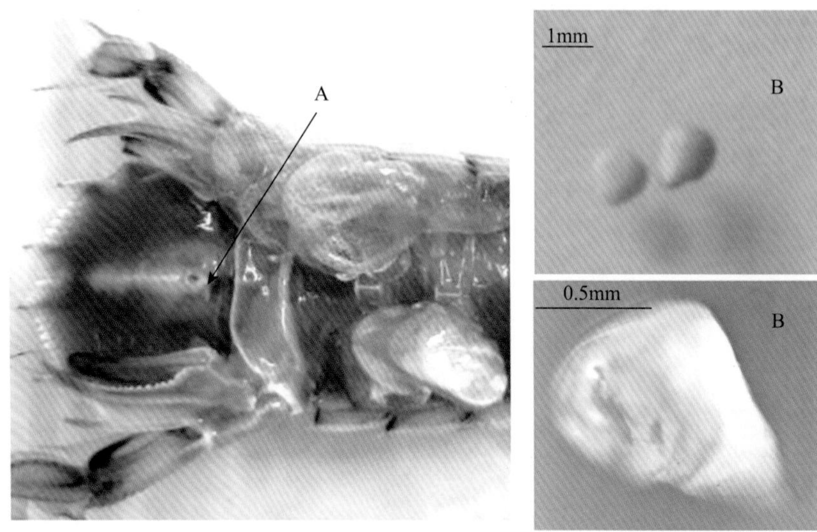

彩图3　口虾蛄肛门及钙化组织

A. 肛门　B. 钙化组织

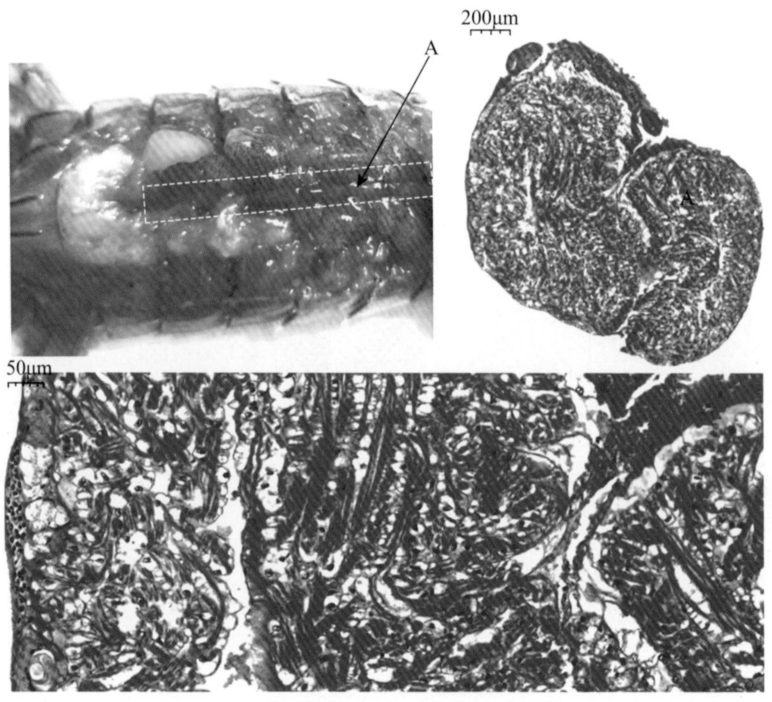

彩图4　口虾蛄的长管状心脏及其组织结构横切

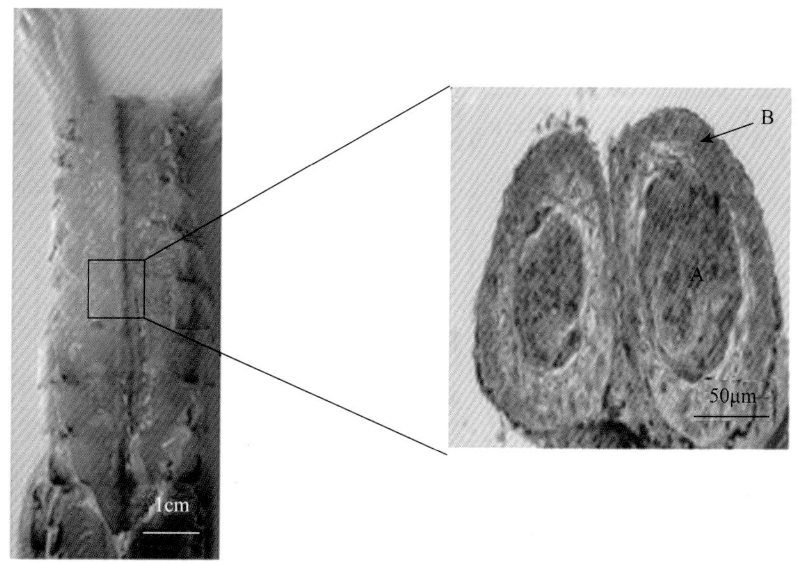

彩图5　雄性口虾蛄精巢

A. 精巢腔　B. 精巢壁

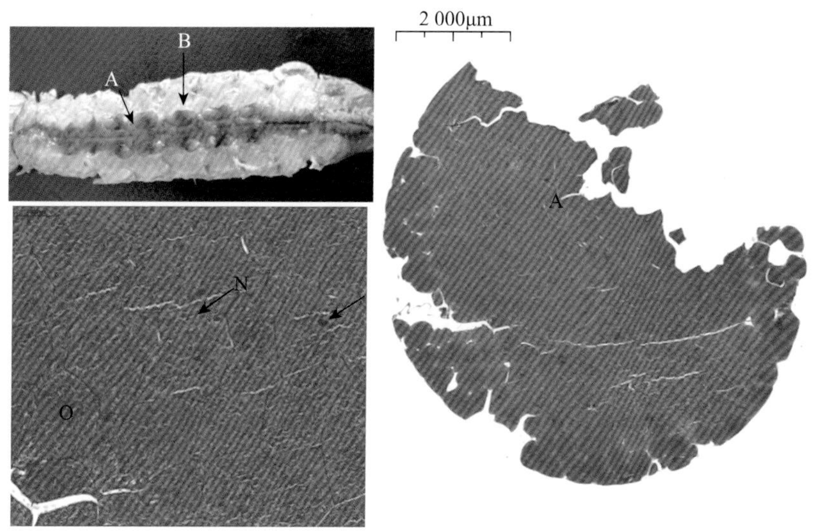

彩图6　雌性口虾蛄的生殖腺及其横切

A、B. 均指示生殖腺　O. 卵细胞　N. 细胞核

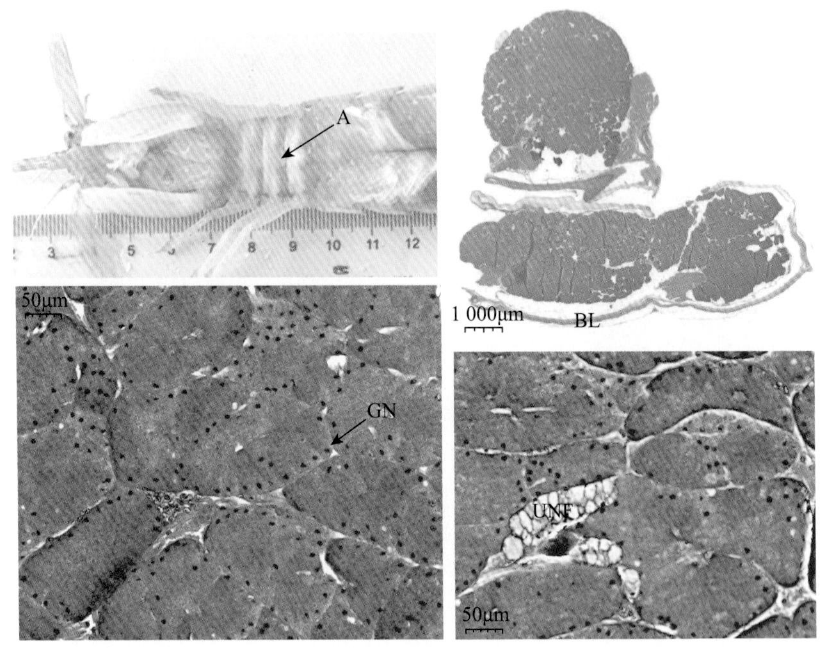

彩图 7　雌性口虾蛄繁殖期时出现的“王”字形结构

A.“王”字形结构　GN. 腺细胞核　BL. 结缔组织　UNF. 无髓神经纤维

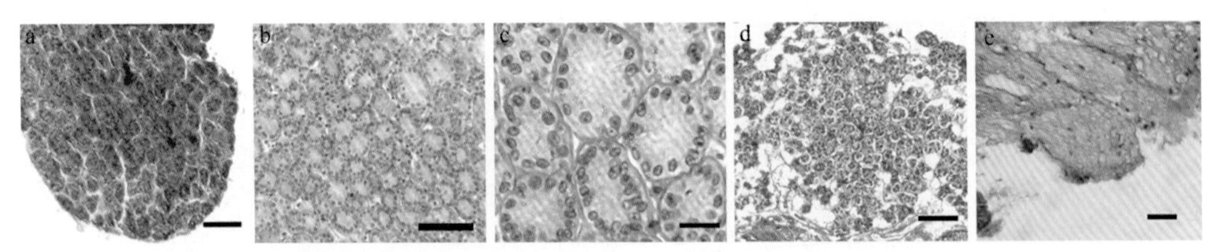

彩图 8　不同时期促雄腺形态特征（引自绍东梅，2016）

a. 增殖期　b、c. 合成期　d、e. 分泌期

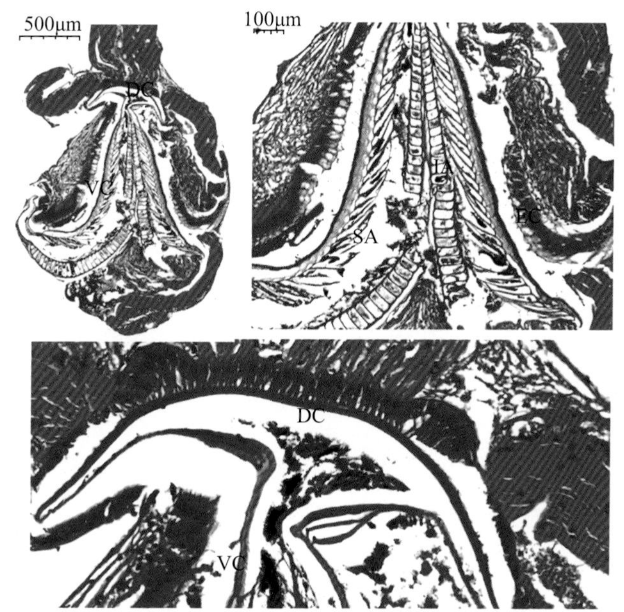

彩图 9　口虾蛄幽门胃横切

IA. 间壶腹脊　VC. 腹室　SA. 壶腹上脊　DC. 背室　EC. 上皮细胞

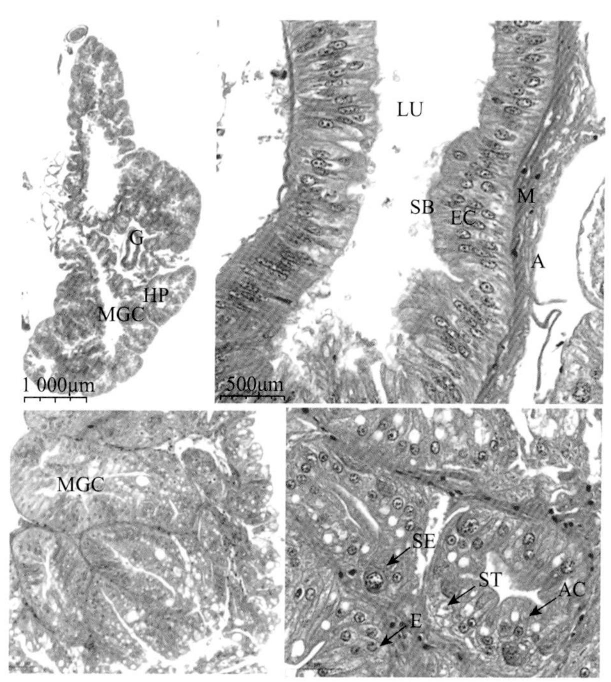

彩图 10　中肠及肝胰腺横切

G. 中肠　HP. 肝胰腺　MGC. 肝胰腺腺腔　LU. 中肠肠腔　EC. 上皮细胞　SB. 纹状缘　M. 肌细胞

A. 外膜　E. 胚细胞　AC. 吸收细胞　SE. 分泌细胞　ST. 储存细胞

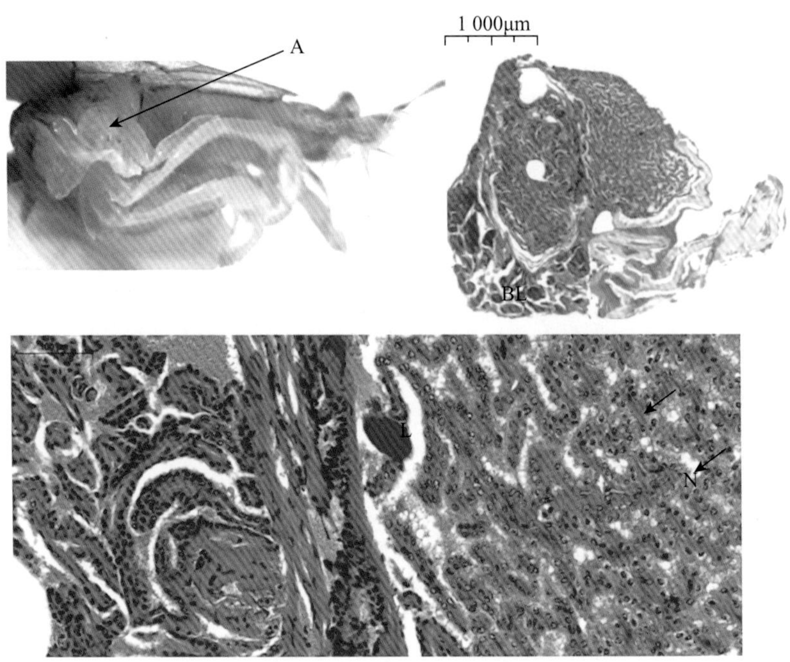

彩图 11　口虾蛄 Y 器官

A. Y 器官　BL. 结缔组织　N. 细胞核　L. 小叶间空隙

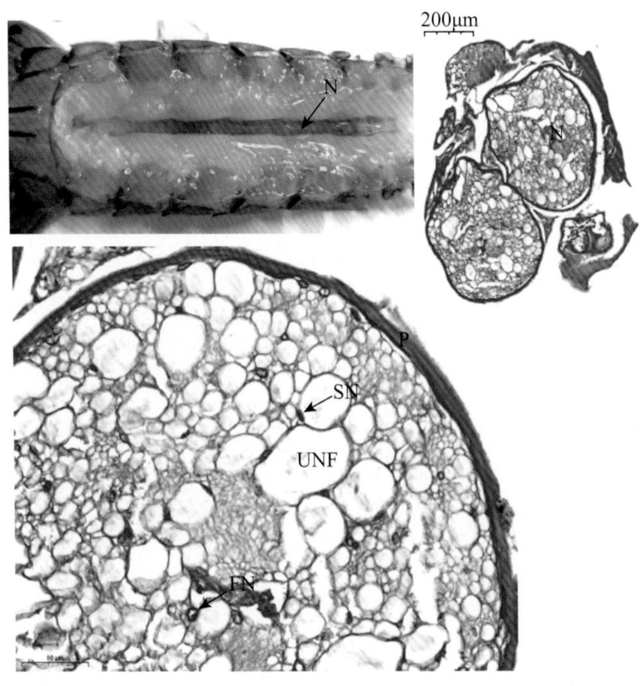

彩图 12　口虾蛄的神经及神经纤维（横切）

N. 神经　UNF. 无髓神经纤维　SN. 施万细胞核　P. 神经束膜　FN. 成纤维细胞核

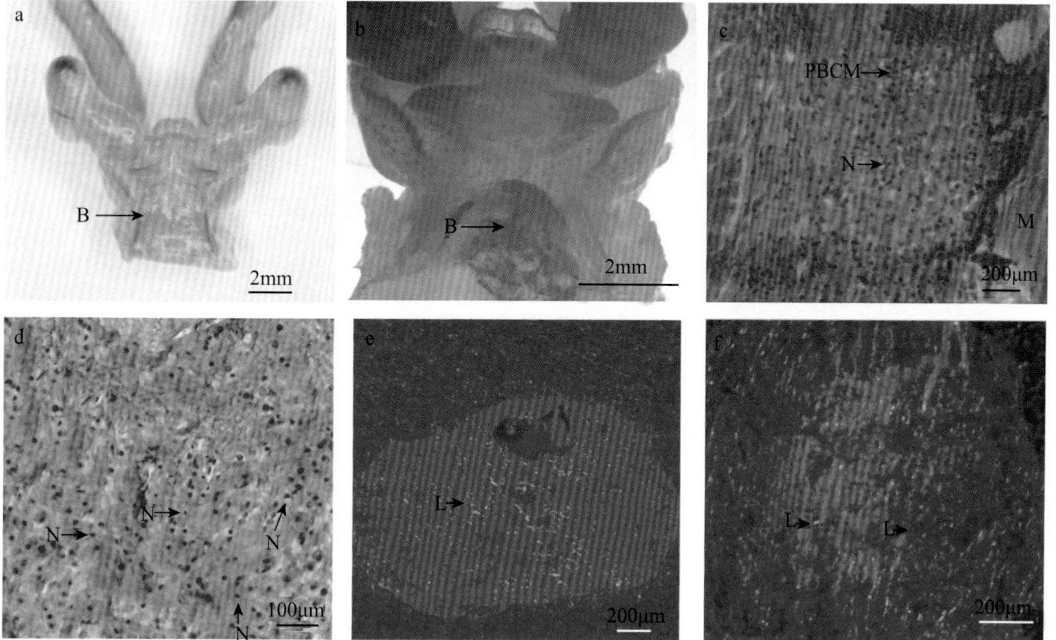

彩图 13　口虾蛄脑部形态及褐脂质颗粒分布特征

a. 口虾蛄脑部位置　b. 甲壳下口虾蛄脑部形态　c、d. 褐脂质颗粒分布　e、f. 荧光显微镜下褐脂质分布
B. 脑　M. 肌肉　N. 细胞核颗粒　L. 褐脂质颗粒　PBCM. 脑前桥细胞团

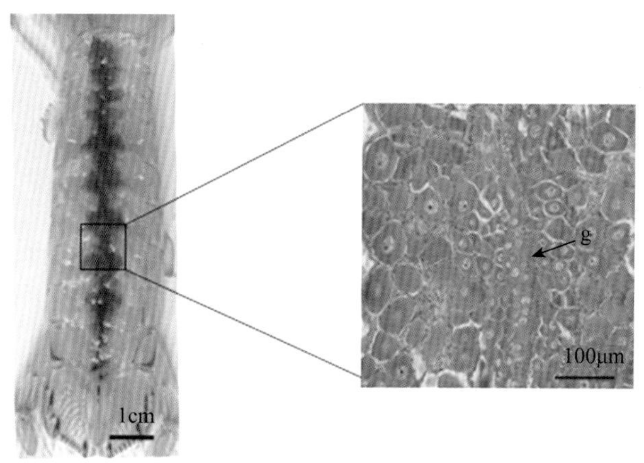

彩图 14　口虾蛄卵巢

g. 隔膜

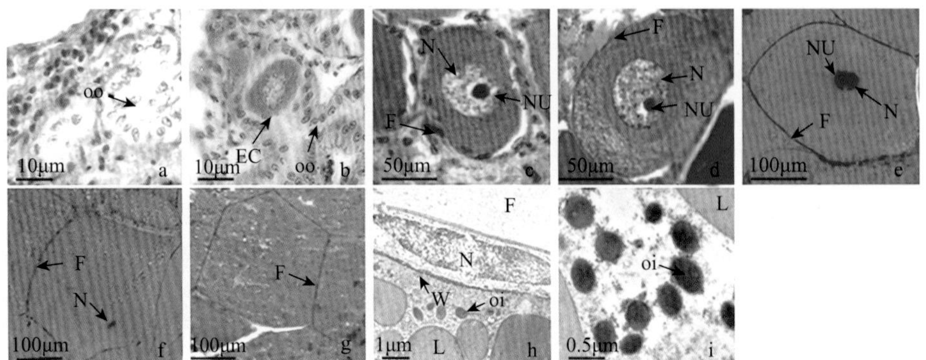

彩图 15　雌性口虾蛄卵细胞发生过程

a. 卵原细胞　b. 初级卵母细胞　c. 次级卵母细胞　d. 卵黄形成前期细胞　e. 卵黄形成期细胞

f. 早期成熟期卵细胞　g. 成熟期卵细胞　h. 成熟卵细胞与滤泡细胞的超微结构观察　i. 卵黄颗粒旁的油滴

EC. 初级卵母细胞　OO. 卵原细胞　F. 滤泡细胞 N. 细胞核　NU. 核仁　W. 卵细胞膜　oi. 油滴　L. 卵黄颗粒

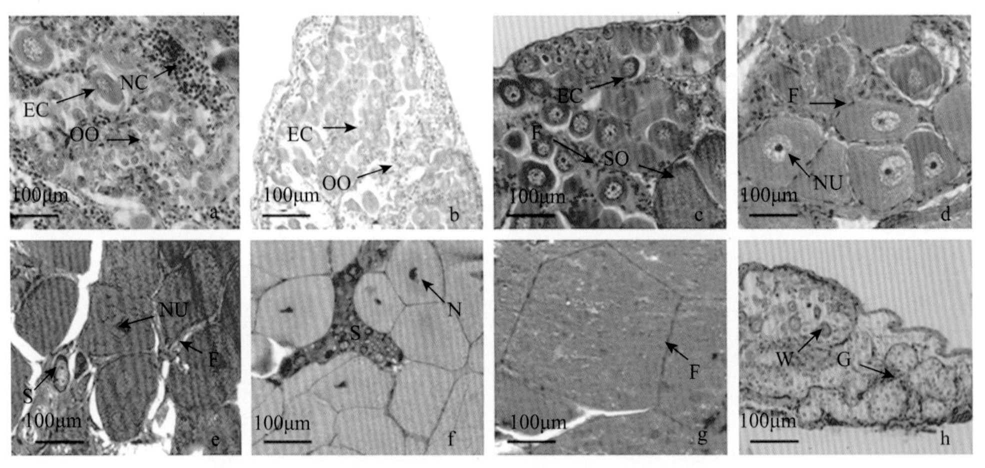

彩图 16　口虾蛄卵巢分期

a. 未发育时期　b. 初级卵母细胞期　c. 生长前期　d. 生长中期　e. 生长后期

f 成熟前期　g. 成熟期　h. 恢复期

OO. 卵原细胞　EC. 初级卵母细胞　NC. 营养细胞　SO. 次级卵母细胞　F. 滤泡细胞

N. 细胞核　NU. 核仁　S. 增殖区　G. 卵巢小管　W. 萎缩的卵细胞

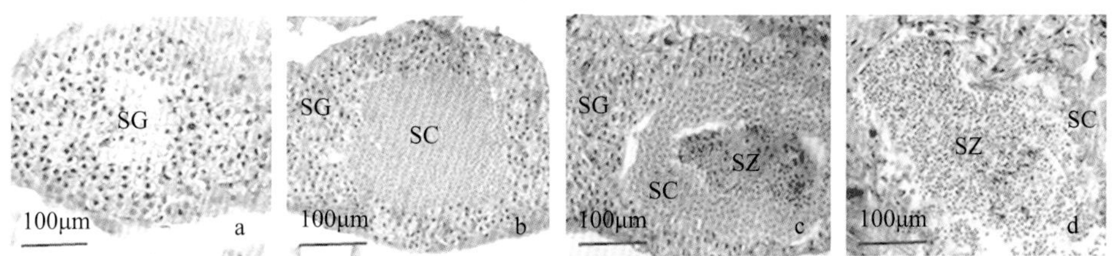

彩图 17　口虾蛄精巢分期

a. 精原细胞期　b. 精母细胞期　c. 早期精子期　d. 精子期

SG. 精原细胞　SC. 精母细胞　SZ. 精子

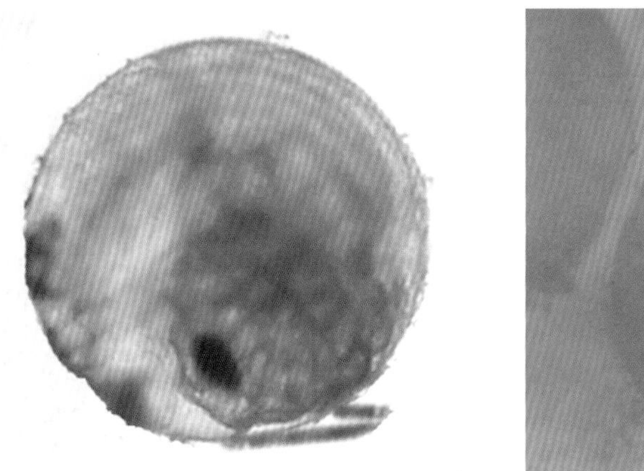

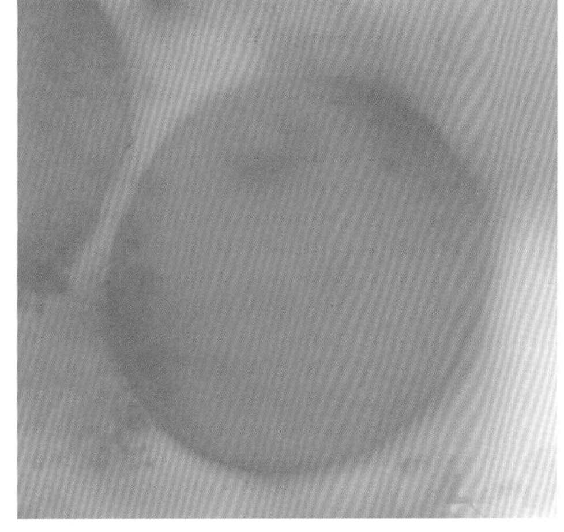

彩图 18　刚产出的卵子和即将破膜的胚胎

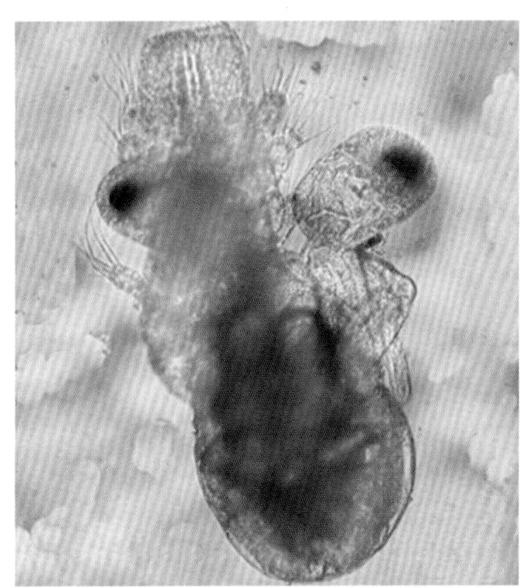

彩图 19　正在破膜的幼体

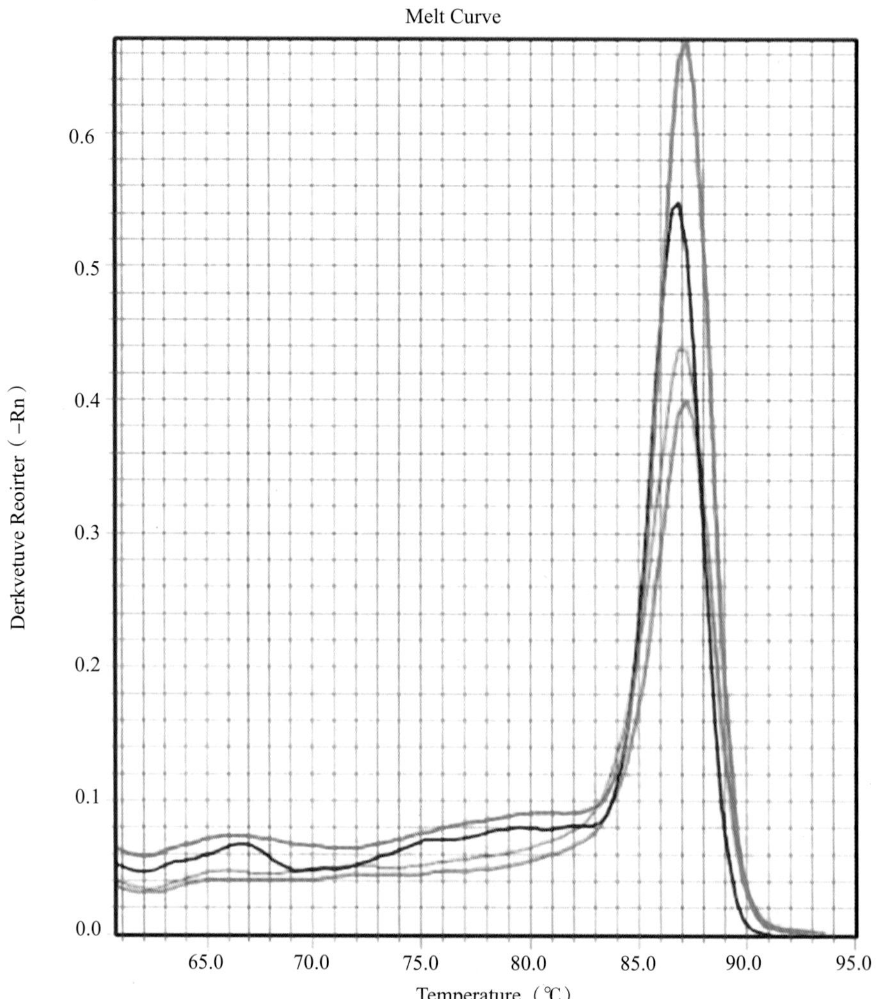

彩图 20　β-actin 基因荧光定量溶解曲线

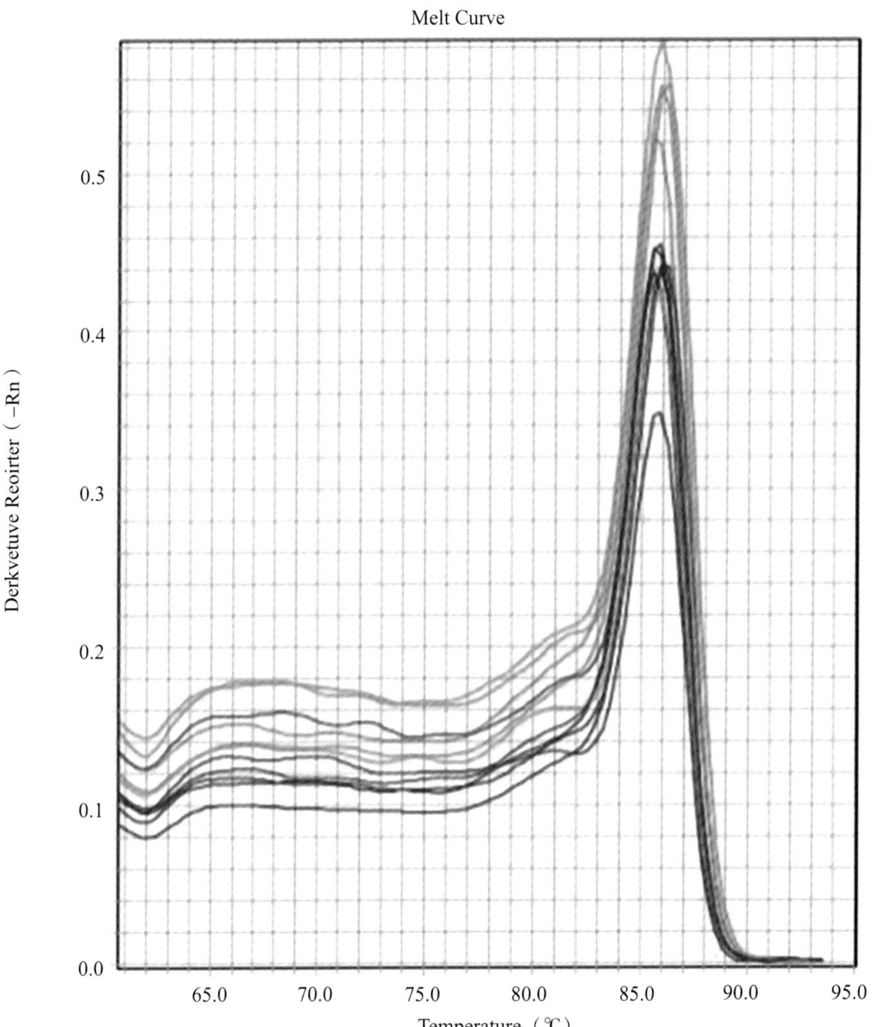

彩图 21　卵黄蛋白原 mRNA 荧光定量溶解曲线

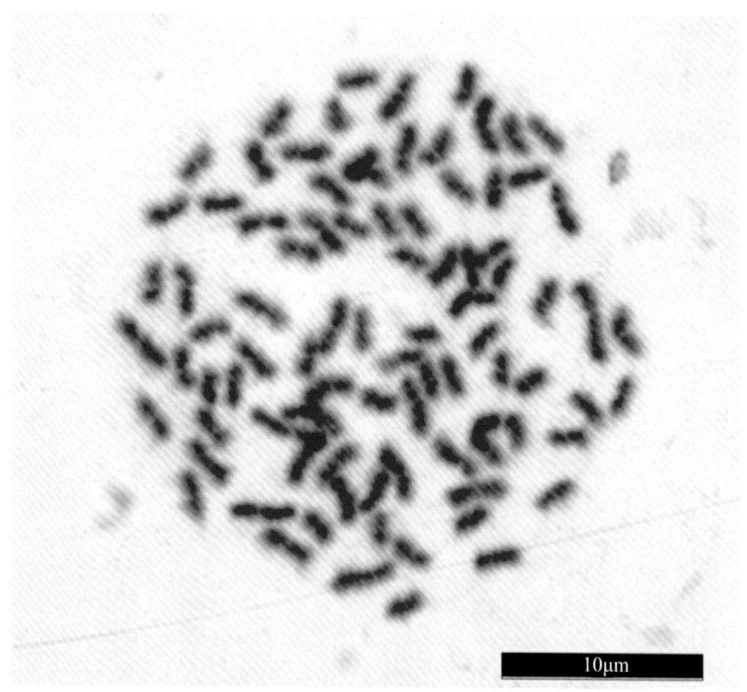

彩图 22　口虾蛄染色体的中期分裂相

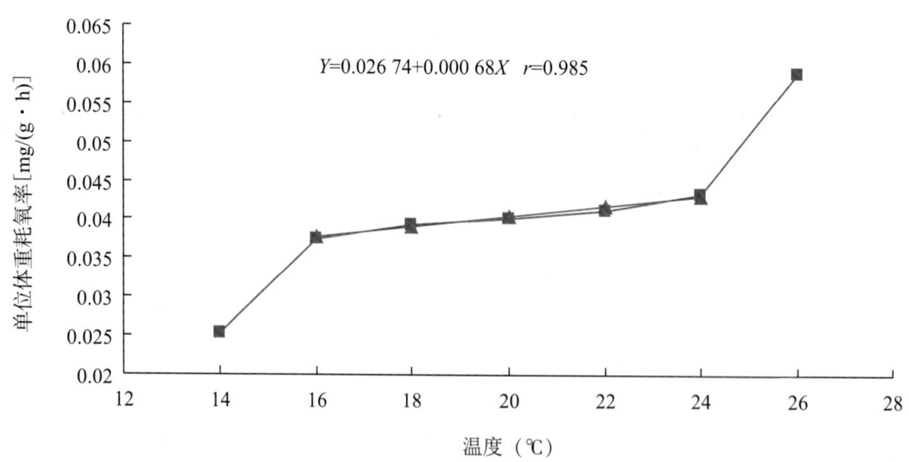

彩图 23　不同温度下单位体重耗氧率

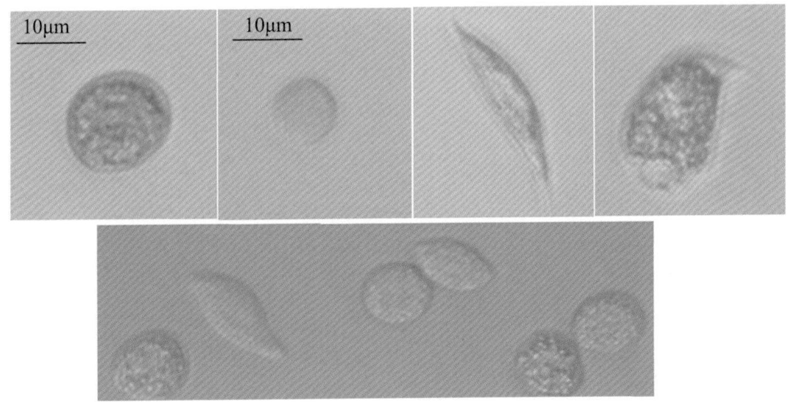

彩图 24　光镜下口虾蛄血淋巴细胞形态

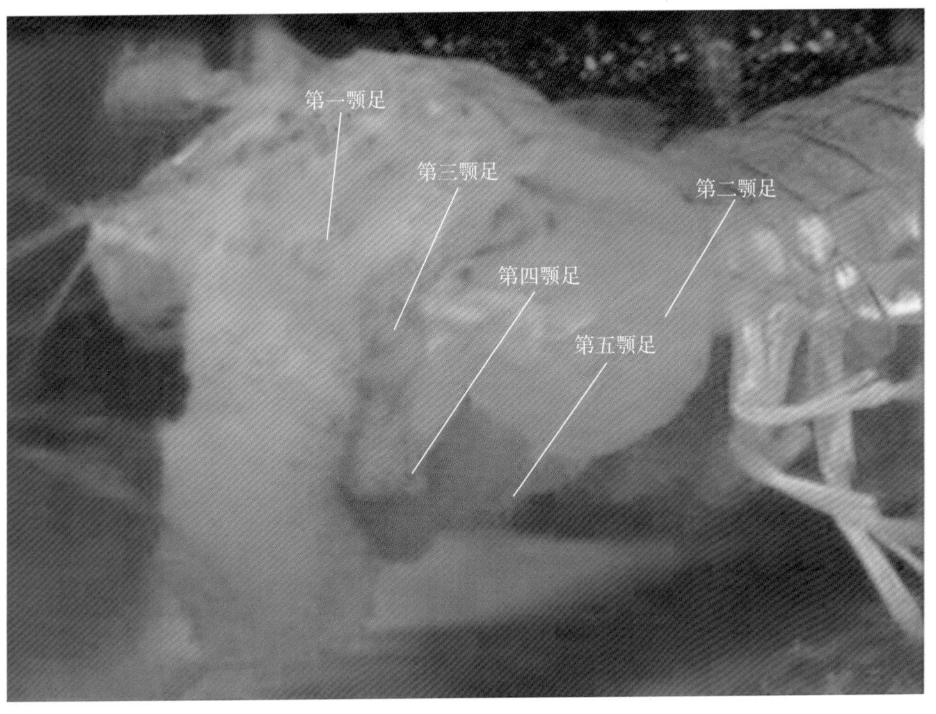

彩图 25　口虾蛄抱卵

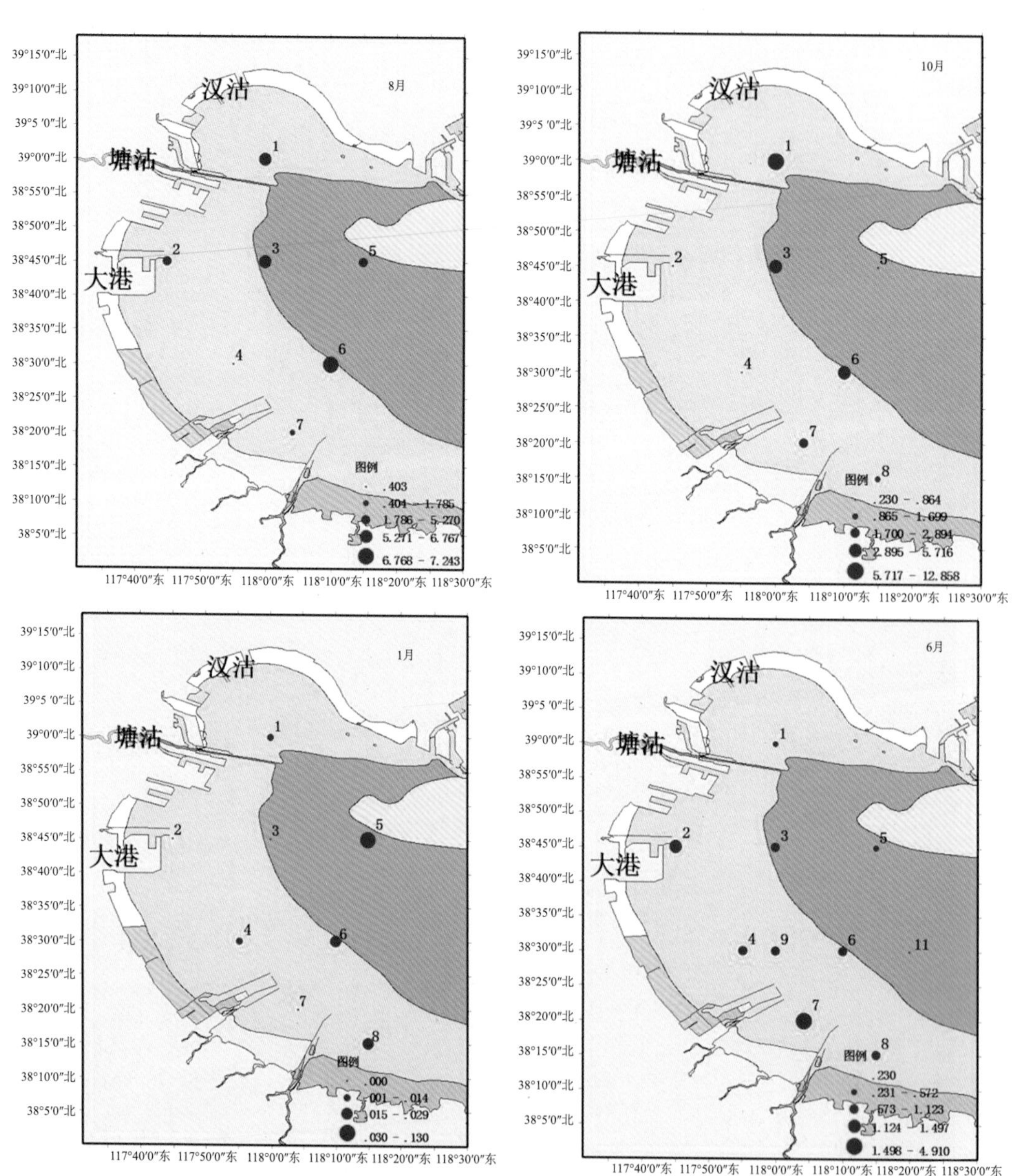

彩图 26　2014 年 8 月至 2015 年 6 月渤海湾天津海域口虾蛄尾数密度分布（万尾/km^2）

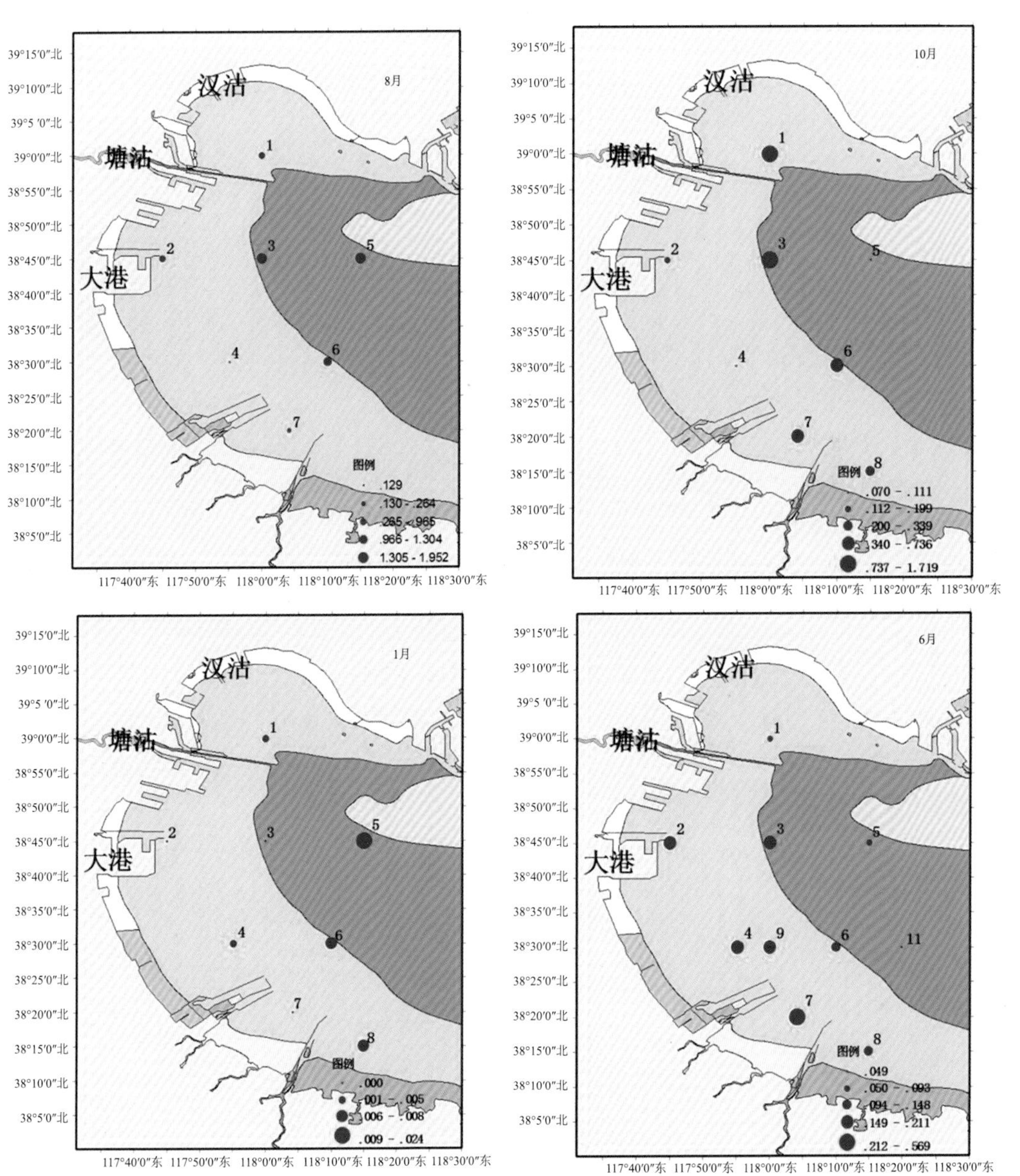

彩图 27　2014 年 8 月至 2015 年 6 月渤海湾天津海域口虾蛄生物量资源密度分布（t/km²）

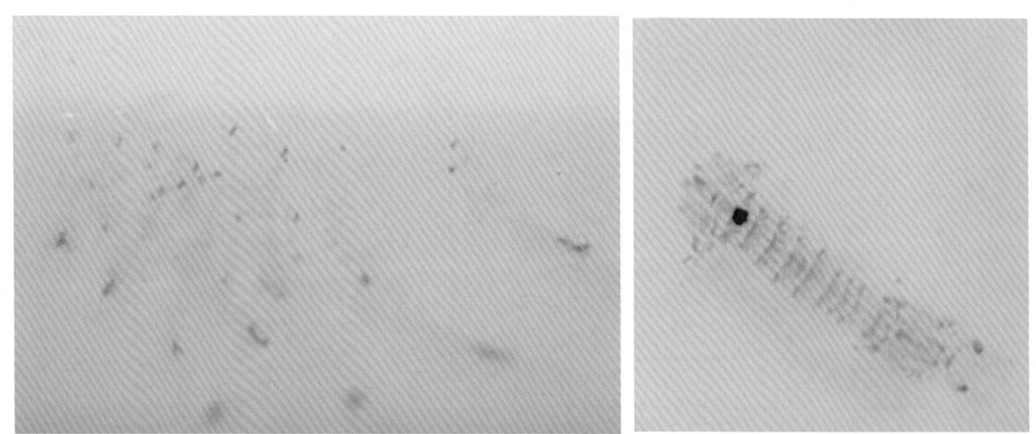

彩图 28　VIE 标记的口虾蛄苗种